北大社 "十三五"职业教育规划教材

高职高专土建专业"互联网+"创新规划教材

全新修订

第三版

建筑施工技术

主　编◎陈雄辉

副主编◎黄斌三

主　审◎吴学勇

北京大学出版社

PEKING UNIVERSITY PRESS

内 容 简 介

本书根据工作实践和教学需要，结合作者多年的工程实践和讲授本课程的体会，以"实用为主、够用为度"为原则编写。本书选择一栋已经建成的六层框架结构住宅为载体，以它的整个施工过程，包括土方与基坑、地基与桩基础、现浇混凝土结构、砌筑、防水、装饰装修和技措等 7 个专项的岗位技能作为教学的重点，还补充了载体项目所没有的预应力混凝土结构和结构安装施工两项专业常识；每个专项工程中都列有若干"教、学、做"一体化的工作任务。

本书可用作高职高专土建类各专业的专业课"建筑（含高层建筑）施工技术"的教材，也可作为相关从业人员的参考书和岗位培训教材。

图书在版编目(CIP)数据

建筑施工技术/陈雄辉主编. 一3 版. 一北京：北京大学出版社，2018.1
（高职高专土建专业"互联网+"创新规划教材）
ISBN 978-7-301-28575-6

Ⅰ. ①建… Ⅱ. ①陈… Ⅲ. ①建筑施工—技术—高等职业教育—教材 Ⅳ. ①TU74

中国版本图书馆 CIP 数据核字（2017）第 185618 号

书　　　名	建筑施工技术（第三版）
	JIANZHU SHIGONG JISHU
著作责任者	陈雄辉　主编
策 划 编 辑	杨星璐
责 任 编 辑	刘　喆
数 字 编 辑	贾新越
标 准 书 号	ISBN 978-7-301-28575-6
出 版 发 行	北京大学出版社
地　　　址	北京市海淀区成府路 205 号　100871
网　　　址	http://www.pup.cn　新浪微博：@北京大学出版社
电 子 信 箱	pup_6@163.com
电　　　话	邮购部 010-62752015　发行部 010-62750672　编辑部 010-62750667
印 刷 者	北京圣夫亚美印刷有限公司
经 销 者	新华书店
	787 毫米×1092 毫米　16 开本　23.25 印张　558 千字
	2012 年 9 月第 1 版　2015 年 6 月第 2 版　2018 年 1 月第 3 版
	2022 年 1 月修订　2022 年 7 月第 8 次印刷（总第 15 次印刷）
定　　　价	54.00 元

第三版 前言

　　《建筑施工技术》(第二版)自 2015 年出版发行后，蒙北京大学出版社推荐，现改版后列入"高职高专土建专业'互联网+'创新规划教材"系列。

　　为此，我们在前版的基础上，参照近年建筑行业技术规范的修订内容和对本地区工程实践新进展的调研，以及在教学过程中发现的一些差错，对书中相关内容作了全面的修改和补充。

　　根据"建筑施工技术"课程的特点，为了使学生更加直观地理解种类繁多的施工工艺原理、特点和质量要求，在出版社的大力支持、帮助和指导下，开发了本书的二维码与 APP 客户端，对相关的多个知识重点、难点，引入了详细的扩展阅读资料、工程案例图片及文字说明、施工过程录像和动画演示等。

　　特别感谢北京大学出版社第六事业部土建编辑室及产品部对本书的二维码与 APP 客户端所做的大量卓有成效的工作。感谢为本书提供资料、图片、录像和动画的相关单位与个人。

　　本书由陈雄辉担任主编，高级工程师黄斌三担任副主编，中国工程监理大师吴学勇先生担任主审。本书在编写过程中得到了许多相关单位和专家的大力支持和帮助，他们提出了许多宝贵的意见，在此一并表示衷心的感谢！

　　由于编者水平有限，书中仍会存在诸多不足，恳请读者批评指正。

编　者
2017 年 4 月

【资源索引】

本教材第一版自 2012 年出版发行以来，主要在广州城建职业学院建筑工程技术专业的教学中使用，广东省内外一些高职院校也有自主选择使用。从初步反馈的情况来看，本教材基本上能符合当前高职专业的教学需要，且重点突出、简明扼要、深入浅出、注重实操，具有广东的地方特色。同时也发现有教材中某些地方在文字上表达得不够准确，存在疏漏或差错。

自 21 世纪第二个十年以来，全国建筑行业继续日新月异地发展，新一代设计施工规范陆续推出；每隔几年，广东的建筑界都进行总结交流，推陈出新。本教材在第二版修订时，力图在保留第一版优点和特点的基础上，反映出近几年建筑技术的一些新发展、新进步，同时对所发现的疏漏或差错进行了纠正。

本教材第一、二版的两位编者，都是老一代的工程技术人员，在建筑设计、施工生产第一线上工作了几十年，都是原建筑企业的总工程师，晚年受聘到高职院校从事专业教学工作，一直与建筑企业保持着紧密联系。本教材第二版的主编陈雄辉，负责修订工作的统筹和项目 1～项目 6 内容的修订；副主编黄斌三，负责项目 7～项目 11 内容的修订，然后互相校对复核。为了保证教材的质量，特别邀请中国工程监理大师吴学勇先生为本教材的主审。

在本教材编写和修订的过程中，广东省土木建筑学会，广东省和广州市建筑业联合会，广东省和广州市的建总公司(建筑集团)，上海建总(广东公司)，中天建设(广东公司)，龙元建设(广东公司)，广东省粤能工程管理有限公司，广州市建筑工程监理有限公司，广东合迪科技有限公司，广东建星建筑工程有限公司等单位和相关专家，还有编者所在的广州城建职业学院领导，建工学院周晖院长、鄢维峰副院长，以及施工教研室教师都给予大力支持和帮助，在此一并表示深切感谢！

因编者水平所限，第 2 版教材难免有不足之处，恳请各位批评指正。

编　者

2015 年 1 月

"建筑施工技术"是建筑工程技术专业的一门主要的专业课，实践性很强，不断发展进步，而且具有地区特点。

广东是目前国内经济发展较快的地区之一，经济发展推动技术进步。改革开放20多年来，省市建设主管部门重视，行内的科研人员、广大技术管理人员，在建筑技术方面，不断引进、学习、探索、总结、创新，使广东有不少做法在国内领先；有部分沿用多年的做法已经改变，基本上淘汰了砖混结构，广泛应用现浇混凝土的多层和高层建筑；积累了大量新的经验，编制了一些地方性的规范、规程；有些内容在全国性教材中还没有反映出来。

高职院校的目标是培养建筑施工生产第一线的技术、管理高级人才，专业教育着重在职业岗位能力训练和培养。高职院校的教学改革首先是教育理念的改革，课程内容要符合岗位职责的要求，教学方法要以能力为本位、以学生为主体，尽可能以项目为载体、以任务为驱动，理论联系实际，实现"教、学、做"一体化。

在我校(广州城建职业学院)就读的学生，生源大部分来自本省，毕业后主要也在广东就业。因此很有必要有一本适合上述特点，且具有广东特色的教材供教学使用。

根据生产实践和教学需要，编者结合个人多年的工程实践和近年来讲授本课程的一些体会，本着"实用为主、够用为度、图文并茂、简明扼要、突出重点、便于学习"的原则，把"建筑施工技术"和"高层建筑施工"两部分内容融合起来，参考全国性的推荐教材，结合广东地区近年建筑技术的发展和应用情况，在编者个人的工程实践和近年讲授本课程积累的备课手稿基础上，作适当修改补充，2011年7月形成初稿，先作为建筑工程技术专业"建筑施工技术"课的内部参考教材，供本课程各位任课教师在教学中试用，然后根据反馈的意见和建议作了修改，形成此正式书稿。

本教材的工程项目载体，选择本院一栋已经建成的六层框架结构住宅，以它的整个施工过程涉及的土方与基坑、地基与基础、现浇混凝土结构、砌筑、防水、装饰和技措等 7 个专项的岗位技能作为教学的重点；还补充了载体项目所没有的预应力混凝土结构和结构安装施工两项专业常识；每个专项工程中都列有若干"教、学、做"一体化的工作任务。本课程内容按 104 学时设计，实施过程中可根据总学时和教学实际条件有所侧重和取舍。教学的目标要求是：对于本地区一般的多层和高层建筑，初步掌握其主要的施工工艺，能编制主要分项工程的施工方案，基本能组织现场施工，会进行必要的施工计算和施工质量、安全控制。

在编写和试用过程中，得到学院领导、建筑工程技术系周晖主任、鄢维峰副主任的大力支持和鼓励，得到施工技术教研室各位老师的热情帮助，他们提出许多宝贵意见；黄斌三高级工程师对全书进行了审核、校对；广州市建设科技委办公室主任、教授级高级工程师廖建三博士，在百忙中审阅书稿并题写了序言，在此致以深切的感谢！

因个人水平有限，文中不足之处在所难免，恳请各位同行批评指正。

陈雄辉

2012 年 5 月

目 录

项目 1 土方与基坑工程施工

本项目学习提示

土方工程是指对施工场地的岩土进行挖、运、回填和压实的施工。这几乎是所有工程项目施工要做的第一项主要工作。岩土是大自然长期演变的产物，它组成复杂，种类繁多，性质多变，具有地区性特点。土方工程施工工程量大，涉及面广，施工期长，露天作业，受地质、气候和周边环境影响，不可预见的因素多，有时施工条件极为复杂，施工过程还可能对周边环境造成不利的影响。因此，开工前要针对项目的特点，通过深入调查研究，制定合理的施工方案和安全防护预案，做好各项准备工作，按照方案实施，才能顺利进行。

土方工程施工需要解决的主要技术问题有：施工准备工作，认识岩土的工程性质，土石方工程量计算，坑槽开挖与土方边坡，基坑支护，土方运输、填筑与压实，流砂现象及防治，场地排水和人工降低地下水位，土方机械的配置和运用等。

能力目标

- 能计算土方施工的工程量。
- 能组织土方挖、运、回填施工。
- 能编制土方施工方案。
- 能选择场地降低地下水位的方法。
- 能进行土方工程的质量监控和安全管理。

知识目标

- 了解岩土的施工性质和地下水对施工的影响。
- 掌握土方挖、运、回填施工的特点。
- 了解土方施工机械的类型和配置原则。
- 了解降低地下水位的作用、原理、方法和要求。
- 了解基坑支护的目的、方法和要求。

工作任务 1.1　认识岩土的施工性质

1.1.1　土的组成和分类

1．土的组成

大自然的土是岩石经过长期地质和自然力作用演变的产物。土由固相(颗粒)、液相(水)和气相(孔隙)3 部分组成。土中颗粒的大小、成分及三相之间的比例关系，反映出土的干湿、松密、软硬等不同的物理、力学性质，如图 1-1 所示。

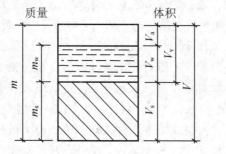

m —— 土的总质量($m=m_s+m_w$)，kN；

m_s —— 土中固体颗粒的质量，kN；

m_w —— 土中水的质量，kN；

V —— 土的总体积($V=V_a+V_w+V_s$)，m^3；

V_a —— 土中空气的体积，m^3；

V_w —— 土中水所占的体积，m^3；

V_s —— 土中固体颗粒的体积，m^3；

V_v —— 土中孔隙体积($V=V_v+V_s$)，m^3。

图 1-1　土的三相组成示意

2．土的物理性质

(1) 自然密度 ρ：单位体积土的自然质量，可用土工试验常用的环刀法取样测定，单位为 kN/m^3。

表达式为

$$\rho = \frac{m}{v} \tag{1-1}$$

(2) 干密度 ρ_d：单位体积土干燥时的质量，可用环刀法取样干燥后测定，单位为 kN/m^3。

表达式为

$$\rho_d = \frac{m_s}{v} \tag{1-2}$$

(3) 含水量 ω：土中水的质量与固体颗粒质量的比值，取样烘干前后对比，单位为%。

表达式为

$$\omega = \frac{m_w}{m_s} \times 100\% \tag{1-3}$$

(4) 孔隙率 n：土中孔隙体积与总体积的比值，单位为%。

表达式为

$$n = \frac{V_v}{V} \times 100\% \tag{1-4}$$

3. 土的施工分类

从施工的角度看，按开挖的难易程度，共把岩石和土分为 8 类，其中岩石分为特坚石、坚石、次坚石和软石 4 类；土分为特坚土、坚土、普通土和松软土 4 类。类别不同，开挖的方法、手段、运用的机具、用工和费用都不同，土质越硬，消耗的机械作业量和劳动量越多，工程费用越大。

(1) 岩土的类别以勘察报告鉴定为准，《建筑施工手册》上的相关表格可供参考。

(2) 在施工现场根据积累的工程经验大致来分类，工程上常见岩土的现场鉴别方法见表 1-1。

(3) 除了表 1-1 中所列的工程上常见的岩土之外，自然界中还有：湿陷性黄土、膨胀土、红黏土、盐渍土、软弱土、有机质土和泥炭土等，工程中若有遇到，需按勘察报告的提示，详细了解它们的特性，有针对性地采取相应措施来处理。

【参考图文】

表 1-1　土的施工分类和现场鉴别方法

土的分类	土 的 名 称	现场鉴别方法
一类土 (松软土)	砂土，粉土，冲积砂土层，疏松的种植土，淤泥(泥炭)	容易用锹或锄头挖掘
二类土 (普通土)	粉质黏土，夹有碎石、卵石的砂，粉土混卵(碎)石，种植土，填土	可用锹或锄头挖掘，少许用镐翻松
三类土 (坚土)	软及中等密实的黏土，粉质黏土，砾石土，压实的填土	主要用镐，部分用撬棍开挖
四类土 (特坚土)	坚硬密实的黏土，天然级配砂石，含碎石、卵石中等密实的黏土，软泥灰岩	整体要用镐、撬棍，部分要用楔子和大锤开挖
五类土 (软石)	硬质黏土，中密的页岩、泥灰岩，软石灰岩，胶结不紧的砾岩	用镐、撬棍、大锤开挖，部分要用爆破方法开挖
六类土 (次坚石)	泥岩、砂岩、砾岩，坚实页岩、泥灰岩，密实灰岩，风化花岗岩、片麻岩	用爆破方法开挖，部分要用风镐挖掘
七类土 (坚石)	大理岩，辉绿岩，粗中粒花岗岩，坚实白云岩，风化玄武岩	用爆破方法开挖
八类土 (特坚石)	安山岩，玄武岩，坚实细粒花岗岩，石英岩，闪长岩	用爆破方法开挖

1.1.2 土的施工性质

土的施工性质主要是指两个方面：土在施工过程中经过开挖、运输、回填压实其体积有怎样的变化；地下水在各种土层中的透过能力如何？了解土的施工性质，对选择施工方案有重要意义。

1. 土的可松性

自然状态的土是经过漫长时间(以千年、万年计算)自然堆积、沉实而成的，人为开挖变成松散状态后，经过搬运回填和人为压实，短期(几个月或几年)内不可能恢复到原来的密实度，这是实践和实验都证明了的事实。

(1) 土体积有 3 种状态。

原状(自然状态)土的体积 V_1，挖方工程量按此状态计算；开挖成松土后的体积 V_2，计算汽车的运载量按此状态计算；经过搬运回填再压实后的体积 V_3。

(2) 土的最初可松性系数。

$$K_s = \frac{V_2}{V_1} \tag{1-5}$$

如二类土 $K_s \approx 1.14 \sim 1.28$，反映土挖松前后体积的变化，计算汽车的运载能力时用 K_s。

(3) 土的最后可松性系数。

$$K_s' = \frac{V_3}{V_1} \tag{1-6}$$

如二类土 $K_s' \approx 1.02 \sim 1.05$，反映松土回填压实后与原状土比较的体积变化，计算预留回填土需用量时用 K_s'。

(4) K_s 和 K_s' 的数值可以在现场取样后在实验室测定，显然 $K_s > K_s' > 1$。各类土的密度和可松性系数参考值见表 1-2。

表 1-2 土的密度和可松性系数参考值

土 的 类 别	土的密度 $\rho /(kN/m^3)$	土的可松性系数	
		K_s	K_s'
一类土(种植土除外)	6~15	1.08~1.17	1.01~1.03
一类土(种植土、泥炭)	11~16	1.20~1.30	1.03~1.04
二类土	17.5~19	1.14~1.28	1.02~1.05
三类土	19~21	1.24~1.30	1.04~1.07
四类土(除泥灰岩、蛋白石外)	21~27	1.26~1.32	1.06~1.09
四类土(泥灰岩、蛋白石)	22~29	1.33~1.37	1.11~1.15
五至七类土	25~31	1.30~1.45	1.10~1.20
八类土	27~33	1.45~1.50	1.20~1.30

案例 1-1

某工程基坑回填土的体积为 120m³，附近取土场地的土为四类土，试求取土量(精确至立方米)。

解：查表 1-2 可知，四类土的最后可松性系数为 1.06~1.09。需取原状土量为 120÷(1.06~1.09)=110~113(m³)。也就是说，只需挖 110~113m³ 的四类原状土，就可回填 120m³ 的基坑。

2．土的透水性

土的透水性反映不同土层透过地下水时的性能，用渗透系数 k 表示，单位为 m/d。

$$渗透系数\ k＝水流速度\ v÷水力坡度\ I \tag{1-7}$$

渗透系数 k 可在现场做抽水试验求出，降低地下水位计算时要用到它。土的渗透系数 k 参考值见表 1-3。

表 1-3 土的渗透系数 k 参考值

单位：m/d

名　　称	渗透系数	名　　称	渗透系数
黏土	＜0.005	中砂	5～20
粉质黏土	0.005～0.1	均值中砂	25～50
粉土	0.1～0.5	粗砂	20～50
黄土	0.25～0.5	圆砾	50～100
粉砂	0.5～1.0	卵石	100～500
细砂	1.0～5.0	无填充物卵石	500～1000

3．土方的边坡

1) 土方边坡的重要性

土方开挖过程中，会形成土壁的高低差，这个边缘称为边坡，施工中要求它在一定时间内能保持稳定，不坍塌。土方回填、筑堤也会形成边坡，也要求边坡稳定。当挖方超过一定深度，或填方超过一定高度时，应做成一定形式的边坡，如图 1-2 所示，以防止土壁塌方，保证施工安全。

2) 边坡大小用坡度系数来表达

设坡高为 H，坡宽为 B，则坡度系数为

$$m = \frac{B}{H} \tag{1-8}$$

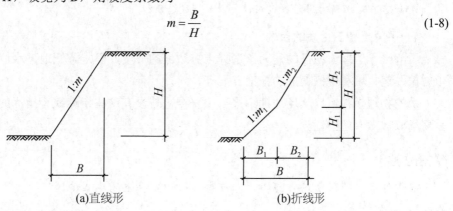

(a)直线形　　　　　　　　　(b)折线形

图 1-2 基坑边坡

3) 影响边坡大小的因素

影响土方边坡大小的因素很多，施工前要注意先摸清情况，结合过去的工程经验，进

行分析判断，选择一个合适的坡度系数 m，应同时满足安全和经济两个方面的要求，也就是说既要保证边坡的稳定，又要使挖方工程量较少；此系数通常在设计文件中规定。归纳起来主要有 6 个方面的因素。

(1) 填挖方的相对高度差，高差越大留的坡度系数应越大，坡越平缓。

(2) 土的物理力学性质、土颗粒的黏性越好，留的坡度可以越陡。

(3) 工程的重要性，边坡越重要，坡度系数应越大。

(4) 地下水埋藏情况和场地的排水情况，地下水位越高对土壁的渗透压力越大，坡越要平缓。

(5) 边坡留置时间的长短，要求边坡留置的时间越长，边坡的安全度要求越高，坡越要平缓。

(6) 边坡附近地面的堆载情况，有堆载对土壁的侧压力加大，边坡的安全度要求越高，坡越要平缓。

4) 临时性挖方放坡不加支撑的坡度参考值(表 1-4)

表 1-4　临时性挖方边坡坡度参考值

土 的 类 别		边坡坡度值(高：宽)
砂土(不包括细砂、粉砂)		1：1.25～1：1.50
一般性黏土	硬	1：0.75～1：1.00
	较硬、塑	1：1.00～1：1.25
	软	1：1.5
碎石类土	充填坚硬、硬塑性黏土	1：0.5～1：1.00
	充填砂土	1：1.00～1：1.50

注：(1) 当设计有要求时，应按设计要求做。
(2) 若采用人工降低地下水位或其他加固措施，可不受本表限制，应经计算复核后确定。
(3) 开挖深度，对软土不应超过 4m，硬土不应超过 8m。

4．了解土施工性质的目的

了解土施工性质的目的是为了选择土方边坡的坡度，确定降低地下水位的措施，拟定土方挖、运、填和坑槽支护的施工方案等。

土的物理指标可以从场地勘察报告中获得，若没有这些指标或者指标的项目不全，则需现场取样做专门的试验。

【任务实施】

实训任务：通过现场实际操作和试验，认识某种土的施工特性。

【技能训练】

1．操作步骤

(1) 用环刀法在现场截取土样，测定土样自然状态下的质量和体积，放入烘箱 120℃恒温加热 4h，再测定土样干燥状态下的质量，计算其自然密度、干密度和含水量。

(2) 现场画定 600mm × 600mm 的正方形白灰线，人工挖出 600mm 深的正方形基坑，将松土放入另用木板钉成 600mm × 600mm 的正方形箱内，测量松土体积，计算其最初可松性系数。

(3) 将挖出的松土分层回填入原来挖出的土坑内，用木夯人工夯实，至将坑完全填满为止，测定剩余松土体积，计算其最后可松性系数。

(4) 根据现场挖土所用的工具和开挖的难易程度，用经验法初步鉴定现场这层土的施工类别。

2. 方法与注意事项

(1) 根据现场条件和实际可能来进行这次训练，如果条件不具备，也可改为由教师提供相关数据，让学生进行分析计算。

(2) 全过程由学生动手，分组进行；最后成果由学生写成课外作业。

工作任务 1.2 土方工程量计算

1.2.1 基坑的土方量——用立体几何中的拟柱体体积公式计算

基坑就是为了建造墩式基础开挖出来的土坑，其土方量可按立体几何中的拟柱体体积公式计算。

$$V = \frac{H}{6}(A_1 + 4A_0 + A_2) \tag{1-9}$$

基坑和基槽的土方量计算如图 1-3 所示。

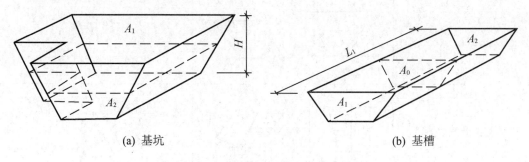

(a) 基坑 (b) 基槽

图 1-3 基坑和基槽的土方量计算

这个公式的含义是：由两平行平面截取的任意形状的棱柱体，若 A_1 为上底面面积，A_2 为下底面面积，A_0 为中截面面积，H 为棱柱体的高，体积按式(1-9)计算。

这是一个准确公式，适用于各种形状的棱柱体，包括圆球、球缺、棱锥、棱台等，使用时要注意公式中各符号的含义，准确地将相应数据代入即可。

【附注】要证明这个公式非常容易，只要在中截面上的任意一点，向两个端截面的每个角点连线，组成上下两个锥体，这两个锥体的体积就是 $V_1 = H(A_1 + A_2)/6$，而余下部分的体积就是 $V_2 = (4A_0)H/6$，所以总体积 $V = V_1 + V_2 = H(A_1 + 4A_0 + A_2)/6$。

1.2.2 基槽和路堤的土方量——用基坑计算的方法分段计算再累加

基槽就是为了建造条形基础，或者需要埋设管道开挖出来的条状坑，可以沿长度方向分成若干段后(截面相同的部分无须分段)，再用同样的方法计算，然后累加。

$$V = V_1 + V_2 + V_3 + \cdots + V_i \tag{1-10}$$

1.2.3 场地平整的土方量——用方格网法计算再累加

(1) 在有等高线的地形图上，将计算范围划分方格。对地形较平坦的部分可每 $20\sim40$m 设一个方格；地形起伏变化较大的部分要将方格加密，使每个方格内的地形只有单一斜向，才能保证计算结果的准确。

(2) 根据地形图和竖向设计图，在每一方格网交点的左上角标出交点的编号，右上角标出施工高差(填方为＋，挖方为－)，左下角标出自然地面标高，右下角标出设计标高。

(3) 对于 4 个角点都是填方或都是挖方的方格，4 个角点的高度平均数乘以此方格的面积，就是该方格的工程量。

(4) 对于有 $1\sim2$ 个角点不相同的，要先计算出相应边线的零点位置，找出这个方格的零线，然后根据 4 个角点的填挖高度，套用相应体积公式分别计算出填方或挖方的体积。

(5) 最后将所有方格的填方、挖方的数量分别累加，列表汇总。

(6) 方格网各种不同填挖方式的计算公式详见表 1-5。

表 1-5 方格网土方计算公式

项目	图式	计算公式
一点填方或挖方(三角形)		$V = \dfrac{1}{2}bc\dfrac{\sum h}{3} = \dfrac{bch_3}{6}$ 当 $b = c = a$ 时，$V = \dfrac{a^2 h_3}{6}$
二点填方或挖方(梯形)		$V^+ = \dfrac{(b+c)}{2}a\dfrac{\sum h}{4} = \dfrac{a}{8}(b+c)(h_1+h_3)$ $V^- = \dfrac{(d+e)}{2}a\dfrac{\sum h}{4} = \dfrac{a}{8}(d+e)(h_2+h_4)$
三点填方或挖方(五角形)		$V = \left(a^2 - \dfrac{bc}{2}\right)\dfrac{\sum h}{5}$ $= \left(a^2 - \dfrac{bc}{2}\right)\dfrac{(h_1+h_2+h_4)}{5}$

续表

项目	图式	计算公式
四点填方或挖方(正方形)	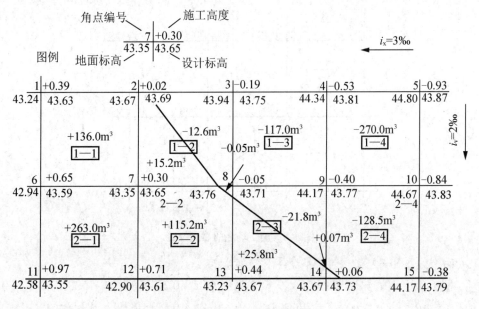	$V = \dfrac{a^2}{4}\sum h = \dfrac{a^2}{4}(h_1 + h_2 + h_3 + h_4)$

案例 1-2

某矩形施工场地如图 1-4 所示，长 80m，宽 40m，分成 8 个 20m×20m 的方格，角点上已经标出编号、自然地面标高、设计地面标高和施工高度，试求其填挖方工程量。

图 1-4 某施工场地方格网和标高

解: (1) 确定零点位置。

根据方格 1—2 的 2—3 段中的填挖尺寸，可画出如图 1-5 所示的简图并列出比例关系式。

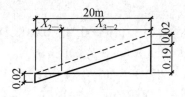

图 1-5 比例关系图

$$\frac{X_{2-3}}{0.02} = \frac{20}{0.02 + 0.19}$$

得: $X_{2-3} = 0.02 \times 20 \div (0.02 + 0.19) = 1.9(\text{m})$，则 $X_{3-2} = 20 - 1.9 = 18.1(\text{m})$；

同理： $X_{7-8} = 0.30 \times 20 \div (0.30 + 0.05) = 17.1\text{(m)}$，则 $X_{8-7} = 20 - 17.1 = 2.9\text{(m)}$；

$X_{13-8} = 0.44 \times 20 \div (0.44 + 0.05) = 18.0\text{(m)}$，则 $X_{8-13} = 20 - 18 = 2.0\text{(m)}$；

$X_{14-9} = 0.06 \times 20 \div (0.06 + 0.40) = 2.6\text{(m)}$，则 $X_{9-14} = 20 - 2.6 = 17.4\text{(m)}$；

$X_{14-15} = 0.06 \times 20 \div (0.06 + 0.38) = 2.7\text{(m)}$，则 $X_{15-14} = 20 - 2.7 = 17.3\text{(m)}$。

根据计算结果，确定相关方格上的零点位置，如图 1-6 所示。

(2) 4 个方格 1—1、2—1、1—3、1—4 为全填或全挖，按正方形公式计算。

$V^+_{1-1} = a^2(h_1 + h_2 + h_3 + h_4)/4 = 20 \times 20(0.39 + 0.02 + 0.65 + 0.30) \div 4 = (+)136.0\text{(m}^3)$；

$V^+_{2-1} = 20 \times 20(0.65 + 0.30 + 0.97 + 0.71) \div 4 = (+)263.0\text{(m}^3)$；

$V^-_{1-3} = 20 \times 20(0.19 + 0.53 + 0.05 + 0.40) \div 4 = (-)117.0\text{(m}^3)$；

$V^-_{1-4} = 20 \times 20(0.53 + 0.93 + 0.40 + 0.84) \div 4 = (-)270.0\text{(m}^3)$。

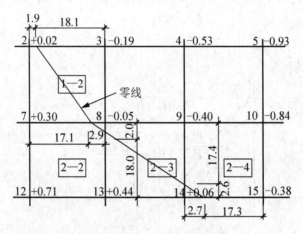

图 1-6　施工场地的零点位置

(3) 两个方格 1—2、2—3 为半填半挖，按梯形公式计算。

$V^+_{1-2} = a(b + c)(h_1 + h_3) \div 8 = 20(1.9 + 17.1) \times (0.02 + 0.30) \div 8 = (+)15.2\text{(m}^3)$；

$V^-_{1-2} = a(d + e)(h_2 + h_4) \div 8 = 20(18.1 + 2.9) \times (0.05 + 0.19) \div 8 = (-)12.6\text{(m}^3)$；

$V^+_{2-3} = 20(0.44 + 0.06) \times (18.0 + 2.6) \div 8 = (+)25.8\text{(m}^3)$；

$V^-_{3-2} = 20(0.05 + 0.40) \times (2.0 + 17.4) \div 8 = (-)21.8\text{(m}^3)$。

(4) 两个方格 2—2、2—4 为一个角点填(或挖)、3 个角点挖(或填)，分别按三角形和五角形公式计算。

$V^+_{2-2} = (a^2 - 0.5bc)(h_1 + h_2 + h_3) \div 5$

$\quad = (20 \times 20 - 0.5 \times 2.9 \times 2.0) \times (0.30 + 0.71 + 0.44) \div 5 = (+)115.2\text{(m}^3)$；

$V^-_{2-2} = bch_4 \div 6 = 2.9 \times 2.0 \times 0.05 \div 6 = (-)0.05\text{(m}^3)$；

$V^-_{2-4} = (20 \times 20 - 0.5 \times 2.6 \times 2.7) \times (0.40 + 0.84 + 0.38) \div 5 = (-)128.5\text{(m}^3)$；

$V^+_{2-4} = 2.6 \times 2.7 \times 0.06 \div 6 = (+)0.07\text{(m}^3)$。

(5) 综合计算结果并精确到立方米。

挖方： $V^- = 117.0 + 270.0 + 12.6 + 21.8 + 0.05 + 128.5 = (-)550\text{(m}^3)$；

填方： $V^+ = 136.0 + 263.0 + 15.2 + 25.8 + 115.2 + 0.07 = (+)555\text{(m}^3)$。

【**附注**】关于计算精度，这道题总的土方量为五百多立方米，计算精确至立方米就可以了，因此计算过程取小数后一位，最后结果取整数。

1.2.4 边坡的土方量——用断面法套用棱柱体体积公式计算再累加

当场地地形比较复杂或填挖深度较大、断面不规则时，采用断面法套用棱柱体体积公式计算；通常在"总平面竖向设计"图上会表达关于场地地形设计上的要求，要学会看懂"场地边坡平面示意图"。先把边坡划分为若干个几何形体，再分别按立体几何的相关体积公式计算。如图 1-7 所示的边坡，可以分成 11 个部分：其中挖方边坡 7 个，①、②、③、⑤、⑥、⑦为三棱锥，④为三棱柱；填方边坡 4 个，⑧、⑨、⑩、⑪均为三棱锥。

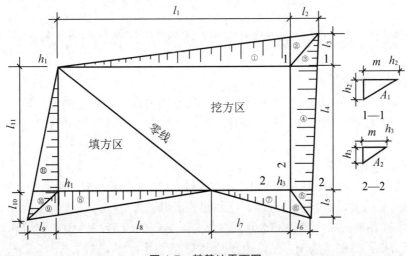

图 1-7 某基坑平面图

1.2.5 填挖方的表示方法

业内约定，填方体积数目前面加"＋"号表示，挖方体积数目前面加"－"号表示。

填方和挖方工程量一般按原状土的体积计算，只有当边挖边填时，计算填方体积(即填满坑槽需要用多少原状土)才用填方体积除以土的最后可松性系数。

【**任务实施**】

实训任务：某工程地面以下基础和地下室占有的体积为 21000m³，拟开挖基坑的底边长 85m，宽 60m，深 8m，四面放坡的坡度为 1∶0.5；已知土的最初可松性系数 $K_s = 1.14$，最后可松性系数 $K_s' = 1.05$；用单斗挖土机挖土、自卸汽车运土，汽车的斗容量为 12m³。试计算此基坑开挖的土方工程量(按原状土体积计算)；分析施工过程中，应预留多少回填的土方？多余土方外运多少立方米？若用自卸汽车运输，需要运多少车次？

【**技能训练**】

(1) 根据此基坑的数据，计算此基坑开挖的土方工程量(按原状土体积计)。

(2) 根据提供的土的可松性系数、基础和地下室占有的体积，计算预留土方量(按原状土体积计)。

(3) 根据提供土的可松性系数、载重汽车的斗容量，计算外运多余土方量和运输车次数。

(4) 根据分析计算结果，分组讨论此工程施工方案的要点。

(5) 最后成果由学生写成课外作业。

工作任务 1.3 土方的挖、运、填施工

1.3.1 土方工程施工的准备工作

1. 准备工作的重要性

施工准备工作是各项施工工作顺利、有序展开的前提，是施工现场管理工作中一项极为重要的环节，做好这项工作，对保证施工质量、生产安全，提高功效，缩短工期有重要意义。

2. 准备工作的内容

(1) 资源准备：是指组建项目经理部，配备各种技术管理人员，明确各自的岗位责任，组织土方施工的机械设备、材料进场，组织相关班组工人进场。

(2) 技术准备：学习、熟悉和会审施工图纸，踏勘施工现场，调查周边环境、水文地质条件，落实施工方案、施工方法，组织技术安全交底。

(3) 现场准备：清理、平整场地，安装施工临时水电，搭设临时建筑，修筑场内道路和排水沟系统，工地出入口设置洗车槽，配置高压水枪，所有装土车辆先冲洗干净，遮盖严密才能驶出；场地污水必须先流入集水井，经过沉淀后才能再利用或排入场外污水管网。

(4) 引测测量控制网和定位标志点，办理确认手续。

1.3.2 坑槽开挖施工

(1) 测量定线：在坑外架好龙门板，标上轴线，测量龙门板上的标高如图 1-8 所示；在地面上放出基坑外缘边线，即可进行坑槽的开挖。

(2) 坑槽的土方开挖：一般用机械开挖，人工修整。当挖到离基底 30～50cm 深时，用水平仪抄平，打上水平桩，作为开挖深度的依据；若采用机械挖土，挖至距设计标高 50～100mm 时停止，再用人工挖至设计标高，并修整好整个基坑的周边。

(3) 随时注意复核坑槽的尺寸：按设计图纸校核基坑尺寸的位置、标高、周边尺寸，以及土质是否符合要求。

(4) 严禁搅动基底土层：基坑开挖要先拟订施工方案，深基坑要分层开挖，如图 1-9 所示。开挖时要随时测量深度，注意不准超挖，严禁搅动基底土层；若发生超挖，要用挖出

的土回填夯实；超挖严重的应报告监理和设计单位研究处理方法。

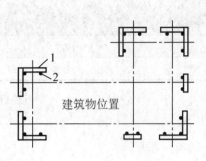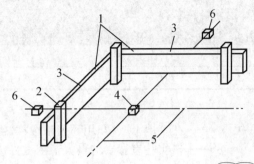

图 1-8　龙门板的设置

1—龙门板；2—龙门桩；3—轴线钉；4—角桩；5—灰线钉；6—轴线控制桩

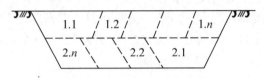

图 1-9　深基坑分层开挖的顺序

(5) 常检查随时处理：挖土过程中和雨后复工，应随时检查土壁稳定和支撑的牢固情况，发现问题及时加固处理。

(6) 基坑挖完后要尽快验槽：及时做基础垫层，不要让基槽暴晒或泡水。基槽检验常用触探法。若发现不符合设计文件要求，或出现其他异常情况，应报告监理和设计单位研究处理方法。

1.3.3 土方的填筑与压实

【参考视频】

1. 回填土压实的标准

实践证明，完全干的土压不实，太湿的土也压不实，稍湿的土才可能压实。能将土压至最密实的这个含水率，就是回填土压实的最佳含水率，通过试验求得。由于土的可松性影响，不管怎样压，回填土总是达不到原状土的密度。

工程上要求回填土必须具有一定的密度，用压实系数 λ 来表示，设计图纸上有规定的按图纸要求做。若图纸没有规定，可按施工规范要求：场地土回填 $\lambda \geqslant 92\%$，回填后作为浅基础的持力层时要求 $\lambda \geqslant 97\%$。

回填土的最佳含水量和最大干密度参考值见表 1-6。

表 1-6　填土的最佳含水量和最大干密度参考值

项次	土 的 种 类	变 动 范 围	
		最佳含水量/%	最大干密度/(kN/m³)
1	砂 土	8～12	18.0～18.8
2	黏 土	19～23	15.8～17.0

续表

项次	土的种类	变动范围	
		最佳含水量/%	最大干密度/(kN/m³)
3	粉质黏土	12~15	18.5~19.5
4	粉 土	16~22	16.1~18.0

$$\lambda = \rho \div \rho_0 (\%) \tag{1-11}$$

式中：ρ——在工地上取样(用环刀法取样)测定的干密度；

ρ_0——在实验室做出的最大干密度。

2．影响填土压实质量的因素

试验和实践都证明，影响回填土压实质量有下列几项因素。

(1) 土的压实程度与压实机械所做的功有关，压实机械来回滚压的次数越多，压实机械所做的功就越大，土就越压得实；如图 1-10 所示是土的密度与压实功的关系曲线，注意它是一条渐近线，表示刚开始时前几次压实效果明显，随着次数增加，压实效果越来越不明显。

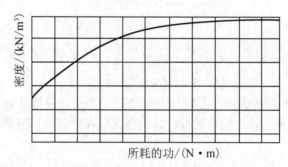

纵轴：密度/(kN/m³)
横轴：所耗的功/(N·m)

图 1-10　土的密度与压实功的关系

(2) 压实施工时土的含水量要适当，才有可能压到最实，含水量不能过大也不能过小，称为这种土的最佳含水量，由试验确定，如图 1-11 所示。

(3) 试验证明，压实机具对土层的压实作用，对土层的深度影响很有限。表面的压实作用最大，离开土层表面越深压实作用越小，超过一定深度就没有任何影响，如图 1-12 所示。因此，施工时每层铺松土的厚度要适当，厚度不能太厚，这与压实机具和每层的压实遍数有关。不同的压实机具、分层铺虚土的厚度和压实的遍数见表 1-7。

表 1-7　用不同压实工具分层填土虚铺厚度及应压实的遍数

压实机具	分层填土虚铺厚度/mm	压实遍数
平 碾	250~300	6~8
振动压实机	250~350	3~4
蛙式打夯机	200~250	3~4
人工打夯	<200	3~4

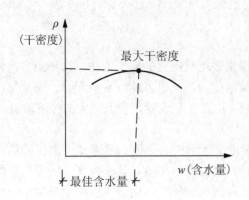

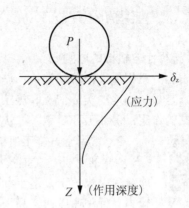

图 1-11 土的干密度与含水量的关系　　图 1-12 土的压实作用沿深度的变化

3. 不能用来回填的土

实践证明，不是所有的土都可以用来作为地基土回填。无法压实和不适宜作地基的土不能用来回填，主要指下列 3 类土。

(1) 含水量太大的黏性土(不能压实，应通过翻晒减少含水量后再用)。

(2) 有机物含量大于 8%的腐殖土(无法提高承载力，这种土不能用作地基土)。

(3) 含水溶性硫酸盐大于 5%的酸性土(因遇水会软化发生溶蚀，这种土不能用作地基土)。

4. 填筑的方法

(1) 按照场地的宽窄情况、工程量大小，填土压实的方法有 3 类：辗压法(利用钢或混凝土碾滚的自重来回碾压)、夯实法(利用重锤从一定高度上自由落下夯实)、振动法(利用一定重量的锤振动产生的冲击力振实)，如图 1-13 所示。

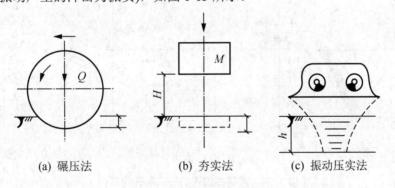

(a) 碾压法　　(b) 夯实法　　(c) 振动压实法

图 1-13 填土压实方法

(2) 大面积的填土可利用运土工具自身的质量来回压实(如自卸汽车等)，也可用专门的压路机碾压。

(3) 小面积的填土可用电动或振动打夯机夯实。

5. 填筑的要求

(1) 尽量采用相同的土来填筑，至少同一层的土要相同，不同的土不要混填。

(2) 分层铺摊，分层压实。

(3) 把透水性大的土放在下层，透水性小的土放在上层，使下层土的含水量变化较小。

1.3.4 土方工程机械化施工

1. 选择土方机械的原则

由于土方工程量大，劳动繁重，施工时应尽量采用机械化的施工方法；选择土方机械的原则，是根据场地的实际情况和施工企业自身的能力，一机多能，合理配套，充分发挥各种机械的作用，保证工程质量，加快施工进度，降低工程成本，争取最大的经济效益。

2. 常用土方施工机械

【参考图文】

(1) 推土机：在拖拉机上安装推土板而成，一般为履带式，液压操纵；能单独完成挖土、运土和卸土工作；具有操纵灵活、运转方便、所需工作面较小、行驶速度快、易于转移、能爬缓坡的特点；用于推挖一至三类土，场地清理、平整，开挖或填平深度不大的坑沟；运距 60m 内效率较高，下坡推土不宜超过 15°。

(2) 铲运机：是一种能独立完成铲土、运土、卸土、填筑、场地平整的土方机械；适用于大面积的广场平整，运距在 600m 左右的挖运填土，或填筑路基施工；不宜用于淤泥或坚土开挖。

(3) 挖掘机：一般为履带式，液压操纵，操纵灵活，运转方便；适用于开挖一至三类土的坑槽和管沟，常用单斗反铲挖掘机与自卸汽车组合进行土方挖运填，如图 1-14 所示。

(4) 推土机、铲运机、挖掘机、装载机、自卸汽车等都有一定的适用性，要按照需要和可能，通过技术经济分析后来确定配备方案。

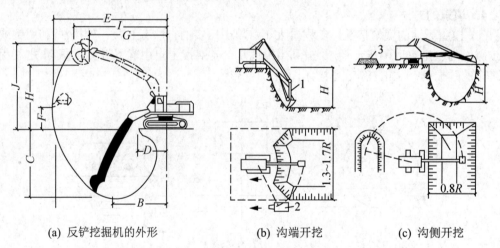

(a) 反铲挖掘机的外形   (b) 沟端开挖   (c) 沟侧开挖

图 1-14 反铲挖掘机的外形和开挖方式

1—反铲挖掘机；2—自卸汽车；3—弃土场

表 1-8 常用土方机械的适用范围

机械名称	作业特点和条件	适用范围	配套机械
推土机	推平，100m 内的推土，助铲，牵引，地面坡度不应大于 15°	场地平整，短距离挖运，拖羊足碾	—

续表

机械名称	作业特点和条件	适用范围	配套机械
反铲挖掘机	开挖停机面上下的土方、可装土和甩土两用	基坑、管沟开挖，独立基坑	工作面要有推土机配合，外运要配自卸汽车
拉铲挖掘机	开挖停机面以下的土方、可装土和甩土两用	基坑、管沟开挖，排水不良也可开挖	工作面要有推土机配合，外运要配自卸汽车
抓铲挖掘机	可直接开挖直井，可装车和甩土	基坑、管沟开挖，排水不良也可开挖	外运要配自卸汽车

3. 目前建筑工地常用的配备

小范围的挖、运、填用反铲挖掘机、自卸汽车、电动打夯机组合；大范围的回填土用自卸汽车、推土机、压路机组合；需要用爆破的方法开挖石方的要准备空压机、凿岩机、炸药等。

 **案例 1-3**

某深基坑土方开挖方案

某高层建筑建造地下室需要挖一个深为 11.40m 的基坑，其剖面标高如图 1-15 所示。

为了保证土方开挖和地下室施工的安全，按设计要求和施工方案规定，土方开挖前在坑周边先做好支护排桩，然后按下述顺序组织施工。

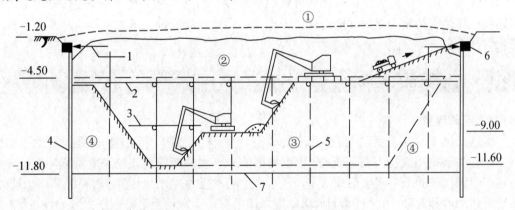

图 1-15 某基坑开挖方案示意图

1—第一道支撑；2—第二道支撑；3—第三道支撑；4—支护桩；5—主柱；6—锁口圈梁；7—坑底

在基坑正式开挖前，先将第①层地表土挖运出去，浇筑锁口圈梁，进行场地平整和基坑降水等准备工作，安装第一道支撑；开挖第②层土到 -4.50m；安装第二道支撑；待第二道双向支撑全面形成后，挖土机和运输车下坑，在第二道支撑上部开始挖第③层土，并采用台阶式多机接力方式挖土，一直挖到坑底，挖土机沿着斜坡后退，逐渐撤离基坑；第三道支撑应随挖随撑，逐步形成；最后用抓斗式挖土机在坑外挖两侧的第④层土。

【任务实施】

实训任务：编制 A 学院第 13 号教师住宅楼土方施工方案。

【技能训练】

(1) 阅读 A 学院第 13 号教师住宅楼的基础施工图纸和地质勘察资料。

(2) 讨论研究土方工程的施工方案要点。

(3) 进行必要的计算和分析。

(4) 编写本土方工程的施工方案的技术性部分。

工作任务 1.4　场地排水和降低地下水位

1.4.1　做好施工排水工作的重要性

土方开挖、基础和地下室的施工，要求能在干燥场地下进行。如果施工场地积水，施工条件恶化，不仅会影响工程质量和施工效率，还会因水浸泡土体导致地基土的承载能力下降，造成土方边坡坍塌，施工将无法进行。为了确保工程质量和施工安全，如果场地地下水位较高，则需要用人工的方法先降低地下水位；在雨季施工时，还要先做好场地地面水的收集和排水措施，然后才能进行土方施工。因此，做好施工排水工作，对于土方施工来说十分重要。

1.4.2　流砂现象及其危害

1. 流砂现象

场地的地下水在未受到人为施工扰动前通常呈静止状态，当坑(槽)需要挖到地下水位以下时，先要采用人工方法使坑(槽)范围局部的地下水位降低到开挖深度以下，于是导致与局部范围以外的地下水位形成落差，从而产生动水压力；对于土颗粒较小的某些土层(如粉土、粉细砂和亚砂土)，在地下水动水压力作用下，土颗粒会随动水压力方向涌进坑(槽)内，使土壁崩塌，土方施工无法进行，还可能危害到坑外的建筑物或管道的安全，这种现象称为流砂现象。

2. 发生流砂现象的原因

根据水在土中渗流的分析，流砂的产生与动水压力的大小和方向有关。动水压力指流动中的水对土产生的作用力，这个力的大小与水位差成正比，与水流路径的长短成反比，与水流的方向相同，如图 1-16 所示。

3. 流砂现象的防治

基坑开挖和坑内工程施工全过程中，不能出现流砂现象，否则施工无法进行。

防治流砂主要从消除、减少或平衡动水压力入手，一般有 3 种途径：一是减少或平衡动水压力；二是设法使动水压力方向向下；三是截断地下水流。具体做法有：选择在枯水期施工减少动水压力；打钢板桩截断地下水流，由钢板桩平衡动水压力；人工降低地下水位把动水压力方向改变成向下，或采用水下挖土的方法不造成动水压力等。

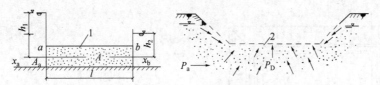

(a) 水在土中渗流时的力学现象　　(b) 动水压力对地基土的影响

图 1-16　动水压力原理图

1、2—土颗粒

1.4.3　人工降低地下水位

1. 人工降低地下水位的作用

用人工的方法(如用井点降水)，使施工坑(槽)及其周边一定范围内的地下水位降低，有如下几个作用，如图 1-17 所示。

(1) 使地下水位降低到设计的坑底以下，不会造成地下水涌入坑内。

(2) 防止土方边坡受地下水流的冲刷发生塌方。

(3) 防止坑内的土体在动水压力作用下发生上冒(管涌)。

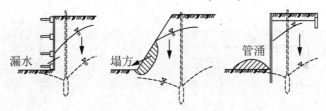

(a) 防止涌水　　(b) 使边坡稳定　　(c) 防止土体上冒

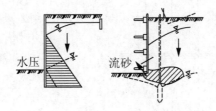

(d) 减少横向荷载　　(e) 防止流砂

图 1-17　人工降低地下水的作用

(4) 减少坑(槽)护壁的横向土、水压力。

(5) 由于没有了地下水的渗流，也就消除了流砂现象。

2. 集水坑法降低地下水位

如图 1-18 所示，在基坑范围的内边缘设简易集水坑，周边设临时排水沟，先把水经沟引至坑内然后用抽水机抽走，逐层开挖形成集水坑和排水沟，不

【参考图文】

断往下挖土至基坑挖成。此法适用于降水深度不大，土层稳定，能逐层开挖、逐层实施明排水时的情况，可排除地面积水和渗入坑内的地下水，不适用于软土、淤泥和粉细砂土中。

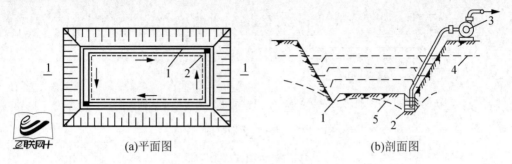

(a)平面图　　　　　　　　　　　　(b)剖面图

图 1-18　集水井排水

1—排水明沟；2—集水井；3—水泵；4—原地下水位；5—降水后的地下水位

3. 轻型井点法降低地下水位

(1) 试验证明，在土层内插入一根井点管，从管的末端抽水，如图 1-19 所示，会造成以管为圆心的一个空间倒伞形范围的水位下降；用多根井点管和总管把要降水的范围围起来，用水泵通过井点管末端的滤管(图 1-20)把地下水抽走，从而使一定范围内的地下水位降低到坑底以下，如图 1-21 所示，从根本上解决了地下水影响坑内施工的问题。

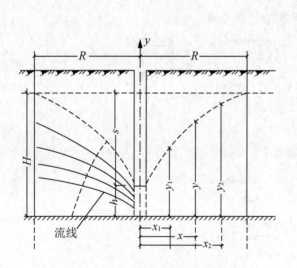

图 1-19　抽水降低地下水位的原理

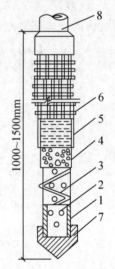

图 1-20　抽水滤管的构造

1—钢管；2—管壁上的小孔；3—缠绕的铁丝；
4—钢丝网；5—粗滤网；6—粗铁丝保护网；
7—铸铁头；8—井点管

(2) 较窄沟槽开挖可用单边成排的井点管系统抽水降低地下水位，如图 1-22 所示；较宽沟槽开挖要用两边成排的井点管系统，如图 1-23 所示；长宽都较大的基坑开挖要用成排围成封闭状的井点管系统抽水降低地下水位，如图 1-24 所示。

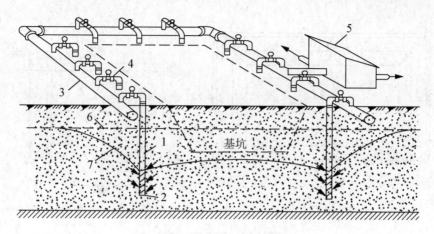

图 1-21　轻型井点系统的组成

1—井点管；2—滤管；3—集水总管；4—软接头；

5—水泵房；6—原地下水位；7—降低后的地下水位

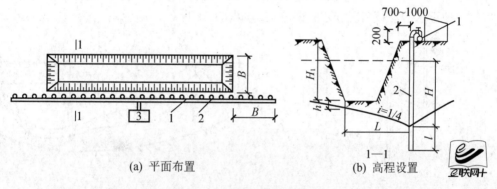

(a) 平面布置　　　　　　(b) 高程设置

图 1-22　单排线状井点布置

1—总管；2—井点管；3—抽水设备

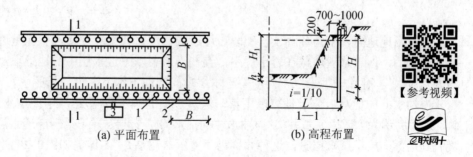

(a) 平面布置　　　(b) 高程布置

【参考视频】

图 1-23　双排线状井点布置

1—总管；2—井点管；3—抽水设备

(3) 要求地下水位要降低到坑底以下 500mm 处，使施工操作面处于干燥状态。由于离心水泵的抽吸能力只有 6～7m 深，轻型井点法用离心水泵抽地下水，适用于土的渗透系数 $k=0.1～50(m/d)$，一级井点的降水深度仅限于 3～6m，二级井点(图 1-25)的降水深度可达 6～12m。

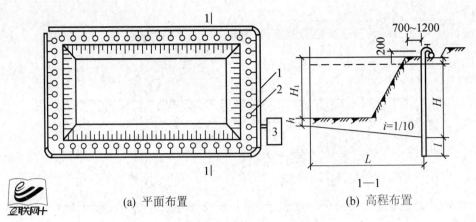

(a) 平面布置   (b) 高程布置

图 1-24 环状井点布置

1—总管；2—井点管；3—抽水设备

(4) 轻型井点的设计包括涌水量计算、确定井点管数量和间距、选择抽水设备等。

① 地下水的埋藏情况和水井的分类，如图 1-26 所示。

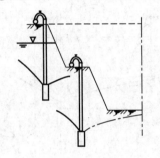

图 1-25 二级轻型井点示意图

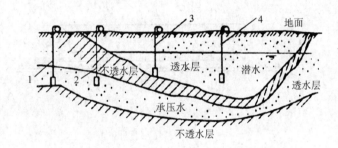

图 1-26 潜水、承压水和抽水井的分类

1—承压完整井；2—承压非完整井；
3—无压完整井；4—无压非完整井

    建筑场地地面以下由各种土层和岩石层组成，按照其物理性质，有些是透水的，有些是不透水的，地下水就埋藏在岩土层中；存在于地表以下透水层中的地下水，水文地质上称为"潜水"，存在于地表以下两层不透水层之间的地下水，称为"承压水"。

    当抽水井的抽水口位于地表以下第一层透水层的最下方(即第一层不透水层的最上方)时，这种井称为"无压完整井"；当抽水井的抽水口位于地表以下第一层透水层的中部，还没有到达第一层不透水层时，这种井称为"无压非完整井"，详情如图 1-26 所示。

    ② 涌水量计算：应根据管井位置、土层分布和透水性、地下水的埋藏情况，查《建筑施工手册》中的相关公式计算，计算简图如图 1-27 所示。

无压完整井涌水量计算公式为

$$Q = 1.366k\frac{(2H - s)s}{\lg R - \lg X_0} \tag{1-12}$$

无压非完整井涌水量计算公式为

$$Q = 1.366k \frac{(2H_0 - s)s}{\lg R - \lg X_0} \tag{1-13}$$

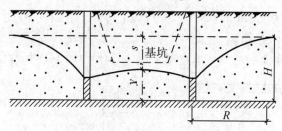

图 1-27　无压完整井涌水量计算简图

式中：Q——井点系统的涌水量，m^3/d；

　　k——土层的渗透系数，m/d；

　　H——无压完整井含水层的厚度，m；

　　H_0——无压非完整井含水层的厚度，m；

　　s——水位降低值，m；

　　R——抽水影响半径，m，$R = 1.95s\sqrt{HK}$；

　　X_0——环状井点系统的假想半径，m，$X = \sqrt{\dfrac{F}{\pi}}$；

　　F——环状井点系统所包围的面积，m^2。

$H_0 = 1.85(S' + L)$，其中 S' 为地下水位线至滤管顶部(井点管底部)的长度，L 为滤管长度(一般为 1.0m)。

③ 求单根井点管的最大出水量，计算公式为

$$q = 65\pi dL\sqrt[3]{k} \tag{1-14}$$

式中：d——滤管的直径，m；

　　L——滤管的长度，$L = 1.0\text{m}$；

　　k——土层的渗透系数，m/d。

④ 确定井点管数量和间距。

井点管的最少根数为

$$n = 1.1Q \div q \tag{1-15}$$

式中：Q——井点系统的涌水量，m^3/d；

　　q——单根井点管的最大出水量，m^3/d；

　　1.1——考虑管道堵塞影响的增大系数。

井点管的最大间距为

$$D = L_1 \div n \tag{1-16}$$

式中：L_1——计算总管的总长度，m；

　　n——井点管的最少根数。

案例 1-4

某工程需开挖基坑的底宽 8m，长 15m，深 4.2m，边坡坡度为 1∶0.5。经地质勘察查

明，天然地面以下为 0.8m 深的黏土层，再下为 8m 深的细砂层(渗透系数 $k = 12m/d$)，再下是不透水的黏土层；地下水位在地面以下 1.5m 处。拟用轻型井点法进行人工降低地下水位，然后开挖土方，试进行井点系统设计。

解： 1) 井点系统的布置

井点系统的平面布置和高程布置分别如图 1-28(a)和图 1-28(b)所示。

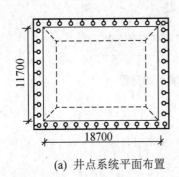
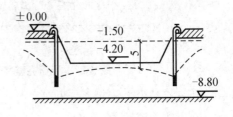

(a) 井点系统平面布置　　　　　　　　　(b) 井点系统高程布置

图 1-28　降水基坑平面、剖面示意图

为使总管接近地下水位和不致影响地面交通，将总管埋设在地面以下 0.5m 处，即先挖 0.5m 的沟槽，然后在沟槽底铺设总管。

在沟槽底标高处坑上口的平面尺寸为 11.7m × 18.7m，井点管布置在距基坑边 1m，则由井点管围成的平面图形为 13.70m × 20.70m。

由于其长宽比 20.70m ÷ 13.70m = 1.51 < 5，且基坑的宽度小于 2 倍的抽水半径，故可以按环状井点布置。

基坑中心的降水深度为

$$S = (4.2－1.5)m + 0.5m = 3.2m$$

用一级井点系统降水，井点管要求的埋设深度 H 为

$$H \geqslant H_1 + h + iL = 3.7 + 0.5 + 0.1 \times 13.7 \div 2 = 4.9(m)$$

式中：H_1——降水总管埋设面至基坑底面的距离，取为 3.70m；

　　　h——基坑底面至降低后地下水位线的距离，取为 0.5m；

　　　i——水力坡度，双排或环状井点取为 0.1；

　　　L——井点管至基坑中心的距离，取为 6.85m。

井点管长 6m，直径 $\phi = 38mm$，外露 0.2m 用于安装总管，则井点管埋入土中的实际深度为 6.0－0.2 = 5.8(m)，大于要求的埋设深度 4.9m；故此方案符合要求。

2) 基坑涌水量计算

取滤水管长为 $l = 1m$，则井点管和滤水管总长为 6 + 1 = 7(m)，滤水管底部距不透水层为 1.5m，属于无压非完整井，可套用无压非完整井的涌水量计算公式

$$Q = 1.366k(2H_0－S)S \div (\lg R－\lg X_0)$$

因为：$S' \div (S' + l) = 4.8 \div (4.8 + 1) = 0.83$；

有效抽水影响深度 $H_0 = 1.87(S' + l) = 1.87 \times (4.8 + 1) = 10.85(m)$；

由于实际含水层厚度 $H = 0.8 + 8－1.5 = 7.3(m) < 10.85m$，故取 $H_0 = 7.3m$。

抽水影响半径 $R = 1.95S(HK)^{1/2} = 1.95 \times 3.2 \times (7.3 \times 12)^{1/2} = 58.40(\text{m})$；

基坑降水假想圆的半径 $X = (F \div \pi)^{1/2} = (13.7 \times 20.7 \div 3.14)^{1/2} = 9.50(\text{m})$；

井点系统的涌水量 $Q = 1.366k(2H_0 - S)S \div (\lg R - \lg X_0)$

$$= 1.366 \times 12(2 \times 7.3 - 3.2)3.2 \div (\lg 58.4 - \lg 9.5)$$

$$= 758.19(\text{m}^3/\text{d})。$$

3) 井点管的布置计算

单根管的出水量 $q = 65\pi dlk^{1/3} = 65 \times 3.14 \times 0.038 \times 1 \times 12^{1/3} = 17.76(\text{m}^3/\text{d})$；

井点管的数量 $n = 1.1Q \div q = 1.1 \times 758.19 \div 17.76 = 47(\text{根})$；

井点管的间距 $D = L_1 \div n = [2 \times (13.7 + 20.7)] \div 47 = 1.46(\text{m})$；

实际井点管的间距 1.4m，共 49 根。

4) 选择抽水设备

水泵基本数据：所需流量 $Q_1 = 1.1Q = 1.1 \times 758.19 = 834(\text{m}^3/\text{d})$；

水泵所需吸水吸程 $H_s \geqslant 6.0 + 1.2 = 7.2(\text{m})$。

根据 Q_1、H_s 查离心水泵技术性能表，确定离心水泵的型号为 3B33，计算用 1 台，实际要配备 2~3 台。

4．各种井点法降低地下水位及其适用范围(表 1-9)

表 1-9　各种井点法降低地下水位及其适用范围

井点类型/适用条件	土层的渗透系数/(m/d)	可降低水位的深度/m
一级轻型井点	0.5~50	3~6
喷射井点	0.1~2	8~20
电渗井点	<0.1	宜配合其他措施使用
管井井点	20~200	3~5
深井井点	5~250	>10

5．降低地下水位方法的选择

(1) 当基坑不深，涌水量不大，坑壁土体比较稳定，不易产生流砂、管涌和坍塌时，可采用集水明排疏干地下水的方法。

(2) 当含水层的渗透系数为 2~50m/d，需要降低水位高度为 4~8m 时，可选用真空井点降水法；如降深要求大于 4.5m 时，可选用二级或多级真空井点法；当含水层的渗透系数为 0.1~50m/d，要求水位降低深度为 8~20m 时，可选用喷射井点法；当含水层的渗透系数大于 20m/d，水量丰富时，可采用管井井点法。

(3) 若降低地下水位将引起周边建筑物产生过大的差异沉降、倾斜，影响地下管道的正常使用，应在基坑周边做止水帷幕。止水防渗方案可采用高压喷射注浆法、深层搅拌法及压力注浆法。

(4) 无论采用哪一种降水方法，降低地下水位的工作，都应从土方开挖到地下水位距离设计坑底以下 500mm 高时开始，要持续到土方开挖完成，基础或地下室的施工做完，回填土也做完后才能停止。如若中途停止抽水，地下水位就会恢复到原来的位置而影响施工；因此要准备多套抽水设备，轮流不间断地工作，还要经常检查、维护系统的正常运转。

【任务实施】

实训任务：实地参观考察某基坑降低地下水位施工。

【技能训练】

(1) 听取某基坑降低地下水位施工的情况介绍。

(2) 了解降低地下水位的方法、特点。

(3) 了解某基坑降低地下水位的施工过程和效果。

(4) 由学生写出某基坑降低地下水位施工的参观考察报告。

工作任务 1.5 深基坑支护施工

1.5.1 基坑支护的概念

当基础设计埋得较深，或多层、高层建筑需要做地下室时，地下室的施工需要开挖深坑，相应地要用人工的方法对新形成的土壁进行支撑、防护，还要采用适当的方法降低深坑内的地下水位以方便施工。

1.5.2 基坑支护的目的

(1) 利用支护结构来挡土和阻水，承受周边土、水产生的侧向压力。

(2) 围护支护结构和基坑周边土体的稳定，限制坑周土体变形(滑移或破坏)，保护基坑内施工的安全，保护基坑外土体的稳定，也就是保护基坑外侧的管线和邻近建筑物的安全。

(3) 阻止地下水渗入坑内，使坑内保持干燥，让坑内土方的开挖、基础和地下室的施工能够顺利进行。

1.5.3 基坑支护的特点

(1) 基坑开挖与支护的施工对象是岩土，岩土是大自然的产物，组成多样、性质复杂，具有地区性特点，影响因素多，不确定的因素也多，而现阶段人对它的认识和了解还很有限。

(2) 基坑工程的设计和施工，需要仔细分析、充分考虑在各个施工阶段、各种工况(工况是指某一瞬间基坑支护体的工作状况)下，支护体和岩土的受力和变形；需要顾及基坑本身在整个施工和使用期间的安全，坑周边环境的安全，后续工程施工活动的安全，这 3

个方面的安全，都需要勘察、设计、施工、监理、监测等单位自始至终相互协作，密切配合，共同努力才能实现。

(3) 基坑工程的对象是岩土，包括岩土力学、地下水与支护结构的共同作用，属于结构设计的一部分，由设计院负责施工图设计，施工单位按图施工。目前基坑工程的计算理论还很不完善，不可能事先考虑整个体系的所有复杂因素，既需要相关力学的基本理论，更强调工程实践，强调概念设计，强调各方的密切配合，凭经验把握住它的大方向，才能确保基坑的安全。

(4) 从基坑开挖与支护结构的施工起，到基坑形成后各项后续工程的施工，到回填土方施工、支护结构的拆除，在这整个施工和使用期间内，需要按照设计和规范规定，对基坑和支护结构、基坑周边一定范围内的场地和建筑物进行变形监测，随时注意变形的发展和变化，采取相应的防护措施，确保基坑的安全。

1.5.4 基坑支护结构的要求

(1) 基坑边坡和支护结构在整个施工和使用期间应达到稳定，不发生倾覆、滑移和局部失稳；坑底不发生隆起、管涌；锚杆不失效；支撑系统不失稳。

(2) 支护结构构件受荷后不发生强度破坏。

(3) 降低地下水位引起的地基沉降不得影响邻近建筑物或重要管线的正常使用。

(4) 止水措施应能控制渗漏不致引起水土流失造成地面下陷。

(5) 支护结构的变形不致影响周边环境和设施的正常使用。

1.5.5 常用几种支护结构的形式和适用条件(表 1-10)

表 1-10　常用几种支护结构的综合表

结构形式	适用条件	不宜使用的条件
人工放坡	(1) 基坑周边开阔能满足放坡的条件 (2) 允许坑边土体有较大的水平位移 (3) 开挖面以上一定范围内无地下水或已经降水处理 (4) 可独立或与其他结构组合使用	(1) 淤泥和流塑土层 (2) 地下水位高于开挖面且未经降水处理
土钉墙	(1) 允许土体有较大的位移 (2) 岩土条件较好 (3) 地下水位以上为黏土、粉质黏土、粉土、砂土 (4) 已经降水或经止水处理的岩土 (5) 开挖深度不宜大于 12m	(1) 土体为富含地下水的岩土层、含水的砂土层，且未经降水、止水处理 (2) 膨胀土等特殊性土层 (3) 基坑周边有需要严格控制土体位移的建(构)筑物和地下管线
水泥土挡墙	(1) 开挖深度不宜大于 7m，允许坑边土体有较大的位移 (2) 填土、可塑到流塑的黏性土、粉土、粉细砂及松散的中粗砂 (3) 墙顶超载不大于 20kPa	(1) 周边无足够的施工场地 (2) 周边建筑物、地下管线要求严格控制基坑位移变形 (3) 墙深范围内存在富含有机质的淤泥

续表

结构形式		适用条件	不宜使用的条件
排桩	悬臂	开挖深度不宜大于 8m	周边环境不允许基坑土体有较大的水平位移
	桩锚	(1) 场地狭小且需深开挖 (2) 周边环境对基坑土体的水平位移控制要求严格	(1) 基坑周边不允许锚杆施工 (2) 锚杆锚固段只能设在淤泥或土质较差的软土层
	内撑	(1) 场地狭小且需深开挖 (2) 周边环境对基坑土体的水平位移控制要求更严格 (3) 基坑周边不允许锚杆施工	—
地下连续墙		适用于所有止水要求严格以及各类复杂土层的支护工程；适用于任何复杂周边环境的基坑支护工程	悬臂或与锚杆联合使用的地下连续墙不宜使用条件与排桩相同

1.5.6 常用的几种支护结构的施工

1. 人工放坡施工

(1) 当基坑周边足够开阔，土质较好，开挖面以上一定范围内无地下水或能够进行降水处理时，应优先使用人工放坡。填方或挖方人工放坡的坡度，应根据场地土层的物理力学性质、填方或挖方的深度、形成的方法和要求保持的时间预先进行设计计算来确定，如图 1-29 所示。

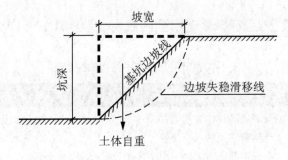

图 1-29 基坑采用人工放坡

(2) 人工放坡在开挖时，应采用相应的坡面、坡顶和坡脚排水、降水措施。当基坑开挖至地下水位以下且土层中可能发生流砂、流土现象时，应采取降水措施；如土质较好，也可采用明沟或集水井排水。

(3) 基坑顶部周边不宜堆积土方或其他材料、设备等，若必须堆放，需考虑地面超载对边坡的不利影响。

(4) 人工放坡宜对坡面采取保护措施，如水泥砂浆抹面、浆砌片石护面、堆砌土袋护面、挂网喷浆等，如图 1-30 所示。

2. 土钉墙施工

1) 土钉墙支护的原理

土体的抗剪强度较低，几乎不能承受拉力，但土体有一定的结构整体性。如果在土体内人为地放置有一定长度和密集分布的钢筋或钢管(称为土钉)，与土体共同作用形成土与钉的复合体，在基坑形成过程中，土体会发生微小变形，土钉受拉而土体受压，使土体保持稳定，土钉对坡面起了防护的作用。土钉墙支护，是保障土体边坡稳定的一项新技术。

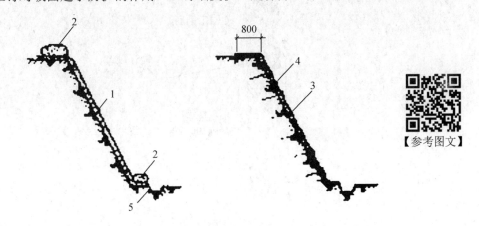

图 1-30 放坡面的保护措施

1—水泥砂浆抹面；2—浆砌片石压顶；3—挂钢丝网；4—喷水泥砂浆面；5—排水沟

2) 土钉墙的结构和构造

最常用的土钉墙是先挖一段(约 1m 深)基坑的土方，做一层土钉(钻孔，内置螺纹钢筋，往孔内压注水泥浆)；再挖一段基坑的土方，做一层土钉；如此分层分段挖土、做土钉；在完成一层或若干层后挂钢筋网、喷射混凝土面层，混凝土养护，修筑坡脚排水沟。

土钉的水平和竖向距离(一般为 1~2m)，土钉的材料、规格、入土深度和灌浆要求，怎样分层分段施工都应按设计规定，通过斜向的土钉对基坑边坡土体的加固，来满足边坡稳定要求。土钉墙适用于允许有一定放坡，深度在 12m 以内稳定土层的边坡支护(图 1-31、图 1-32)。

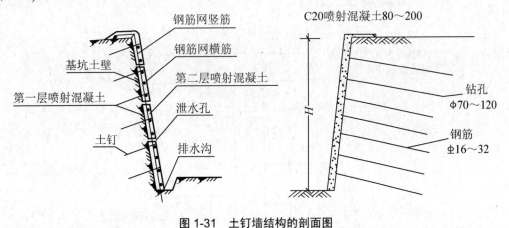

图 1-31 土钉墙结构的剖面图

3) 准备工作

(1) 确定基坑开挖线、轴线定位点、水准基点、变形观测点。

(2) 土钉钢筋除锈。

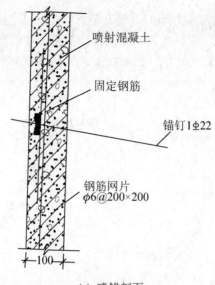

(a) 喷锚剖面

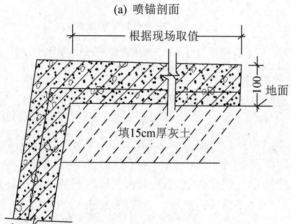

(b) 喷锚大样

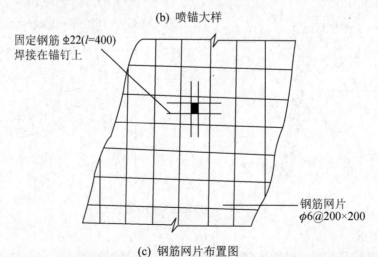

(c) 钢筋网片布置图

图 1-32　土钉墙构造

(3) 水泥、砂、速凝剂准备。

(4) 施工机具(成孔机、注浆泵、混凝土喷射机、空压机)准备。

4) 施工顺序

(1) 按设计要求开挖工作面,修整边坡,埋设喷射混凝土的控制标志。

(2) 喷射第一层混凝土。

(3) 安装土钉(钻孔、插筋、注浆)。

(4) 绑扎、固定钢筋网,设置加强筋。

(5) 喷射第二层混凝土至设计厚度。

(6) 坡顶、坡面和坡脚的排水处理。

5) 注意事项

(1) 基坑开挖应按设计要求自上而下分段、分层进行,及时支护,严禁超挖;上层土钉砂浆和喷射混凝土需达到设计强度的 70%以上,才能进行开挖下层土方和下层土层锚杆的施工。

(2) 钢筋网的铺设应位置正确、安装绑扎牢固;钢筋网与土钉和加强筋应连接牢固,喷混凝土时钢筋网不得晃动。

(3) 分段分片依次进行喷射混凝土作业,同一段内自下而上进行;喷射时应控制好水灰比,保持混凝土表面平整、湿润光泽、无干斑及滑移流淌的现象。

3.排桩施工

1) 排桩的作用和类型

基坑开挖之前,先在准备形成坑壁的周边施工成排的桩,上端沿着桩顶浇筑钢筋混凝土冠梁以增强排桩的整体工作性能,下端嵌入坚硬土层中一定深度,组成悬臂的排桩体系,来承受坑壁周边土体和地下水对排桩的水平作用力,从而保护坑内土方的开挖和基础的施工。排桩的类型多种多样,根据坑槽开挖不同的需要,有用型钢组成的排桩、用钢管组成的排桩、由混凝土灌注桩组成的排桩等,如图 1-33 所示;按照排桩的受力性状有全悬臂式排桩、排桩加锚杆或锚索、排桩加内撑等几种。

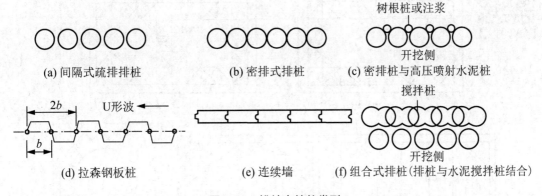

(a) 间隔式疏排排桩　　(b) 密排式排桩　　(c) 密排桩与高压喷射水泥桩

(d) 拉森钢板桩　　(e) 连续墙　　(f) 组合式排桩(排桩与水泥搅拌桩结合)

图 1-33　排桩支护的类型

2) 排桩的施工要求

为了形成排状的支护体,对于冲、钻孔灌注桩、旋挖孔灌注桩、人工挖孔灌注桩,都应采用隔桩施工的方法;将排桩分成相间隔的两批桩跳挖;第一批桩施工完成,桩芯混凝土达到设计强度的 70%以上后，再开挖第二批桩。当桩身需穿过透水性大的富含水层时，应先做好止水结构，并在基坑内降水，再行施工。每一根桩的施工与普通工程桩的要求相同，两者所不同的是工程桩通常为沿截面均匀配置钢筋，而支护桩通常为沿截面非均匀配筋的桩。钢筋笼吊放时应特别注意，钢筋配置方向应与设计方向一致。

3) 排桩的止水

为了保证排桩的成桩质量，冲、钻孔灌注桩或旋挖孔灌注桩的相互间距一般都要比桩的直径大一些，这样就保证了桩与桩之间留有一定的间隙。为了使排桩能够阻挡地下水渗透入坑内，设计要求要在排桩形成的基坑外侧，如图 1-33(c)和图 1-33(f)所示，加做旋喷止水桩或水泥土搅拌桩墙。其工艺过程和要求详见本书的地基加固部分。

4．内撑结构施工

1) 内撑的作用和结构

内撑就是在排桩或地下连续墙对基坑进行支护的基础上，在坑内增加对支护体的支撑，以增强基坑壁支护体的强度和稳定性。

通常由钢板桩加工具式内撑组成的简单内撑结构如图 1-34 所示，多用于深度不大的坑槽支护；由混凝土排桩或连续墙加若干道水平钢构内撑组成的复杂支撑结构如图 1-35 所示，多用于深基坑的支护。

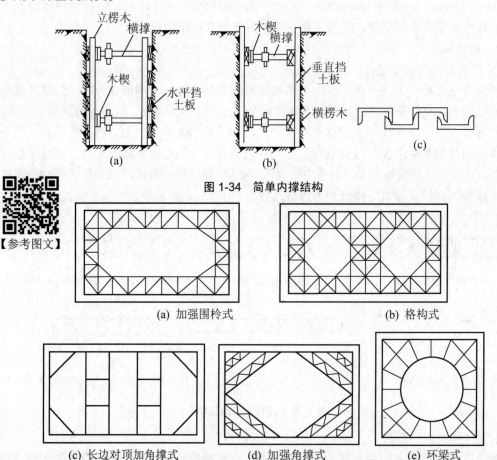

图 1-34　简单内撑结构

(a) 加强围枱式　　(b) 格构式

(c) 长边对顶加角撑式　　(d) 加强角撑式　　(e) 环梁式

图 1-35　复杂内撑结构

一个基坑采用什么内撑结构，应根据基坑的大小、深度、土质情况、施工条件综合考虑后由设计确定。

简单内撑结构常用于埋深不大的室外各种管线坑槽的开挖施工。一般的单斗反铲挖掘机，可完成打钢板桩、支钢管内撑、土方开挖、回填、桩撑拆除等的全部工作。

复杂内撑结构常用于高层建筑深基坑的支护和土方开挖施工中，现在外围常用地下连续墙，内部加设多层多道钢构支撑。如图 1-36 所示为某大厦基坑复杂内撑结构平面。

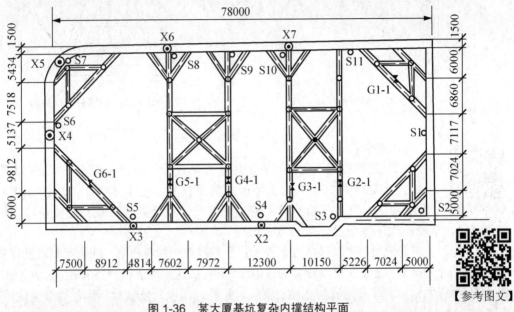

图 1-36　某大厦基坑复杂内撑结构平面

2) 内撑结构的施工要求

(1) 内撑结构的施工必须严格按照设计规定的顺序和要求进行，内撑结构的拆除也必须按照设计要求进行。

(2) 内撑结构的施工工序：支撑立柱，开挖设计规定可以挖除的土体，腰梁、竖向斜撑、坑底柱脚支座施工，主支撑与立柱、腰梁的连接及预应力施工，连系杆件、八字撑等附属结构的施工。

(3) 严禁在负荷状态下对钢支撑、钢立柱、钢腰梁等主要受力构件进行焊接。

(4) 当设计采用逆作法施工时，除严格按照设计要求分步进行外，地下室的施工还应做好送风、排风、安全用电和安全防护等工作。

5．锚杆施工

1) 锚杆的作用与组成

锚杆是一种受拉杆，它的一端嵌固在挡土桩或地下连续墙上，另一端锚固在地基土的深层或岩石中，使原来是悬臂的护坡桩变成类似多支点多跨的连续梁，与护坡桩一起承担土、水的侧压力。

锚杆支护由锚杆、锚杆头、支护结构体等组成，如图 1-37 所示；打锚杆用的钻机如图 1-38 所示。

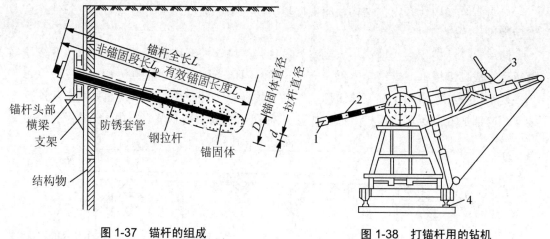

图 1-37 锚杆的组成

图 1-38 打锚杆用的钻机

1—钻头；2—套管；3—钻架；4—轨道

【参考视频】

2) 锚杆支护的施工

(1) 锚杆的施工应按专项的施工方案进行，锚杆专项施工方案的内容包括：工程的平面、剖面图；场地的基土性状、地下水性状，场区边线的地质剖面图；周边环境状况；施工废弃物排放及处理；限制作业条件，环境安全规划、措施；地下埋设物、障碍物；其他。

(2) 施工前应对原材料进行技术性能检验，出具有效的检验报告；应进行试验性作业，以检验设计的合理性、施工工艺及设备的适用性。只有在这两项都符合要求后才能开始施工。

(3) 锚杆的施工工序：定孔位，钻机就位，钻孔，清孔，安放锚杆体，检查就位情况，注浆，养护，锚杆张拉，检测，锁定，如图 1-39 所示。

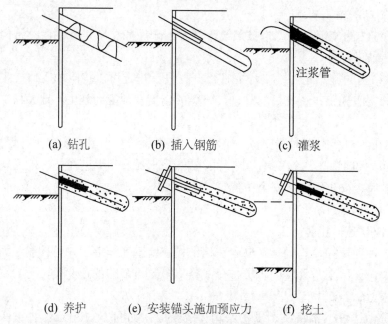

(a) 钻孔　　　(b) 插入钢筋　　　(c) 灌浆

(d) 养护　　　(e) 安装锚头施加预应力　　　(f) 挖土

图 1-39 锚杆施工程序示意图

6．地下连续墙施工

1) 地下连续墙的作用

地下连续墙是指在基坑土方开挖之前，预先在地面以下开挖出沟槽、下钢筋笼、浇筑成连续的钢筋混凝土墙体，作为深基坑支护结构，它既可挡土又可阻水，同时还可以作为地下结构的组成部分。

2) 工艺原理

用特制的挖槽机械直接干作业分段成槽，或在泥浆护壁的情况下分段开挖沟槽，插入预先制作好的钢筋骨架，用导管向沟槽内(水下)浇筑混凝土，形成第一段墙体；再接着做第二段墙体；各段墙体之间用特制的接头连接，最后形成连续的地下钢筋混凝土墙。

3) 施工工艺程序

该程序与冲钻孔灌注桩施工工艺相似，如图 1-40 所示。

修筑导墙→制备泥浆→开挖槽段和注入泥浆→清底→吊放接头管→吊放钢筋笼→水下浇筑混凝土→拔出接头管→连续制作下一槽段。

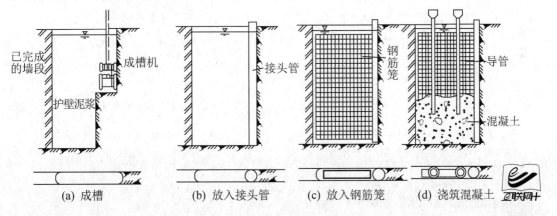

(a) 成槽　　　　(b) 放入接头管　　　　(c) 放入钢筋笼　　　　(d) 浇筑混凝土

图 1-40　地下连续墙施工程序示意图

4) 使用机械设备

地下连续墙的成槽工艺及使用的机械见表 1-11，多使用专用的成槽机械(图 1-41、图 1-42)，也可用一般的冲钻孔成桩机。

【参考图文】

配套使用泥浆循环设备、水下浇筑混凝土设备等。

表 1-11　地下连续墙的成槽工艺及使用的机械

成槽工艺	成槽机械	适用土(岩)层
挖斗成槽	液压挖斗、机械开启式挖斗、导杆式挖斗	黏性土、粉土、淤泥质土、砂土、冲填土、强风化岩和其他不含较大卵石、碎石、漂石、块石的土层
多头钻反循环成槽	多头钻成槽钻机	黏性土、粉土、淤泥质土、砂土、冲填土、砂层、基岩
刀盘旋铣成槽	液压双刀盘成槽机	坚硬黏土、胶结砂土、人工填海层、硬基岩
冲孔成槽	反循环或正循环工程钻机	各种地层、基岩层

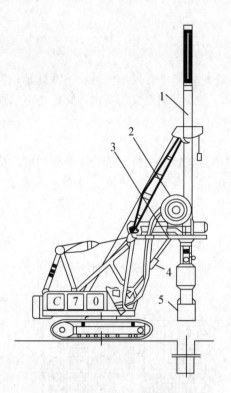

图 1-41 导杆式液压抓斗

1—导杆；2—液压管线回收轮；3—平台；
4—调整角度的千斤顶；5—抓斗

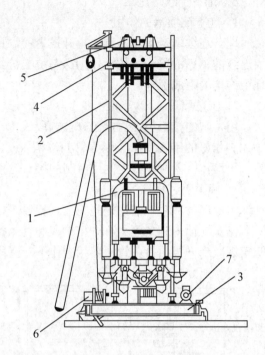

图 1-42 多头钻孔成槽机

1—导板；2—电缆；3—底座；4—支架；
5—起重绞盘；6—收线盘；7—电机

5) 水下浇筑混凝土的工艺

水下浇筑混凝土示意如图 1-43 所示。

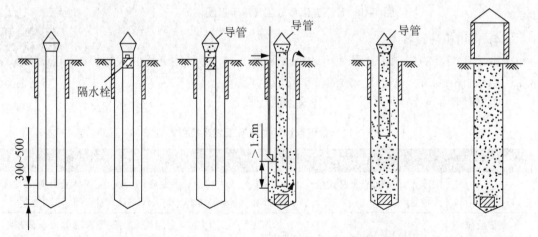

(a)安设钢导管　(b)在导管内放　(c)向管内灌入　(d)切断悬吊铁　(e)连续向导管内灌入　(f)混凝土浇灌
　　　　　　　　　隔水栓　　　　第一批混凝土　　丝，使隔水栓沉　混凝土并逐渐提升　完，拔出护筒
　　　　　　　　　　　　　　　　　　　　　　　　入管底　　　　　钢导管，管下端应
　　　　　　　　　　　　　　　　　　　　　　　　　　　　　　　常被混凝土封住

图 1-43 水下浇筑混凝土示意

6) 地下连续墙的优缺点

(1) 优点：适用于各种土质条件和地下水埋藏情况下的基坑支护，可以在复杂条件下施工，对邻近结构物没有什么影响，安全可靠、综合效益较好。

(2) 缺点：当土质较差或地下水位较高时，需要用泥浆护壁施工，容易造成施工场地泥泞湿滑；分段施工其接头处理较复杂，容易出现渗漏，要在外侧用旋喷止水堵漏；所形成的墙面不够光滑，若作为永久性结构还需进行处理；若只作为临时挡土结构造价较高。

7．水泥土挡墙施工

1) 水泥土挡墙的组成与作用

当搅拌机械插入软弱的土中时，在搅拌土颗粒的同时将水泥粉喷入，使水泥、土中的水与土颗粒充分混合，经养护后形成有一定强度和抗渗能力的圆形水泥土柱，称为旋喷(搅拌)桩；如果还不停地让搅拌机械向前移动，使圆形的水泥土柱相互搭接，便形成水泥土挡墙。如图 1-44 所示为水泥土挡墙的布置方式。让水泥土桩体相互搭接形成块状或格栅状连续实体的重力结构，在基坑侧边形成一个具有相当厚度和质量的刚性实体结构，用其质量来抵抗基坑侧壁的土、水压力，就可以满足结构的抗滑移、抗倾覆的要求，如图 1-45 所示。

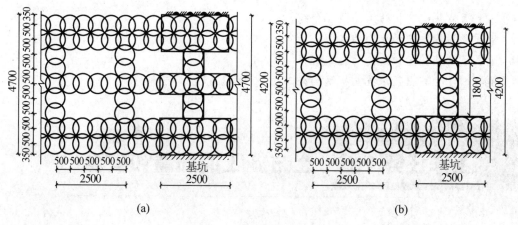

(a) (b)

图 1-44　水泥土挡墙的布置方式

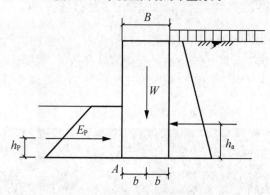

图 1-45　水泥土挡墙的受力情况

2) 水泥土挡墙的施工工序

平整场地→桩位放线→施工机械就位→水泥浆或干粉的制备→喷浆(粉)预拌下沉至设

计深度→喷浆(粉)提升→重复喷浆(粉)搅拌下沉至设计深度→再喷浆(粉)提升至孔口。

3) 使用机械设备

水泥土搅拌桩机及其配套的机具,详见项目2地基加固部分。

4) 注意事项

(1) 施工前应做工艺性试桩,以确定各项施工技术参数;施工中应做好每根桩的施工记录,其中深度记录的误差应小于10mm,时间记录的误差应小于5s。

(2) 当设计要求有桩体插筋时,应在成桩后2h内安插完毕。

(3) 对于地下水丰富的地区,按设计要求可采用多回路注浆搅拌工艺,并选用适合的速凝剂。

(4) 水泥土墙必须在达到允许开挖的龄期设计强度后才可进行基坑开挖。

【任务实施】

实训任务:实地参观考察某基坑支护结构的施工。

【技能训练】

(1) 听取基坑支护结构的情况介绍。

(2) 了解基坑支护结构的类型、特点。

(3) 了解基坑支护结构的施工过程。

(4) 由学生写出某基坑支护结构施工的参观考察报告。

工作任务 1.6 土方施工的质量和安全

1.6.1 土方施工的质量要求

土方工程的施工验收一般要分阶段进行,先检查施工方案的执行情况,然后分别检查坑槽的开挖质量、边坡的施工质量、地下水的处理方法和效果、基坑支护的质量和变化情况、回填土的施工质量等。土方开挖的质量标准及土方回填的质量标准分别见表1-12和表1-13。

表 1-12 土方开挖的质量标准   单位:mm

分项	次序	项目	允许偏差或允许值					检验方法
			桩基基坑基槽	挖方场地平整		管沟	地面路面基层	
				人工	机械			
主控项目	1	标高	−50	±30	±50	−50	−50	水准仪
	2	长度、宽度(自设计中心线向两边量)	+200, −50	+300, −100	+500, −150	+100	—	用经纬仪、钢尺测量

续表

分项	次序	项目	允许偏差或允许值					检验方法
			桩基基坑基槽	挖方场地平整		管沟	地面路面基层	
				人工	机械			
主控项目	3	边坡	按设计要求					用坡度尺检验方法检查
一般项目	1	表面平整度	20	20	50	20	20	用 2m 靠尺和塞尺检查
	2	基底的土质	按设计要求					观察或取样分析

表 1-13 土方回填的质量标准   单位：mm

分项	次序	项目	允许偏差或允许值					检验方法
			桩基基坑基槽	场地平整		管沟	地面路面基层	
				人工	机械			
主控项目	1	标高	−50	±30	±50	−50	−50	水准仪
	2	分层压实系数	按设计要求					按规定方法
一般项目	1	回填土料	按设计要求					观察或取样分析
	2	分层厚度及含水量	按设计要求					水准仪及抽样检查
	3	表面平整度	20	20	30	20	20	用靠尺或水准仪

1.6.2 土方施工的安全技术要点

(1) 要严防土方边坡坍塌。

(2) 土壁支护结构要经常检查，如有松动、变形、裂缝等现象，要及时加固或更换。

(3) 坑、槽土方开挖应连续进行，减少基坑暴露时间。坑、槽挖好后应及时办理验收，尽快做基础垫层和基础，基础施工完成后应及时做好回填夯实。

(4) 基坑土方开挖的顺序、方法和要求必须与设计的工况相一致，并遵循"开槽支撑，先支后挖，分层开挖，严禁超挖"的原则。

(5) 混凝土灌注桩支护结构，需待混凝土强度达到设计要求后，才能开挖土方。挖土过程不得伤及桩体。

(6) 相邻基坑开挖，要先深后浅，两坑边缘的距离应大于其坑底高差的 2 倍，避免互相影响。

(7) 坑、槽施工过程中，工作人员应从专门搭设的临时楼梯上下，不能踩踏土壁或直接从支护结构处上下。

(8) 挖土机工作范围内，不得同时进行其他工作。机械挖土至少保留 0.05～0.10m 土深不挖，最后由人工开挖。

【任务实施】

实训任务：编制 A 学院第 13 号教师住宅楼土方施工方案(续)。

【技能训练】

编写本土方工程的施工方案的质量安全部分。

【本项目总结】

项目 1	工作任务	能力目标	基本要求	主要支撑知识	任务成果
土方与基坑工程施工	认识岩土的施工性质	看懂地质勘察报告	初步掌握，能够分类	土的组成、性质、分类	(1) 分析现场土质情况 (2) 计算土方工程量 (3) 编制土方施工方案 (4) 草拟降排水措施 (5) 草拟相关措施 (6) 最后形成完整的方案
	土方工程量计算	会计算各种土方的工程量	熟练掌握	拟柱体体积公式、土的施工特性	
	土方的挖运填施工	能组织土方的挖运填施工	能编制土方的施工方案	土的可松性、压缩性、最佳含水率	
	场地排水和降低地下水位	能妥善处理地面、地下水的影响	初步了解地下水的影响和降水方法	水对土方施工的影响，降低地下水位原理	
	深基坑支护施工	了解深基坑支护施工的主要方法	初步了解	深基坑支护的目的、要求、原理	
	土方施工的质量与安全	能进行土方施工质量安全管理	初步掌握质量标准和安全技术	土方施工的质量标准和安全技术	

复习与思考

1. 土方施工有什么特点？
2. 土方施工为什么要按开挖的难易程度来分类？分为几类？
3. 什么是土的可松性？土的可松性对土方施工有什么影响？
4. 土方开挖为什么要放坡？土方边坡大小怎样表示？什么是边坡系数？
5. 土方边坡系数的大小与哪些因素有关？
6. 基坑、基槽、场地平整的土方工程量应怎样计算？
7. 土方施工要做哪些准备工作？为什么要做这些工作？
8. 坑、槽开挖要注意哪些问题？
9. 衡量回填土压实质量有什么标准？
10. 影响回填土压实质量有哪些因素？
11. 哪些土不能用来回填？为什么？填土施工有哪些要求？

12. 什么是流砂现象？对土方施工会造成什么危害？有哪些防治措施？

13. 为什么要人为降低地下水位？降低地下水位在施工中有什么作用？

14. 有哪些方法可以实现降低地下水位？实施过程中要注意什么问题？

15. 什么叫做基坑支护？基坑支护要达到什么目的？

16. 常用的基坑支护方法有哪些？

17. 基坑支护结构的施工方案包括哪些内容？

18. 基坑支护结构施工有哪些基本要求？

19. 基坑开挖放坡施工要注意什么问题？

20. 试述土钉墙的施工过程和施工中要注意哪些问题。

21. 试述排桩支护的施工过程和施工中要注意哪些问题。

22. 试述地下连续墙的施工过程和施工中要注意哪些问题。

23. 试述水泥土挡墙的施工过程和施工中要注意哪些问题。

24. 试述土壁锚杆支护的施工过程和施工中要注意哪些问题。

25. 试述内撑式挡墙的施工过程和施工中要注意哪些问题。

26. 在基坑支护和土方开挖施工全过程中要进行哪些监测？

27. 土方施工要达到怎样的质量标准？施工中要注意哪些安全问题？

项目 2 地基与桩基础工程施工

本项目学习提示

　　基础是建筑结构最下面的承力构件，把上部结构和基础本身的荷载传递到地基土层中。地基土的承载能力通常比基础和上部结构小得多，因此基础要设计得有足够大的面积和足够的强度。基础是建筑中最重要的构件，工作环境最差的构件；为了整栋建筑物的安全，必须严格限制基础变形的总量和相邻基础变形的差异量。地基与基础相接，是直接承受基础传来荷载的土层，与建筑的安危有直接关系。因此，地基也要有足够的强度，也要限制地基土层的变形；地基持力层还要有足够的厚度，以便把其受力分散到下部更深的土层中。

　　如果地基上部的土层较好，足以满足强度和变形的要求，可以采用天然地基上的浅基础。浅基础的主要形式有墩式、条式、十字交叉式、筏板式、箱式等；使用的材料有灰土夯实、石砌体、砖砌体、素混凝土和钢筋混凝土等。浅基础的施工方法可分别参考砌体工程或混凝土工程的施工方法。如果地基表层土质较差，承载力弱或受荷后变形过大，要承受上部较大的荷载，就要采用人工加固的方法使一定范围内的地基土达到要求；若加固也达不到要求，或加固成本太高时，需要用深基础——桩基来解决。

　　改革开放三十多年来广东经济高速发展，在工程建设上积累了许多新的经验，在软土地基处理和桩基工程方面有很大进展，逐步形成了适应本地区情况，具有地方特色的一系列高新技术。本项目主要讲述目前广东在地基处理和桩基工程方面广泛使用的新技术，包括其工艺特点、机械设备、施工过程、质量标准和适用范围等。

能力目标

- 能编制常用地基处理的施工方案并组织施工。
- 能编制常用桩基础的施工方案并组织施工。
- 能进行地基处理的施工质量控制和安全管理。
- 能进行桩基础的施工质量控制和安全管理。

- 了解地基处理的目的、要求和施工特点。
- 了解常用地基处理的原理、方法和质量要求。
- 了解常用桩基础的成桩原理、施工特点和分类。
- 掌握常用桩基础的施工工艺和质量要求。

工作任务 2.1 地基加固处理施工

2.1.1 地基加固处理概述

1. 建筑结构对地基的要求

受建筑物荷载影响的那一部分地层称为地基。地基包括持力层和下卧层，直接支承基础的土层称为持力层，其下的各土层称为下卧层。地基土与建筑的安危有直接关系，因此地基要有足够的强度，还要限制它的变形。

2. 地基加固处理的目的

地基处理是为了提高地基的承载能力，改善变形性质而采取的人工处理地基的方法。如果地基上部的土层较好，足以满足强度和变形的要求，可以采用天然地基上的浅基础；如果地基表层土质较差，承载力弱，受荷载后变形过大，就要用加固的方法使其达到强度和变形的要求。

3. 地基加固处理的特点

由于岩土具多样性和地区性的特点，加固处理的方法很多，大体上分两类：第一类为压密法，用各种办法使一定范围和深度内松软土层的密实度提高；第二类为加固法，通过掺入固化剂使软土变硬。

地基处理技术发展很快，各地都有许多成功的经验，但要注意各种方法都有一定的适用范围和局限性，不能盲目地照搬照套。

一个工程用什么方法来进行地基加固处理，应根据建设场地的地形、地貌、工程地质、水文地质条件，地基处理的目的、要求，上部结构和荷载，周围的环境条件，当地的物质、技术条件、施工机械设备和施工经验等因素，初步确定 2~3 个处理方案，进行必要的试验测试，然后经过技术经济分析比较，最后再确定采用的加固处理方案。

加固处理方案要经过详细的设计，提出明确的施工要求。完工后需进行取样检测，达到设计要求才能进行基础施工。强调方法合理，精心设计，因地制宜和就地取材，最终达到加固的目的。

2.1.2 地基加固的方法

1．砂石换土加固法

1) 砂石换土处理原理

如图 2-1 所示，挖除浅基础下部一定范围、一定深度内的软弱土层，用级配的粗、中砂(或石屑)或砂石混合体分层回填，逐层夯实，提高与基础接触那部分地基持力层(z)的承载力，并通过这部分土层的压力扩散作用，降低基础对地基下卧土层的压应力，从而减少地基土受荷后的变形量；砂和石都是透水材料，经回填和压实的砂石层下部软弱地基土中的孔隙水通过砂石层渗透、排出，加速土层的沉降固结，这两种作用共同实现对地基土的加固。

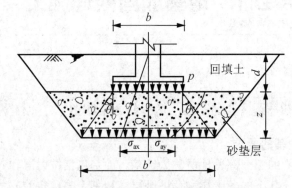

图 2-1　换砂垫层加固的内应力分布图

2) 工艺流程

按设计尺寸挖除需换填的软弱土层→软弱地基验槽→检验回填砂石质量→分层铺筑砂石垫层→分层洒水夯实或碾实→检查垫层的密实度(环刀取样法或贯入度法测定)→铺筑砂石垫层→检查垫层的密实度至设计标高→现场静载试验检查垫层的承载力和变形量。

3) 使用的材料

应用颗粒级配良好、质地坚硬的中、粗砂(或石屑)，可掺入 25%～30% 的碎石或卵石，砂石材料不得含有有机物质，含泥量应小于 5%。当有充分依据或成功经验时，还可采用其他质地坚硬、性能稳定、透水性强、无腐蚀性的材料，但必须经过现场试验才能应用。

4) 基本要求

砂石垫层应有足够的厚度和宽度，其具体尺寸须经过设计计算。换土厚度一般宜为0.5～3m；顶面每边应超出基础底边四周不小于 0.3m；换填压实的工艺与建筑地基土方回填压实要求相同，压实后应达到要求的密实度、承载力和总的变形限制量。

由于需要换填的土层一般较软弱，开挖时要特别注意不要搅动坑底土层；必须做好基坑的排水，不得在浸水条件下施工，应保持基坑边坡的稳定。

基础完成后其上部覆盖的回填土，应取用便于压实的不透水或透水性较差的黏性土。

5) 特点和适用性

砂石换土加固法，是一种处理软弱地基的传统方法，其历史悠久。本法不用水泥，材料来源广泛，可因地制宜，工艺简单，速度快，成本低，效果好，换土的面积可大可小；

适用于处理透水性较好的软弱黏性土地基，不宜用于处理湿陷性黄土和不透水的黏性土地基。一般多用于深 1～3m 范围的浅层地基土的处理。

2. 重锤夯实加固法

1) 加固原理

用起重机械将几吨或十几吨的重锤吊起到距离地面 10～30m 高处，通过自动脱钩装置让其自由落下，以其强大的冲击和振动力，迫使一定深度的土体空隙瞬间被压缩，排出气体和水分，土颗粒重新排列，迅速固结，从而提高地基土的承载力，如图 2-2 所示。此法也称为强夯法。

2) 作业条件

现场已完成"三通一平"，清理不适合重锤强夯的大块物体，做好排水沟，碾压松软地面以满足机械行走，妥善处理周边管线和建筑物，设置好场外高程观测点，试夯确定各种施工参数。履带式起重机强夯加推土机锚碇如图 2-3 所示。

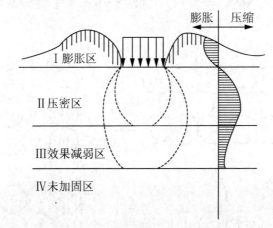

图 2-2　强夯土体应力变化示意图

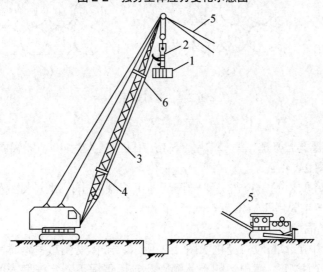

图 2-3　履带式起重机强夯加推土机锚碇

1—夯锤；2—自动脱钩装置；3—起重臂；4—拉绳；5—锚绳；6—废轮胎

3) 工艺流程

平整场地→测量高程→标出夯点位置→机械设备就位→测量夯前地面施工点的高程→吊起夯锤到规定高度自由落下→测量夯后地面施工点的高程→重复操作到下一个夯点→完成第一遍夯击→至规定夯实遍数→用推土机推平场地→测量推平后地面施工点的标高→低锤满夯(吊起夯锤至1m左右的高度自由落下,对整个施工场地满夯一遍)→测量满夯后场地地面施工点的标高→取样检测夯实后各规定深度处土层的密实度→现场静载试验测定规定深度处土层的承载力。

【参考图文】　　4) 施工技术参数

(1) 锤重与落距的乘积称为夯击能量,常取 500~600kN·m;每个平方米的夯击次数乘以每次的夯击能量就是夯击总能量,对砂类土为 500~1000kN·m/m²,对黏性土为 1500~3000kN·m/m²。

(2) 每个夯点夯击 3~5 遍,第一遍夯点间距 5~9m,以后逐渐减少,最后低锤满夯 1~2 遍,夯打的顺序需预先设计,如图 2-4 所示。

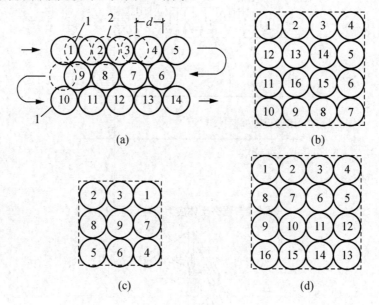

图 2-4　夯打顺序

1—夯拉；2—重叠夯；d—重锤直径

(3) 钢或钢筋混凝土夯锤,锤重常用 8~15t,目前最大为 40t;锤底面积为 3~6m²;落距为 6~30m。如图 2-5 所示。

(4) 对透水性好的地基,夯击完第一遍后即可连续夯击;对透水性差的地基土,如黏性土,就要间隔 3~4 周后再夯击下一次。

5) 重锤夯实加固的有效深度

重锤夯实过程中土体的应力变化如图 2-2 所示,土体受到重锤瞬时冲击后,其表层与重锤相接处受到猛烈挤压,而周边的土体膨胀凸起,重锤下一定深度内的土体受到压缩而变密实,往下随着深度的增大,压实效果越来越差,直到完全没有影响。锤下一定深度范围内的土体压密效果最好,这个深度称为夯实加固的有效深度,与锤击能量有关,见表 2-1。

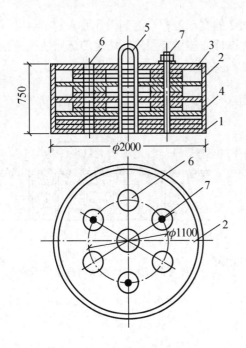
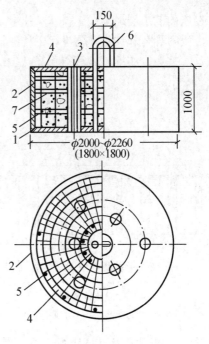

(a) 装配式钢锤　　　　　　　　(b) 混凝土锤

1—钢底板；2—钢外壳；3—钢顶板；　　1—钢底板；2—钢外壳；3—泄压孔；
4—内板；5—吊环；6—泄压孔；7—螺栓　　4—水平配筋；5—配筋；6—吊环；7—混凝土

图 2-5　重锤构造

表 2-1　重锤夯实加固的有效深度

单位：m

单击夯击能 /(kN·m)	碎石土、砂土等	粉土、黏性土等	单击夯击能 /(kN·m)	碎石土、砂土等	粉土、黏性土等
1000	5.0～6.0	4.0～5.0	4000	8.0～9.0	7.0～8.0
2000	6.0～7.0	5.0～6.0	5000	9.0～9.5	8.0～8.5
3000	7.0～8.0	6.0～7.0	6000	9.5～10.0	8.5～9.0

6) 重锤夯实加固的特点和适用性

本法压实效果好、速度快、节省材料、施工简便；但噪声大、振动大。当强夯所产生的振动对邻近建(构)筑物或设备产生有害影响时，应设置观测点观测，并采取挖隔振沟等隔振防振措施。

重锤夯实加固法适用于处理经重锤夯击后能增加其密实度的碎石类土、砂类土、饱和度低的黏性土、湿陷性黄土和杂填土，不宜用于处理饱和度高的黏性土、淤泥、淤泥质土。

3．排水堆载预压法

1) 加固原理

先在需加固范围内布置一定深度和间距的砂井(图 2-6)，或插入塑料排水板(图 2-7)，然后堆填一定高度的土石方或其他附加荷载，使该范围内的软弱土层承受一定的压应力，在一段比较长的时间(通常是几个月至一两年)内，使荷载

【参考图文】

影响深度以内的土层逐渐发生排水、压缩、固结的物理过程，达到设计要求的密实度，然后把堆填土或附加荷载搬走，再进行工程建设。这种方法需要预先对场地的土质情况进行详细勘察设计，并通过实地试验获得可靠数据后才能实施。

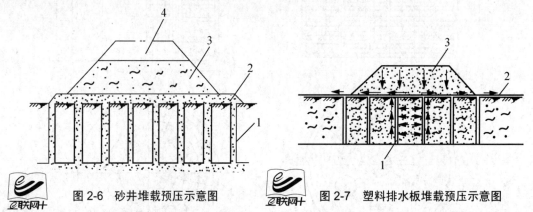

图 2-6　砂井堆载预压示意图　　　　图 2-7　塑料排水板堆载预压示意图

1—砂井；2—砂垫层；　　　　　　　1—塑料排水板；2—土工布；3—堆载

3—永久性填土；4—超载填土

【附注】塑料排水板：外形类似消防用的水龙带，宽约 100mm，厚约 15mm，长条带形；芯板用柔性塑料制成，充满彼此连通的气孔，表面用耐水和渗透性极强的无纺布包裹作为滤膜，用专门的插板机把它垂直埋入淤泥等饱和软土中，软弱土层在外力作用下，土中水通过滤层渗进排水板中排出，大大缩短软土固结时间，是软弱地基处理的一种土工新材料。

2) 作业条件

现场已完成"三通一平"，做好周边的排水沟，碾压松软地面以能满足机械行走，妥善处理周边管线和建筑物，设置好场外高程观测点，经试验确定各种施工参数。

3) 工艺流程

(1) 当采用排水砂井时，其工艺流程如下。

平整场地→测量高程→标出排水砂井位置→机械设备就位→打井孔、灌入干砂→完成排水砂井→设置纵横向排水盲沟和集水井→铺设地表砂垫层→测量预压前高程→分级预压加载→测量分级预压后高程→测定土层不同深度处预压后的各项指标→卸荷。

(2) 当采用塑料排水板时，其工艺流程如下。

平整场地→测量高程→标出排水板位置→机械设备就位→插入塑料排水板→完成塑料排水板的设置→设置纵横向排水盲沟和集水井→铺设地表砂垫层→测量预压前高程→分级预压加载→测量分级预压后高程→测定土层不同深度处预压后的各项指标→卸荷。

4) 施工技术参数

(1) 采用普通砂井作竖向排水体时，砂井直径为 $\phi 300 \sim \phi 500$，间距按设计规定；填入的砂料应选用干燥的中粗砂，其黏粒含量不应大于 3%；可使用锤击沉管灌注桩的设备施工，也可用冲振法成桩的设备施工，如图 2-8 所示。

(2) 采用袋装砂井作竖向排水体时，砂井直径为 $\phi 70 \sim \phi 120$，间距按设计规定；砂料应选用干燥的中粗砂，其黏粒含量不应大于 3%，装入透水性良好的塑料编织袋中，并振捣密实；使用一般的钻孔设备施工。

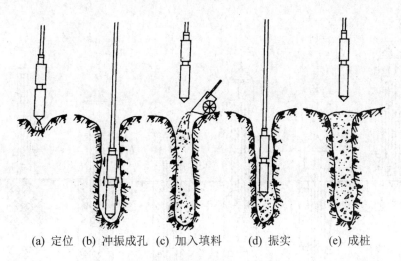

(a) 定位 (b) 冲振成孔 (c) 加入填料 (d) 振实 (e) 成桩

图 2-8 冲振法成桩的施工工艺

(3) 采用塑料排水板作竖向排水体时，应选用设计规定的品种、规格，施工前应按有关标准对塑料排水板进行质量检验；使用专用的插板机施工。

5) 排水堆载预压法的特点和适用性

排水堆载预压法是软弱地基处理中造价较低，易于实施的一种方法，在时间许可的条件下是首选的方法之一。该法适用于处理面积和深度都较大的淤泥、淤泥质土和冲填土等饱和软黏土地基。

4．水泥土搅拌桩加固法

1) 水泥土搅拌桩加固原理

用水泥浆液或粉体作为固化剂，通过专门的深层搅拌机械，在地基土的一定深度范围内，就地将软土和固化剂一起强制搅拌，使软土的颗粒和固化剂产生物理、化学反应，硬结成具有整体性、水稳定性和一定强度的桩体，从而达到加固软土的目的，如图 2-9 所示。这是我国 20 世纪 80 年代发展起来的地基处理新技术。

2) 搅拌桩地基处理施工准备

平整场地，清理地上、地下的施工障碍物；加固表层土，使桩机能平稳开进和转移；搅拌桩机进场，检查，就位；选定后台供浆位置；测量高程，放好桩位；抽检水泥；试桩不少于 5 根，为了寻求最佳搅拌次数，确定水泥浆的水灰比，确定搅拌参数。成桩 7 天后直接开挖检验成桩质量(均匀程度和强度)，符合设计要求后才能全面实施。

3) 工艺流程

钻机就位→检查、调整机位→正转钻进至设计深度→打开高压注浆泵→反转提钻并喷水泥浆至工作基准面以下 0.3m 处→重复正转钻进反转提钻并喷水泥浆至地面→成桩结束→移动桩机到下一桩位，如图 2-9 所示。

4) 质量要求

桩身水泥掺量，水泥品种和强度等级，浆液的水灰比，提升和下沉的速度，桩位，桩的顶底标高，垂直度，搅拌的均匀性；28 天和 3 个月两次钻孔取芯试验，应达到要求的承载能力。

[参考图文]

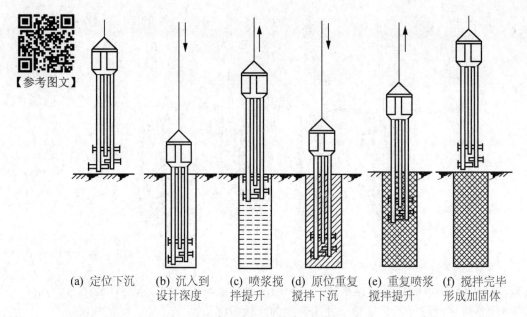

(a) 定位下沉　(b) 沉入到　(c) 喷浆搅　(d) 原位重复　(e) 重复喷浆　(f) 搅拌完毕
　　　　　　　设计深度　拌提升　　搅拌下沉　　搅拌提升　　形成加固体

图 2-9　水泥土搅拌法工艺流程

5) 水泥土搅拌桩地基处理的特点和适用性

(1) 特点：施工速度快，处理后可以较快投入使用；施工中基本无噪声、无振动，对环境无污染；投资省。

(2) 适用性：适用于淤泥、淤泥质土、饱和性粉质黏土等，多用于墙下条形基础、大面积堆料场、运动场等地基的加固；深基坑开挖时用于防止坑壁及边坡滑塌，防止基坑坑底隆起；还可作为地下防渗墙等。

【地基处理案例】

广州亚运村位于广州市番禺区的中东部，京珠高速公路和地铁四号线以东，莲花山水道以西，清河路以南的区域，规划面积 2.737km²。地势较为平坦，原地面高程 4.10～5.50m，为三角洲相软土层，具有高含水量(W = 41.1%～128.0%)、高孔隙比(e = 1.048～3.508)、高液限(W_L = 28.1%～90.5%)、低密度、低强度、高压缩性(a_{1-2} = 0.47～3.65MPa^{-1})等特点。在上覆荷载作用下将产生不同程度的压缩与变形，容易导致不均匀沉陷或地基失效，需要进行地基处理。

考虑到场区的防洪排涝要求，广州亚运村工程的建筑物室内外地坪、绿化用地、停车场、运动场等，采用大面积填土 2.4m 堆载预压，将地面标高填高至 7.4m 左右，加竖向塑料排水板排水；对于道路、管线等基础，用喷粉桩复合地基；建筑物基础采用管桩。

2.1.3　局部地基处理

(1) 对局部范围软弱的地基，如果面积不大、深度较浅，可全部挖去，换填砂或碎石，分层夯实，达到周围非软弱土层一样的承载能力即可，如图 2-10 和图 2-11 所示。如果深度较深，全部挖去不容易，可以在设计的持力层深度内，压力喷水泥浆同时进行深层搅拌，令这部分土达到与周围非软弱土层相同的承载能力。

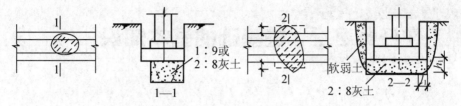

图 2-10　条形基础下有局部软弱土时将其清除换土处理

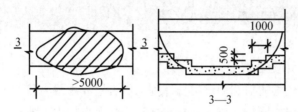

图 2-11　当局部软弱土较深时可将此段加深换土处理

(2) 对局部特硬的地基，如遇到了旧的枯井、废旧桩等情况，如图 2-12 所示，应按其周边土层的承载力，估算其持力层的深度，按照这个深度拆除枯井或废旧桩上部的一段，加盖水泥板后，再按换土回填的方法处理。

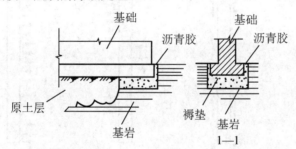

图 2-12　当局部有特硬岩石时应挖除岩石换成土垫层

(3) 遇到有局部地基处理的问题时，通常都需要报告监理单位，与设计单位沟通，在设计单位的指导下进行处理，并留有相应的处理档案。

【任务实施】

实训任务：参观某软弱地基加固工程施工现场。

【技能实训】

(1) 了解工程概况，包括处理的范围、土层的情况、加固的手段、要求达到的目标等。

(2) 参观软弱地基加固的施工过程，使用的材料、设备、工艺等。

(3) 由学生整理成参观考察报告。

工作任务 2.2　桩基础的基本知识

2.2.1　桩基础的作用和基本工作性能

1. 桩基础的作用(图 2-13)

(1) 建筑物上部较大的荷载通过桩传递到深层岩层或承载力较大的土层中。

(2) 将桩打入土层的同时，还把地基土挤密，从而也加固了地基。

(3) 桩、桩承台、桩周土三者共同工作，整体上使地基承载力加大、变形减少。

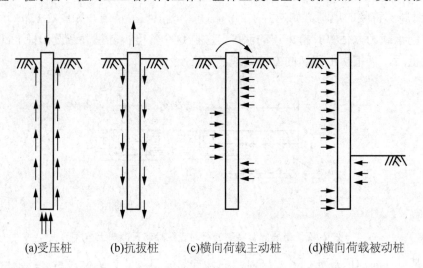

(a)受压桩　　(b)抗拔桩　　(c)横向荷载主动桩　　(d)横向荷载被动桩

图 2-13　桩的基本工作性能

2. 桩的几种受荷载形式

(1) 承受竖向压力荷载的桩。

(2) 承受竖向、水平荷载和弯矩共同作用的桩。

(3) 承受竖向拉拔力的桩。

(4) 承受侧向土压力的支护桩。

桩受不同荷载时力的传递方式如图 2-14 所示。

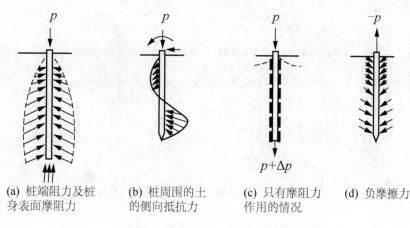

(a) 桩端阻力及桩
身表面摩阻力

(b) 桩周围的土
的侧向抵抗力

(c) 只有摩阻力
作用的情况

(d) 负摩擦力

图 2-14 桩的荷载传递方式

2.2.2 桩基础的特点

(1) 桩是一种很古老而又一直使用的深基础形式。我国地域辽阔，各地自然、地质条件差别很大，经济发展很不平衡，长期以来施工机械、施工技术水平差异很大，因此桩型和设计施工方法很多，还会不断变化。

(2) 一栋建筑物用什么形式的桩，取决于下部的自然地质条件、上部的结构形式和受荷情况，还有当地的技术经济条件。

(3) 要选择一种安全可靠、便于施工、质检简捷、经济合理的桩型，需要勘察、设计、施工各个方面的紧密协作配合才能实现。

(4) 桩在建筑结构中的地位十分重要，施工中它是一项隐蔽工程，场地的自然条件千变万化，目前的勘察技术主要还是靠钻孔取样分析，得到若干个"一孔之见"，对场地地下情况的认识还不够全面；施工过程影响因素多，依靠完工后的检查来评定施工质量局限性很大，此时如果发现做好的桩质量不合格，补救处理较难。这就迫使人们要订出一套管理办法来进行质量控制。

2.2.3 桩的分类和施工特点

1. 按桩的受力特点分类

(1) 端承桩，全部为桩端承力(如桩长较短的入岩桩)，如图 2-15(a)所示。

(2) 端承摩擦桩，以桩周摩擦传力为主，桩端承力为辅(如桩长较长且桩端入硬土层的桩)。

(3) 摩擦端承桩，以桩端承力为主，桩周摩擦传力为辅(如桩长较长的入岩桩)。

(4) 摩擦桩，全部靠桩周摩擦传力(如桩长较长且桩端又不到硬土层的桩)，如图 2-15(b)所示。

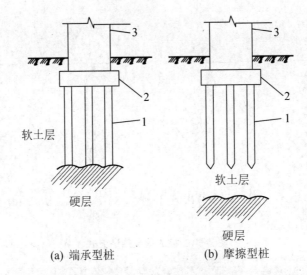

(a) 端承型桩　　　　　(b) 摩擦型桩

图 2-15　桩按受力性能分类

1—桩；2—承台；3—上部结构

2．按成桩方法、桩身材料或施工工艺分类(表2-2)

表 2-2　按成桩方法和施工工艺分类

成桩方法	材料或工艺	桩身与桩尖		施工工艺
预制桩 (挤土型)	混凝土或 预应力混凝土	实心方桩	传统桩尖，钢桩尖	锤击 振动 静压
		空心方桩	传统桩尖	
		混凝土管桩		
		高强预应力 混凝土管桩	平底十字形桩尖	
			尖底十字形桩尖	
	钢	钢管桩	开口桩尖	
			闭口桩尖	
		H 形钢桩		
灌注桩	沉管成孔 (挤土型)	预制混凝土桩尖		人挖孔、机械冲(钻、 旋)挖孔
		内击扩底		
		夯扩桩		
	冲、钻、挖 (含旋挖)成孔 (非挤土型)	直桩身		
		扩底		
		多支盘		

3．两类成桩施工方法比较

目前主要有两类成桩的施工方法：预制桩植桩法和就地灌注混凝土成桩法，两类成桩施工方法的比较见表 2-3。

表 2-3　两类成桩施工方法的比较表

桩类	优　点	缺　点	适 用 范 围
预制桩	一般在工厂预制，桩身强度较高、质量较易保证，单位面积上的承载力较高	打桩噪声大、振动大，有明显的挤土效应，不易穿过硬夹层，截面尺寸有限制，需要截桩	深度不大，能穿透的土层，对噪声、振动没有严格限制的地方，地下水位较高，能控制挤土效应处
灌注桩	施工时的振动小、噪声小，桩长、桩径可大可小，材料较节省，施工机具较简单	桩身质量不易保证，检测困难，用泥浆护壁时废泥浆处理较难，不能马上承担荷载	一般情况下不受土质条件限制，适用于各种土层，但不宜用于水下工程

2.2.4 广东省内目前用得较多的桩

(1) 锤击法打高强预应力混凝土预制管桩(近 20 年推广应用)。

(2) 静力压入法高强预应力混凝土预制管桩(近 20 年推广应用)。

(3) 泥浆护壁冲(钻)孔灌注桩(一种传统的成桩方法)。

(4) 旋挖钻进成孔灌注桩(21 世纪以来开始广泛应用)。

(5) 人工挖孔灌注桩(改革开放后开始广泛应用，由于施工安全条件差，近年来已限制使用这种成桩方法)。

(6) 锤击沉管灌注桩(改革开放后开始应用，由于成桩质量可靠性低，已逐渐淘汰小直径的锤击沉管灌注桩，重点开发带有振动拔管设备的大直径振动沉管灌注桩；利用锤击或振动沉管设备还可作为地基加固使用)。

2.2.5 桩基础施工前的准备工作

根据桩基础的特点，准备工作做得好不好，对成桩质量有十分重要的影响。要做好如下的准备工作。

(1) 熟悉设计图纸，充分了解设计意图。

(2) 弄清场地的地形、地貌、水文、地质、管线、旧基础的情况，场地四邻建筑物和管线的现状，供水、供电的条件；做好"三通一平"和清理障碍工作。

(3) 有针对性地制定施工方案，确定适宜的施工方法、选择适当的机械设备、合理安排施工顺序、妥善做好整体布局、拟定可靠的安全措施等。

(4) 确定测量控制网，如水准点、定位轴线；沉降观测点和原始观测资料；桩位的测量放线(需定出桩位的中心点和桩周线)。

(5) 机械设备进场、安装、调试；施工人员的准备；材料进场和检查验收。

(6) 试桩。

① 试桩有两个目的，一是校核设计依据，二是检查施工方案(包括检查沉桩参数)的可行性。

② 试桩的数量按验桩规范和设计要求，一个单项工程至少在场地的四角和中心各试一根，一般不少于总桩数的 1%和 5 根。

③ 两种试桩做法,一种是先打试验用桩,重要工程都应先打试验用桩,试桩要加荷压至桩呈破坏状态,即荷载再也加上不去,桩被压坏或变形超过规定,试验完后这些桩不得在工程上使用;另一种是利用工程桩兼作试验用桩,一般的工程都用这种方法,试桩时只要施加荷载至设计承载力的 2 倍,不能让它达到破坏状态,试验后这些桩还要在工程上使用。

④ 试桩的全过程要请勘察、设计、监理等单位的相关技术人员参加,试桩的全部资料应留作本工程的技术档案。

工作任务 2.3 预制桩施工

2.3.1 高强预应力管桩的生产和应用

1. 高强预应力管桩的出现和发展

传统混凝土预制桩在工地做,使用材料强度低,制作质量不高,施工过程损坏多,桩的承载力不大。人们一直在探索,在工厂里用机械化方法制作强度高、质量好、耐打耐压、还可任意接长的桩。

高强预应力混凝土管桩(本教材以下简称管桩)源于欧美,20 世纪 80 年代广东开始学习研制,经过长期不懈的努力,于 20 世纪 90 年代成功研制并推广应用。在发展锤击打入成桩法的同时,独创适合中国城市化建设需要,具有自主知识产权的全液压抱压式静力压桩成桩法,两种方法一起使高强预应力混凝土管桩成为一种主导的预制桩。管桩应用从广东、上海等少数几个沿海省市逐步扩大到现在的 25 个省市,其使用的材料和自动化生产设备已全部实现国产化,质量稳定,产量能满足工程建设的需求,使用量逐年增加:2001 年约 1 亿延米,2011 年约 3.5 亿延米,广东省使用量约占全国的一半,其中打桩和静压成桩约各占一半,取得了巨大的经济效益和社会效益。

【参考图文】

2. 高强预应力管桩的生产

1) 混凝土预制桩的发展历程

现场预制混凝土方桩→工厂预制实心(或空心)混凝土方桩→工厂预制混凝土管桩→工厂预制高强预应力混凝土管桩→工厂自动化预制高强预应力混凝土管桩。

2) 管桩的制作流程

制作螺旋钢筋和纵向预应力钢筋→钢筋笼滚焊成型→钢筋笼安装入模→浇筑混凝土并合模→施加预应力→离心成型→一级热水养护→放张预应力钢筋、脱模→高压蒸汽养护→管桩成品。

3) 建筑上用的管桩

建筑管桩常用直径有 $\phi 400$、$\phi 500$、$\phi 600$ 几种;壁厚 95～130mm;单根桩长 9～16m;用 C80 高强混凝土、高强低松弛螺旋槽钢棒作纵向预应力钢筋、冷拔低碳钢丝作横向螺旋箍筋；据壁厚、配筋和施加预压应力的不同配置，分为 A、AB、B、C 4 种型号；离心成型、压蒸养护，3 天达到 100%设计强度，经质检合格可出厂使用。

【参考图文】

目前仍有生产直径 $\phi 300$ 的管桩，由于壁厚只有 70mm，纵向钢筋的保护层较薄，耐久性和抗弯能力较差，暂时还允许用在要求不高的中小型建筑上。

4）管桩的构造和标记

（1）纵向预应力钢筋用高强低松弛螺旋槽钢棒，直径 $\phi 7.1 \sim \phi 12.6$，抗拉强度标准值为 1420～1570MPa；横向螺旋箍筋用低碳钢热轧圆盘条经冷拔后的钢丝，直径 $\phi 4 \sim \phi 5$，抗拉强度标准值为 550MPa，管桩两端 2m 范围箍筋加密区，螺距为(45±5)mm，其余非加密区，螺距为(80±5)mm；构造如图 2-16 所示。

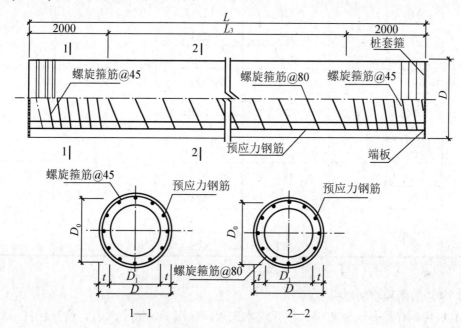

图 2-16 预应力管桩的构造

（2）端板和套箍用 Q235B 制作；板厚，套箍≥1.4mm，端板≥20～24mm。

（3）管桩的产品标记有以下几种。

外径 500mm、壁厚 100mm、长 12m、A 型、PHC 桩。

标记为：PHC 500 A 100 12 GB 13476—2009。

5）常用管桩的基本数据(表 2-4)

表 2-4 常用管桩的型号、规格和承载能力

外径 /mm	型号	壁厚 /mm	抗裂弯矩 /(kN·m)	极限弯矩 /(kN·m)	单节桩长 /m	理论质量 /(kg/m)
400	A	95	54	81	≤12	249
	AB		64	106		
	B		74	132	≤13	
	C		88	176		

续表

外径 /mm	型号	壁厚 /mm	抗裂弯矩 /(kN·m)	极限弯矩 /(kN·m)	单节桩长 /m	理论质量 /(kg/m)
500	A	100	103	155	≤14	327
	AB		125	210		
	B		147	265		
	C		167	334		
500	A	125	111	167	≤15	368
	AB		136	226		
	B		160	285		
	C		180	360		
600	A	110	167	250		440
	AB		206	346		
	B		245	441		
	C		285	569	≤16	
600	A	130	180	270		499
	AB		223	374		
	B		265	477		
	C		307	615		

注：摘自国家标准《先张法预应力混凝土管桩》(GB 13476—2009)。

3. 常用的两种钢制桩尖

(1) 桩尖的作用是密封桩端，阻止泥水进入，在沉桩时破土入岩，引导管桩下沉，使用后起桩端嵌固的作用。桩尖由钢板焊接而成，按不同的地质条件设计有多种桩尖，常用的有平底十字形桩尖(图 2-17)和尖底十字形桩尖(图 2-18)。桩尖的制作和进场都要进行逐个检查，材料、尺寸和焊缝都验收合格才能使用。

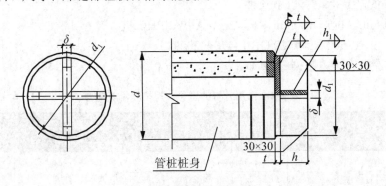

图 2-17 平底十字形桩尖

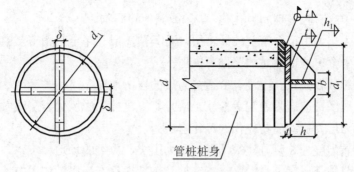

图 2-18 尖底十字形桩尖

(2) 平底十字形桩尖，适用于土层由软逐渐变硬，以强风化岩作持力层，其上面为较厚的全风化岩或残积土的地质条件。尖底十字形桩尖，适用于土层由软逐渐变硬，且软硬变化稍大，或强风化岩面稍有倾斜的一般地质条件。

(3) 桩尖底板的直径设计比桩的直径小 20～30mm，要求沿桩尖底板周边与桩端板用贴角焊缝焊接，连续封闭饱满不渗水。因此，要在起吊打桩前将桩身横卧，先焊好桩尖上半部分，转动 180° 后再施焊剩下的部分，不要在桩身垂直状态下焊接。重要工程的钢桩尖应在工厂内先焊好。

4. 管桩的运输、堆放与起吊

(1) 管桩用平板拖车从工厂装运到工地，装车和运输途中，应有可靠措施确保管桩不发生滑移和碰撞损伤。运到工地后应及时对桩的质量合格证书和桩外观完整性进行检查验收，确保工程上使用的桩全部为合格产品。

(2) 管桩的堆放场地应平整坚实，排水条件良好。按不同规格、长度，按施工流水顺序堆放；最好能按施工进度分批进场，避免二次搬运；宜单层摆放，若要叠放则不宜超过 3 层；叠层堆放时，地面上应设置 2 道垫木，其支点应分别距离桩端 0.2 倍桩长处；在底层最外边缘的管桩应用木楔塞紧。

(3) 工地上应配备起重机进行堆放、取桩和吊桩作业。管桩长度在 15m 内的，可以用专用的吊钩勾住桩两端的孔内壁起吊；严禁用拖拉方法取桩。

5. 管桩的优缺点和适用性

(1) 优点：机械化程度高，施工速度快，施工不易损坏，成桩质量较好，承载力较高，工地安全文明，监测方便，成桩后能很快承担荷载，吨力成本较低。

(2) 缺点：不论锤击还是静压成桩，沉桩过程的挤土效应明显，可能造成接头处开裂；桩端上浮，增加沉降；对周边的建(构)筑物、管线造成破坏；不能穿过较厚的硬夹层，使得桩长过短，持力层不理想，导致沉降过大；它的桩长、桩径和单桩承载力的可调范围小；目前设计施工主要以工程经验为主。

(3) 主要适用于以下条件：一般工业民用建筑低桩承台下的桩基础；覆盖层能穿越、桩端持力层为强风化、全风化岩层；硬塑至坚硬的黏性土层；中密至密实的碎(卵)石土、砂土、粉土层的地质条件。

6. 不宜使用或应采取有效措施后方可使用管桩基础的地质条件

(1) 现场地表土层松软且地面承载力较低(对静压法成桩，地面承载力特征值≤120kPa；对锤击法成桩，地面承载力特征值≤80kPa)，又未经处理的场地。

(2) 覆盖层中含有较多球状风化体(孤石)或其他障碍物。

(3) 桩端持力层为中密至密实的砂土层，且其覆盖层几乎全是稍密至中密的砂土层。

(4) 覆盖层中含有难以穿越的坚硬薄夹层。

(5) 基岩面起伏较大且其上没有合适持力层的岩溶地层。

(6) 非岩溶地区覆盖层为淤泥等松软土层且其下直接为中风化岩层或微风化岩层。

(7) 桩端持力层为扰动后易软化的风化岩层。

(8) 抗震设防烈度为 8 度且建筑场地类别为Ⅲ类、Ⅳ类的场地。

(9) 地下水或地基土对桩身混凝土、钢筋及钢零部件有强腐蚀作用的场地。

2.3.2 锤击法打管桩

1. 打桩设备

(1) 根据单桩设计承载力特征值、桩径选择打桩锤，一般选用筒式柴油锤(图 2-19)；当对打桩时产生的噪声和油烟污染有严格限制时，宜选用液压锤(图 2-20)。表 2-5 中打桩锤的基本数据可供参考。

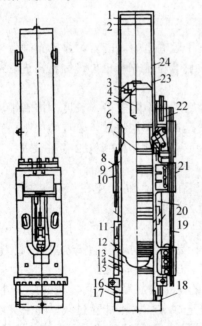

图 2-19　筒式柴油锤示意图

1—上气缸；2—挡槽；3—上活塞；4—油室；5—渗油管；6—肩勾；7—导向环；8—下气缸；9—螺栓；10—油箱；11—供油泵；12—燃烧室；13—下活塞；14—油槽；15—活塞环；16—压环；17—外端环；18—缓冲圈；19—导杆；20—水箱；21—导向板；22—起落架；23—起动槽；24—上碰块

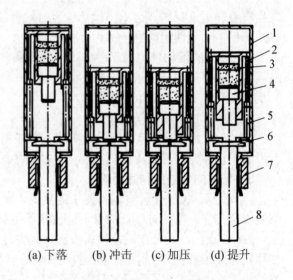

(a) 下落　　(b) 冲击　　(c) 加压　　(d) 提升

图 2-20　液压锤的工作原理

1—外罩壳；2—冲击缸体；3—浮动活塞；4—冲击头；5—驱动液压缸；6—桩帽；7—配套；8—桩

表 2-5　选择打桩锤参考表

柴油锤型号	30#～36#	40#～50#	60#～62#	72#
冲击体质量/t	3.2，3.5，3.6	4.0，4.5，4.6，5.0	6.0，6.2	7.2
锤的总质量/t	7.2～8.2	9.2～11.0	12.5～15.0	18.4
常用的冲程/m	1.6～3.2	1.8～3.2	1.9～3.6	1.8～2.5
适用管桩规格	$\phi300$，$\phi400$	$\phi400$，$\phi500$	$\phi500$，$\phi600$	$\phi600$
设计单桩承载力特征值/kN	500～1500	800～1800	1600～2600	1800～3000
桩尖可进入的岩层	密实的砂层，坚硬的土层，强风化岩	强风化岩（$N>50$）	强风化岩（$N>50$）	强风化岩（$N>50$）
常用收锤的贯入度/(mm/10 击)	20～40	20～40	20～50	30～60
液压锤规格/t	7	7～9	9～11	9～13

注：表中 N 为岩土的标准贯入锤击数。

(2) 打桩机由打桩架、行走机构、卷扬机、打桩锤等组成。宜用履带自行式打桩机(图 2-21)，也可使用简易打桩架(图 2-22)；不宜使用自由落锤。

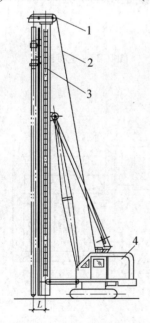

图 2-21　悬挂式履带打桩架　　　　图 2-22　滚管式简易打桩架

1—顶部滑轮组；2—起吊用钢丝绳；　　　1—枕木；2—滚管；3—底架；4—动力；5—卷扬机；
3—导杆；4—履带式起重机　　　　　　6—桩架；7—龙门架；8—打桩锤；9—桩帽；10—拉杆

(3) 配备与管桩直径相匹配的桩帽(图 2-23)、衬垫、送桩器(图 2-24)、打桩自动记录仪

(图 2-25)；配备电焊机、气割工具、索具、撬棍、钢丝刷、电动锯桩器、经纬仪、水准仪、水准尺、线锤、吊架、尼龙绳、吊锤、带铁丝罩的 24V 低压灯泡、检查成桩质量用的孔内摄像仪等。

(4) 当设计管桩要穿过较硬夹层，需要采用引孔法打桩时，应配备有效的螺旋钻孔设备，先用钻机钻孔穿过较硬夹层，孔径比桩径稍小，然后再在孔内进行打桩。

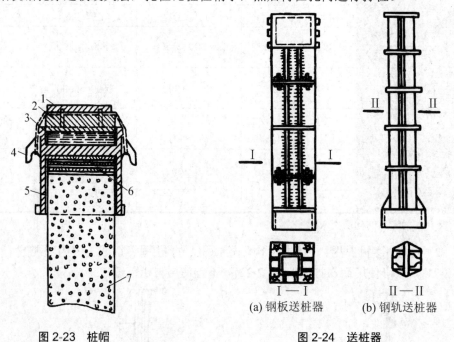

图 2-23　桩帽

图 2-24　送桩器

(a) 钢板送桩器　(b) 钢轨送桩器

1—钢板；2—塑料；3—硬木；4—提吊突耳；

5—桩帽；6—桩垫；7—预制桩

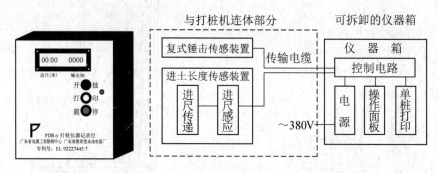

图 2-25　打桩自动记录仪

2．确定打桩路线

按打桩次序对每一根桩进行编号，将编号按顺序连成线就是打桩路线。打桩路线与挤土效应有关(图 2-26)，路线的安排要根据每项工程的地质条件、桩的疏密分布和桩距周边建筑物的远近来进行设计，总的原则是尽量减少挤土效应。下面几点供参考。

(1) 若场地开阔，桩距周边建筑物较远，宜从中间向四周进行。

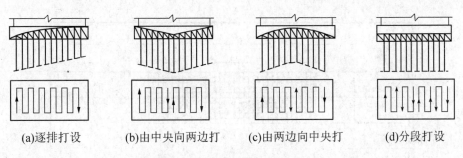

|(a)逐排打设|(b)由中央向两边打|(c)由两边向中央打|(d)分段打设|

图 2-26　打桩顺序与挤土效应

(2) 若场地狭长，两端距建筑物较远且桩较密，宜从中间向两端进行。

(3) 若桩较密且一侧靠近建筑物，宜从近建筑物一侧开始，由近及远地进行。

(4) 对于密集的桩群，应采取跳打的方法。

(5) 先打受力大的桩，后打受力小的桩；先打长桩，后打短桩，防止打长桩时先打的短桩跳起来。

3．打桩过程

取桩、焊接桩尖→沿桩身每米画出标记→桩管起吊就位→试轻击→打顺后全落距施打→接桩→记录每下沉 1m 的锤击数和下沉量→测量最后三阵十击的贯入度→测量完成后的桩顶标高和地面标高→迁移桩机至下一个桩位。

4．送桩

为了节省管桩和方便土方开挖，可以实施"送桩"。就是在最后一节桩打至接近自然地面高时，还不满足收锤标准，但与设计收锤标准已很接近，此时可以利用送桩器扣在桩上端，继续往下打至达到收锤标准为止，然后将送桩器吊出移走。当地表下有较厚淤泥层时，送桩深度不宜大于 1m；当地表下没有淤泥层时，送桩深度可适当加大，但不宜大于 6m。送桩器用钢管或型钢制作，不得用管桩桩段兼作送桩器。

5．收锤标准

收锤标准是指将管桩打至设计要求，终止锤击的施工控制条件。

用锤击法打管桩，每打一锤就是一击。开始时一击桩下沉很多，越往下打每一击的下沉量逐渐减少，到快收锤时每打一击的下沉量已很难测量出来，通常每打十击才测量一次。行内把十击称为一阵，把桩对应下沉了多少称为贯入度，用手工实测回弹曲线法或用打桩自动记录仪测定。收锤标准有如下几条。

(1) 每十击为一阵，最后三阵的贯入度要符合设计要求。

(2) 桩长与原来预计的长度基本相符，表明桩尖已到达设计的持力土层。

(3) 每根桩的总锤击数不宜超过 2500 击。

(4) 最后 1m 的锤击数不宜超过 300 击。

【附注】关于"锤击打桩实测回弹曲线"：如图 2-27 所示是一张用毫米方格纸制作的专用表格，用手把它按在管桩的表面上，铅笔尖先对着表格的左下端，每打一击桩先下沉然后回弹，拿着笔的手要逐渐往右水平匀速移动，数着十击就要停止，将会得出图中所示的一条曲线。下面的水平阶梯段就是实际的每击下沉量，每个阶梯上的上凸曲线就是每次的回弹线，十击的竖向距离就是一阵的总下沉量，即贯入度。这条曲线叫做实测回弹曲线。安装了打桩自动记录仪后会自动生成这条曲线。

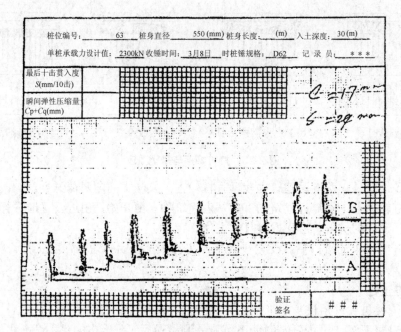

| 桩位编号: | 63 | 桩身直径 | 550 (mm) | 桩身长度: | (m) | 入土深度: | 30 (m) |

单桩承载力设计值: 2300kN 收锤时间: 3月8日 时桩锤规格: D62 记录员: ＊＊＊

图 2-27　管桩的实测回弹曲线

6．管桩的封底与连接

1) 管桩与管桩的连接

(1) 现场焊接接头。每节管桩制作时在桩两端都有低碳钢端板，沿着两桩相接触处端板圆周的坡口槽，现场手工电弧焊接桩，如图 2-28 所示；为了确保焊接质量和减少焊接时对端板引起的温度差，需至少由两个焊工同时在相对的两侧施焊；施焊前须将焊口及周边清理干净；一般应施焊三层使相接的凹槽满焊牢固；焊接后焊口的温度还很高，不能马上打桩，否则让焊口沉入土中，土中的水分会使焊缝淬火变脆容易开裂，因此，需待焊口自然冷却不少于 5min 后才能继续施打，也不得用水淋强制冷却。

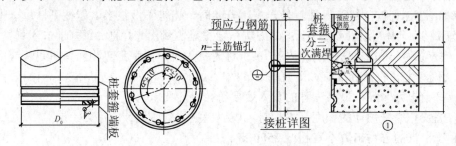

图 2-28　管桩的焊接接头

(2) 现场快速机械啮合接头。机械啮合接头管桩的端板与焊接接头管桩的端板不相同，这种管桩需预先向厂家订制。下节桩沉入土层后露出的桩头高出地面约 1.0m 时，可进行机械啮合接桩；先清扫干净上下节桩的端板，将连接销上段插入上节桩下端板的螺栓孔内拧紧，然后将上节桩起吊至下节桩上部，使上节桩下部所有连接销对准下节桩顶端板连接槽口，徐徐下降上节桩，利用上节桩的自重将连接销全部同时插入连接槽内顶紧，即可实现快速连接，如图 2-29 所示，连接后可继续沉桩。

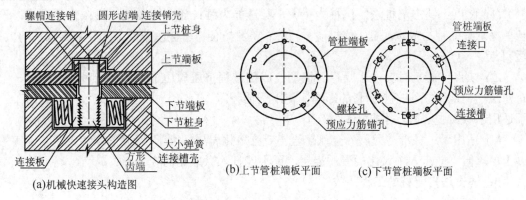

图 2-29　管桩的机械啮合接头

2) 管桩封底

在第一节桩打到距地面约 0.5m 时，先向桩管腔内浇筑 C30 的混凝土，把桩下端 1.5～2.0m 高的一段空腔封堵密实(图 2-30)，然后吊下一节桩，上下对准后焊接接桩。

3) 管桩与桩承台的连接

如图 2-31 所示，先按设计要求的深度用电动割桩器将多余的桩长切除，用一块比桩孔略小、板厚 4～5mm 的圆形钢板，按设计要求将锚固钢筋焊接上，绑扎好箍筋，将钢板和钢筋骨架放入桩孔，下部伸入桩孔内 1.5m 深，上部伸入桩承台内 $L_a(L_{aE})$，在孔口用横向钢筋焊接固定，最后往桩孔内灌入 C30 无收缩混凝土，将孔口全部封实。

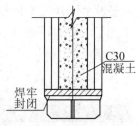

图 2-30　管桩下端封底

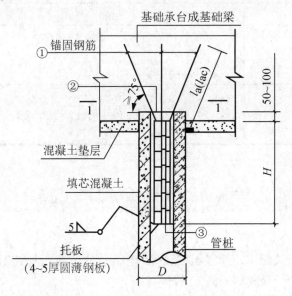
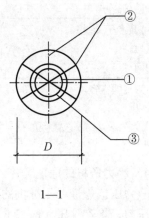

图 2-31　管桩上端与承台连接构造

7．锤击法打管桩的优缺点和适用性

(1) 优点：锤击沉桩法的沉桩力量大，穿透能力强；施工速度快，机械化程度高；设计单桩承载的吨力成本较低；成桩质量可靠；检测方便；单桩承载能力比静力压入法稍大；适用范围较广。

(2) 缺点：施工时会产生噪声、振动；成桩过程挤压周边土体，可能对邻近的桩、已有建筑物和地下管线产生不利的影响；使用柴油锤施工有废气排出，对周边环境有污染；不适用于城市中心区，不宜夜间施工。

(3) 适用于：桩端持力层为全风化岩层或强风化岩层、硬塑-坚硬的黏性土层、密实的砂土层。但不能打入中风化的硬质岩层，更不能打入微风化的岩层。

8．锤击法打管桩的工程验收

(1) 全部管桩施打完毕并待土方开挖到设计标高后进行打桩工程验收。

(2) 管桩基础工程验收时应具备下列资料。

桩基设计文件(施工图纸、会审记录、设计变更通知)，桩位测量放线图，工程基线复核签证单，工程勘察资料，桩基施工方案，管桩出厂合格证明书和进场验收记录，桩尖材料、尺寸和焊接质量检查记录，打桩施工记录，接桩验收记录，打桩工程的竣工图，成桩质量检测报告，质量事故处理记录等。

(3) 管桩桩顶平面位置允许偏差见表 2-6。

表 2-6　管桩桩顶平面位置允许偏差

项　　目	允许偏差/mm
单排或双排桩条形桩基 ① 垂直于条形桩基纵向轴的桩 ② 平行于条形桩基纵向轴的桩	100 150
承台桩数为 1~3 根的桩	100
承台桩数为 4~16 根的桩 ① 周边桩 ② 中间桩	100 $d/3$ 或 150 中的较大者
承台桩数多于 16 根的桩 ① 周边桩 ② 中间桩	$d/3$ 或 150 中的较大者 $d/2$

注：d 为桩的直径。

2.3.3　管桩静压法施工

1．静力压桩的原理

静力压桩是借助压桩机的自重及其配重，通过压桩设备的传递作用，对预制桩施加持续静压力，将管桩压入地基土层中的一种成桩的施工方法。

目前有两类压桩方式，一类从桩顶往下压，称为顶压式；另一类从桩身抱着桩往下压，称为抱压式。广东广泛使用抱压式。通过液压油缸控制的夹具夹住桩身一次次向下

施压，当压桩力大于桩端阻力和桩周摩擦阻力时，桩往下沉，当达到终压标准时，终止压桩。

2. 静力压桩的设备

(1) 压桩设备的发展历程：绳索式压桩机→液压式压桩机；顶压式压桩机→抱压式压桩机；一般抱压式压桩机→自动调平抱压式压桩机。

(2) 如图 2-32 所示，一台全液压抱压式静力压桩机包括行走机构(桩机移动)、吊装机构(起吊和喂桩)、夹持机构(把桩身夹紧)、压桩机构(实施压桩)等几大部分；有些压桩机还带有专门压场地边角桩的边桩机构(图 2-33)。

【附注】 喂桩，是指将桩起吊并送到压桩机的夹持机构中。

(3) 常用抱压式静力压桩机的基本参数见表 2-7，各台机的详细参数应参阅其出厂说明书。近年生产的压桩机还带有自动调平装置，可以在施工过程中自动校准桩的垂直度。

【参考图文】

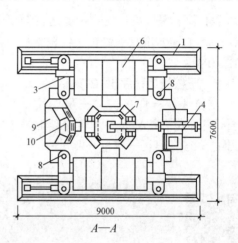

图 2-32　全液压抱压式自动压桩机

1—长船行走机构；2—短船行走及回转机构；3—支腿式底盘结构；4—液压起重机；
5—夹持与压板装置；6—配重铁块；7—导向架；8—液压系统；9—电控系统；
10—操纵室；11—已压入下节桩；12—吊入上节桩

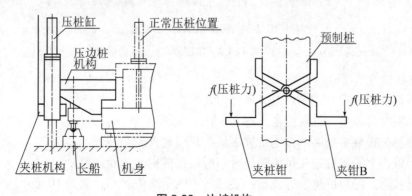

图 2-33　边桩机构

表2-7　常用的抱压式静力压桩机的基本参数表

型号	最大压桩力/kN	压桩速度/(m/min)	压桩行程/m	履靴每次回转角度/(°)	桩机未配重时的重量/t
YZY-320	3200				≤125
YZY-360	3600				≤130
YZY-400	4000				≤140
YZY-450	4500	≥1.5	≥1.5	≥10	≤150
YZY-500	5000				≤160
YZY-550	5500				≤170
YZY-600	6000				≤180
YZY-800	8000				≤200

(4) 除了压桩机，还应配备送桩器、电焊机、气割工具、索具、撬棍、钢丝刷、电动锯桩器，长条水准尺、线锤、线锤架，压桩自动记录仪、带铁丝罩的24V低压灯泡、孔内摄像仪等。

3. 压桩施工程序(图2-34)

定位放线→焊接桩尖→吊放第一节桩→试压→正常压→压至第一节桩离地面以上0.5m 时停止→往桩孔内浇筑混凝土封底→吊放第二节桩→接桩→再压→达到终压标准后持荷(3～5s)→复压→收桩→测量→记录→桩机移至下一个桩位。

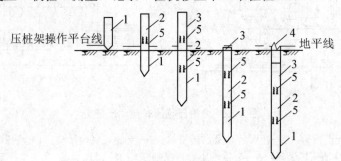

(a) 准备压 (b) 接第 (c) 接第 (d) 整根桩 (e) 采用送桩压
第一段桩　二段桩　三段桩　压平入地面 桩到设计标高

图 2-34 压桩施工程序示意图

1—第一段桩；2—第二段桩；3—第三段桩；4—送桩；5—接桩节点

4. 压桩注意事项

(1) 压桩机的配重应能满足最大压桩力要求。

(2) 吊喂桩时单吊点位置应在上部 0.3 倍桩长处。

(3) 喂桩时管桩桩身两侧合缝位置应放在相邻夹具的空隙处。

(4) 当桩机上的吊机正在吊桩喂桩时，严禁压桩机行走和调整。

(5) 压桩前，应对桩位进行校核；要求对中的距离偏差不宜大于 10mm。

(6) 注意控制第一节桩的垂直度，带有桩尖的第一节桩插入地面 0.5～1.0m 时，应严格

【参考图文】

调整桩的垂直度，偏差不得大于 0.3%。

(7) 如遇到下列不正常情况时，应暂停作业，及时与设计、监理等研究处理：压力表读数骤变或读数与地质报告中的土层性质明显不符；桩难以穿越硬夹层。实际桩长与设计桩长相差较大；有效桩长不足 6m；桩身混凝土出现裂缝或破碎；沉桩过程中地下传出桩身崩裂声等异常现象；桩头混凝土剥落、破裂；桩身突然倾斜、跑位；夹桩机构打滑；地面明显隆起，附近房屋及市政设施开裂受损；邻桩上浮或桩头偏移；压桩机下陷和倾斜；等等。

5．确定施工时的终压力

终压力就是压桩施工时的最大压桩力，应根据下列三项计算和复压实测的结果，取其中的最小值作为终压力。

(1) 对于端承摩擦桩或摩擦端承桩，利用广东总结的经验公式，根据桩的实际入土深度 L、单桩竖向抗压承载力特征值 Ra，可按下列桩长分组，分别估算对应的终压力 P_{ze}。

当 6m≤L≤9m 时(超短桩)

$$P_{ze}=(2.8\sim3.2)Ra \tag{2-1}$$

当 9m<L≤16m 时(短桩)

$$P_{ze}=(2.2\sim3.0)Ra \tag{2-2}$$

当 16m<L≤25m 时(中长桩)

$$P_{ze}=(2.0\sim2.4)Ra \tag{2-3}$$

当 L>25m 时(长桩)

$$P_{ze}=2.0Ra \tag{2-4}$$

(2) 压桩机最大能承受的压桩力。

$$P_{ze}\leq90\%(桩机架的自重+配重) \tag{2-5}$$

(3) 桩身抱压最大能承受的压桩力。

$$P_{ze}\leq0.95f_cA \tag{2-6}$$

式中：f_c——静压桩混凝土轴心抗压强度设计值，kPa；

A——静压桩截面面积，m^2。

对 ϕ400—95PHC 桩 P_{ze}≤3400kN，对 ϕ500—125PHC 桩 P_{ze}≤5500kN。

(4) 试压桩经过 24h 停歇后进行复压，复压测到的桩身刚起动时的压力值的一半数值，可作为单桩竖向抗压承载力特征值的参考值。

【附注】上述(1)所列的 4 个计算式，是广东静压桩规程编制组，根据本省多年来静压桩施工和检测的大量实际结果，经过数理统计分析得出的经验公式，再做换算而得。利用这几个公式，不但可以根据设计单桩承载力的特征值、预计的桩长来估算施工时的终压力；还可以根据施工时的终压力、桩的实际入土深度来估算这根桩的承载力的特征值。

6．终压条件

终压条件，就是终止压桩的控制标准，包括终压力值、终压次数和稳压时间，宜根据下列 6 个条件和原则综合确定。

(1) 现场静载试验桩或试压桩的试验结果，这最可靠，最合理。

(2) 参考条件相似工程的施工经验。

(3) 按上述"5.确定施工时的终压力"的第(1)项来估算终压力值。

(4) 终压次数应根据桩长及地质条件等因素确定，一般掌握对长桩为 1～2 次，对中长桩为 2～3 次，对短桩为 3～5 次，对超短桩为 3～5 次。当终压次数超过 1 次时，其间隔时间不宜超过 2min。

【附注】实践表明，靠增加终压次数来提高静压桩的承载力，是得不偿失的做法，终压次数太多，承载力并没有太多的增长，反而容易引起桩身和压桩机的破损。

(5) 稳压时间(指维持终压力作用的时间)：终压力不大于 3000kN 时，稳压时间不宜大于 5s；终压力大于 3000kN 时，稳压时间应控制在 3～5s。

【附注】压桩机上高压油泵和油管不能长时间高度绷紧，否则容易破损。

(6) 应遵守"双控"的要求，不应超压施工：控制终压力值不宜大于桩身抱压允许的压桩力，控制单桩竖向抗压承载力的特征值，使得终压力值以刚好等于桩身抱压允许的压桩力为限；不得任意增加终压次数和稳压时间。

【附注】实践证明，桩长短的桩，终压时所需要的终压力值不是单桩竖向抗压承载力特征值的 2 倍，而是 3 倍甚至 3 倍以上。如果把单桩竖向抗压承载力特征值定得太高，3 倍及以上的单桩承载力特征将大大超过桩身抱压允许的压桩力，其结果可能压坏了桩身混凝土，或是压坏了压桩机液压部件，这是不允许的。因此对于短桩，应降低单桩竖向抗压承载力的特征值，使其所需要的终压力值刚好等于桩身的抱压允许压桩力。

7．静力压桩施工对场地的要求

(1) 因设备笨重，不但要求场地平整，而且表土的承载力应不小于 120kN/m²。若场地表土较松软，应先对桩机行走范围内的表层土进行压实加固处理，否则设备无法在场内自由行走。

(2) 因压桩机的平面尺寸较大，当无边桩机构时，被压桩的位置处于桩机平面的中心，边桩的周围应能让压桩机顺利就位才能施工，桩位至场地有限制的外缘最小间距不应小于 3.80m；当带有边桩机构时，这个距离可缩短到 0.80～1.0m。

8．静力压桩的工程验收

(1) 全部管桩施压完毕并开挖到设计标高后进行竣工验收。

(2) 管桩基础工程验收时应具备的资料参照锤击法打管桩项。

(3) 静力压桩的质量标准详见表 2-8。

表 2-8　静力压桩的质量标准

项目	序号	检查项目	允许偏差和允许值		检查方法
			单位	数值	
主控项目	1	桩体质量	按 GB 13476—2009 先张法预应力混凝土管桩		按基桩检测技术规范
	2	桩位偏差	见表 2-6		用钢尺丈量
	3	承载力	按基桩检测技术规范		按基桩检测技术规范
一般项目	4	桩的外观质量	按 GB 13476—2009		直观
	5	接桩焊缝质量	按基桩检测技术规范		按基桩检测技术规范

续表

项目	序号	检查项目	允许偏差和允许值		检查方法
			单位	数值	
一般项目	6	接桩焊接后停歇时间	min	>5.0	用秒表测定
	7	电焊条质量	按基桩检测技术规范		查产品合格证明书
	8	压桩力	%	±5	查压力表读数
	9	上下节桩的平面偏差	mm	<10	用钢尺丈量
	10	桩顶标高	mm	±50	用水准仪测定

9．静力压桩的特点及其适用性

(1) 静压桩施工时无噪声、无振动，吨力造价较低，机械化程度高，现场文明，检测方便，成桩质量可靠，特别适合在软土地区和城市中心区施工，是很有发展前景的一种桩型。

(2) 压桩力要多大压桩设备就要配到多重，成为几百吨的庞然大物，笨重得很，要靠两对靴(船)来支承和移动，因此场地要求平整、表土的承载能力不应小于 120kN/m²；无边桩机构时要求边桩至外缘的最小间距不小于 3.80m。设备价贵，进退场费用较高，若一个工程压桩数量太少，就有可能不合算；当桩设计有需要穿过硬夹层时，要用长螺旋钻机先将桩孔内的硬夹层钻穿(称为预钻孔)，才能压桩。

(3) 适用情形：单桩承载力特征值 1500～4000kN；基岩埋深 15～30m；有较厚的强风化岩层作持力层，强风化岩层以上为较厚的软弱土层；不允许使用锤击桩的地区；采用其他桩型容易出现质量事故时。符合以上这些条件时，用静力压桩就能获得满意的效果。

10．其他

静压桩施工的桩机行走路线、接桩、桩端封底、桩顶与承台的连接、送桩等做法可仿照锤击法施工。

11．管桩静压法与锤击法施工的比较

(1) 相同点：都是使用 PHC 管桩，都属于预制桩，成桩的速度较快，成桩后能很快承担荷载，工地较文明整洁，成桩过程都有挤土效应，对周边环境都有一定的影响。

(2) 不同点：成桩的原理不同，静压桩靠持续静压力沉桩，锤击桩靠瞬时冲击力沉桩；使用设备的特点不同，静压桩用静力压桩机，设备大而笨重，锤击桩用打桩机，设备相对较轻；对场地要求不同，静压桩要求表土承载能力要达到 120kPa 以上，锤击打桩机一般要求 80kPa 以上就可以了；对岩土的穿透能力不同，静压桩机对较硬岩土层的穿透能力相对较弱，锤击桩穿透能力相对较强；成桩过程对环境的影响不同，静压桩施工基本无噪声、无振动、无污染，锤击桩施工有噪声、有震动、有污染；相同岩土条件下成桩，静压成桩的桩长稍短，单桩承载力稍低，锤击打桩成桩的桩长稍长，单桩承载力稍高。

【任务实施】

实训任务：参观某静力压桩的施工，编制 A 学院 13 号教师住宅楼压桩施工方案。

【技能实训】

(1) 组织参观某工程静力压桩的施工过程，了解相关资料。

(2) 结合本节工作任务，分小组开展讨论，对静压桩的施工过程加深理解。

(3) 熟悉 A 学院 13 号教师住宅楼桩基础施工图纸。

(4) 分小组展开讨论，编制 A 学院 13 号教师住宅楼压桩施工方案。

工作任务 2.4 灌注桩施工

2.4.1 人工挖孔灌注桩

1. 成桩原理

我国民间流传数千年的人工挖井方法，先挖井孔后用砖砌井孔内的护壁，成孔过程中井壁没有防护，井挖不深；当土质较差或地下水较多时，遇到流砂就可能塌方，处理不好则人不安全、井挖不下去。若在井孔内先做个防护圈，随着人不断往下挖井，圈也不断往下延伸，防护圈能挡土阻水，人较安全，井也挖得深。现代意义的人工挖孔桩施工方法就是据此原理创造出来的，如图 2-35 所示。

2. 工艺流程

桩位放线→挖第一段土方→支模→浇筑第一圈混凝土护壁→养护→拆模→继续往下挖土、支模、浇筑混凝土→反复循环推进→至设计标高→扩底→清孔→桩孔检查验收→安放钢筋笼及检查验收→桩孔浇筑混凝土成桩。

【参考图文】

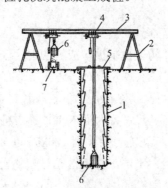
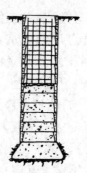

图 2-35　人工挖孔桩施工示意图

1—混凝土护壁；2—钢支架；3—钢横梁；4—电葫芦；
5—安全盖板；6—活底吊桶；7—机动翻斗车或手推车

3. 施工要求

(1) 每节护壁圈的高度常取 1.0m，壁厚度和是否配筋要根据桩径、土质和地下水情况专门设计；桩内径在 1.5m 以内，土质较好，地下水不大时，壁厚取 120mm；为了浇灌混凝土和脱模方便，每节护壁圈造成圆台状，上口按内径尺寸，下口放大 100mm。

(2) 按桩位放出中心线和外圆线后开始挖土，第一节护壁圈上口要比自然地面高 100mm 以上，土方挖好才安装模板，浇筑混凝土后要养护到足够强度才能拆模，然后往下挖土，做第二节护壁圈，如此逐节往下做。

(3) 当遇流砂或软弱夹层时，护壁圈的高度可减少，还要附有专门的防护措施，以使护壁圈能顺利穿过流砂层或软弱夹层，桩孔可以继续往下挖。

(4) 达到设计的持力层深度后，可按要求扩底；扩底完成，清理干净孔底，对桩孔检查验收。

(5) 桩孔验收合格，安放钢筋笼、检查钢筋笼位置，浇筑混凝土至超过设计桩顶标高 50~100mm 为止，成桩。做承台前将超过桩顶标高部分的混凝土凿除。

(6) 整个施工过程要注意做好通风、防坠落、防触电、防涌水、防塌方、防毒气等各项措施。

4．机械设备

手动或电动卷扬机、提升斗桶、抽水泵、抽风机、鼓风机、挖土工具、凿岩机、模板、混凝土插入式振动器等。

5．特点和适用性

(1) 优点：施工过程无振动，无噪声；当场地狭窄、靠近建筑物或桩数较少时尤为适用；桩的直径和单桩承载力可调范围广；直观可靠，能看到整根桩的土质情况，容易清底；可让桩端放大或入岩；浇灌混凝土桩芯时，可用振动棒振捣密实保证质量；设备简单，技术不复杂，人工操作为主，可以全场开工、轮流推进；造价较低。

(2) 缺点：桩孔内的操作空间狭小，劳动强度大，劳动条件差；越往下挖，施工难度越大；随着土层变化、地下水的作用，涌砂、涌水、塌方、毒气、坠物、触电甚至人员伤亡等事故时有发生，难以实现安全生产。这是一种危险性大、落后的生产工艺。

(3) 适用于挖孔深度内土质较好，无地下水或地下水涌水量不大，无软弱夹层或软弱夹层很薄有能力处理好，深度在 20m 以内，直径大于 1.2m。

(4) 广东省自 2003 年起已限制使用人工挖孔桩。当设计单位认为只有用此桩型才能解决问题，施工单位有能力做好不出事故，监理单位、业主也同意这样做，实施方案报请主管部门同意，由这些单位共同承诺承担风险责任时，还可使用。

2.4.2 泥浆护壁冲(钻)孔灌注桩

1．成桩原理

用机械钻头(对一般土层)或冲击钻头(对硬土层或岩石)单独或交替在桩位处直接成孔，利用一定重度的黏土泥浆保护孔壁，用污水泵抽渣泥和水的混合物，同时往桩孔内补充泥浆，达到设计深度后先用水清孔，安放钢筋笼，然后水下浇灌混凝土成桩，如图 2-36 所示。

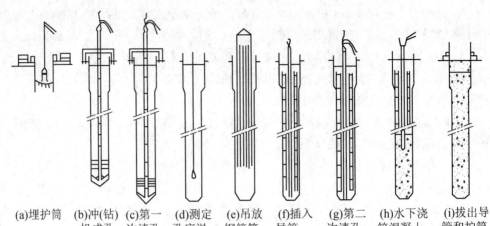

(a)埋护筒　(b)冲(钻)　(c)第一　(d)测定　(e)吊放　(f)插入　(g)第二　(h)水下浇　(i)拔出导
　　　　　机成孔　次清孔　孔底淤　钢筋笼　导管　次清孔　筑混凝土　管和护筒
　　　　　　　　　　　　泥厚度

图 2-36　冲(钻)孔灌注桩施工工艺

2. 工艺流程

定桩位→安放孔口护筒→冲(钻)桩机就位→冲(钻)成孔→泥浆护壁→循环清渣→清孔
→安放钢筋笼和预埋压浆管→水下浇筑混凝土→养护→对桩端或桩侧压入水泥浆→成桩。

3. 机械设备

冲击钻桩机(图 2-37)、潜水钻桩机(图 2-38)、水下浇灌混凝土的设备(图 2-39)、护筒、
泥浆泵等。

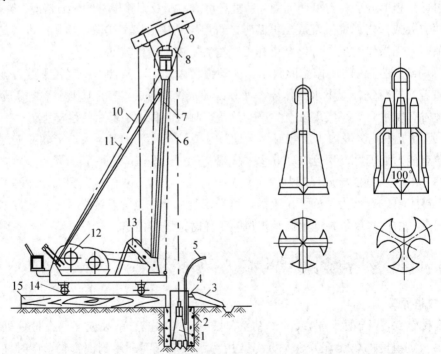

图 2-37　简易冲击钻桩机和钻头

1—钻头；2—护筒；3—泥浆；4—溢流口；5—供浆臂；6—前拉索；7—主杆；8—主滑轮；
9—副滑轮；10—后拉索；11—斜撑；12—卷扬机；13—导向轮；14—钢管；15—垫木

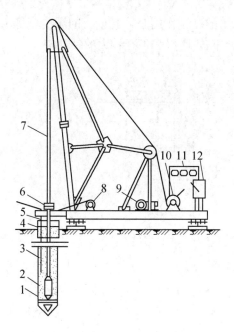

图 2-38　潜水钻桩机

1—钻头；2—潜水钻机；3—电缆；4—护筒；
5—水管；6—滚轮；7—钻杆；8—电缆盘；
9—卷扬机；10—卷扬机；11—电表；12—启动开关

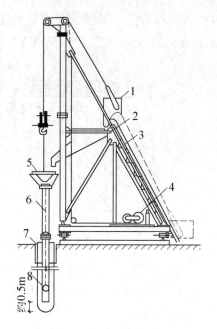

图 2-39　水下浇灌混凝土

1—上料斗；2—储料斗；3—滑道；4—卷扬机；
5—漏斗；6—导管；7—护筒；8—隔水塞

4．技术关键

(1) 安放钢护筒的目的是固定桩位，保护桩口不崩塌，控制灌入孔内泥浆液面的位置。

(2) 往孔内灌入泥浆的目的是保护冲(钻)成的桩孔不塌孔。为此泥浆液面应始终保持比地下水位高出 1m 以上；孔内的黏性泥浆才能附在孔壁上，形成保护层。

(3) 循环清渣的目的是把钻出的渣土抽走，逐渐达到钻进的深度。

(4) 最后的清孔是保证桩身混凝土的浇筑质量。

(5) 水下连续浇筑混凝土，是保证桩身强度的关键，详见混凝土施工部分。

5．泥浆护壁的正循环与反循环工艺

1) 泥浆护壁的正循环工艺

泥浆经钻杆内腔流向孔底，将钻头切割下来的土屑，经钻杆外的环状空间携带至地面，如图 2-40(a)所示。此法设备简单轻便，施工操作简易，工程费用较低；但排渣能力较差，孔底沉渣多，孔壁泥皮厚。该工艺适宜用于深度不大、基本全是土层、直径 800mm 以下的钻孔桩；不宜用于深度较大、岩土相间的地层和桩径较大的钻孔桩。

【参考视频】

2) 泥浆护壁的反循环工艺

通过泵吸或射流抽吸，使钻杆内腔形成负压，使钻头切割下来的岩土碎屑伴随泥浆从钻杆外吸入钻杆孔内，高速返回地面的泥浆池，如图 2-40(b)所示。由于泥浆上返的速度快，孔底水力流畅合理，钻头始终处在新鲜岩土面

【参考视频】

上切削、破碎，成孔效率高，排渣能力强，对孔壁的冲刷作用小，孔壁上的泥皮较薄，因此成桩质量较好。该工艺适用于深度较大，岩土相间的地层和桩径较大的钻孔桩。

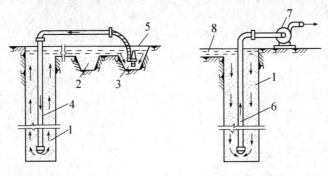

(a) 泥浆护壁正循环　　　　(b) 泥浆护壁反循环

图 2-40　泥浆护壁的循环工艺

1—泥浆循环方向；2—泥浆沉淀池；3、8—新泥浆；4、6—钻杆；5—泥浆面；7—砂石泵

6．特点和适用性

(1) 优点：与预制桩相比，冲(钻)孔灌注桩可节省材料，降低成本；对邻近已成桩、建筑物及周围环境的影响小；桩长、桩径可按设计要求变化自如；桩端可以入岩；单桩承载力适应范围大；当一个工程的桩数较少时尤为适用。

(2) 缺点：成桩工艺复杂，操作要求较严，人为影响因素较多，易发生质量事故；施工时间长，成桩后需要专门养护，不能马上承受荷载；施工过程有不少泥浆排出，不易做到文明施工。

(3) 适用性：不宜用人工挖孔桩、锤击桩、静压桩的地方，有较厚的软或硬夹层的地方，地下水位较高且容易引起流砂或塌方的地方；对于岩溶地区，采取一定的技术措施后也可以用，但要慎用。广州城建职业学院内的两座梁式桥(属于桩数较少)，都是用冲(钻)孔灌注桩做桥墩基础的。

2.4.3 旋挖钻进成孔灌注桩

1．旋挖成孔新技术的出现

针对冲(钻)孔灌注桩施工时间长、施工过程需要泥浆循环护壁的弱点，20 世纪 80 年代，国外研究开发了旋挖钻机，形成了旋挖成孔新技术，20 世纪 90 年代已成为发达国家钻孔灌注桩的主流施工方法。21 世纪我国开始在引进、消化的基础上自主研制，2008 年国家级新产品多功能履带式全液压旋挖钻机通过验收，近年已成批生产并逐步推广应用，取得良好效益。

典型的已完工程有首都机场第三航站楼、国家体育场(鸟巢)；高速铁路京津、郑西、武广、京沪等线；深圳、武汉、南京等城市的地铁或轻轨；广州东方重机厂、客村世纪云顶雅苑、广州火车南站、火车东站汽车客运站、珠江新城尚东瀚御雅苑；东莞厚街万达广场；惠州皇冠假日酒店；等等。

目前国内有从德、意、美、日进口的旋挖钻桩机，也有国产的湖南山河智能、三一重机、徐州徐工、北方重汽、石家庄煤机、哈尔滨四海、郑州宇通、中联重科等的履带式液压旋挖钻桩机，如图 2-41 所示。

建筑工程上常用的钻孔直径为 0.60～2.50m，最大钻孔深度为 60～75m，装机功率为 130～250kW；钻进速度在土层、砂层可达 10m/h，在黏土层可达 4～6m/h，一般岩层为 1～2m/h，是普通回转钻进的 3～5 倍；每个台班可完成 3 根旋挖钻孔灌注桩的施工。

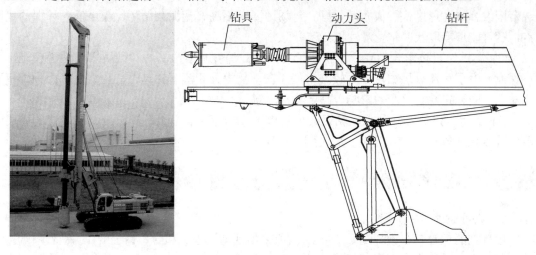

图 2-41　多功能履带式全液压旋挖钻桩机和钻头

2．施工原理

旋挖钻进成孔，是利用液压操作的大功率旋挖钻机和相应的多种配套钻具，在伸缩式钻杆自重(含钻具重)和固定于桅架上的液压缸附加压力的作用下，通过下端的动力头旋转切削土体并将切出的泥土卷入钻斗中，利用钻具附带的装置取土，提升钻杆至地面卸土，如此循环反复挖进、卸土成孔。这些机构都安装在一台全液压履带式拖拉机的机座上，整机质量不大，对场地要求不高，行走操作灵活；针对不同的地质条件，需要采用不同的钻头钻进和不同的护壁方法，成孔后配筋灌注混凝土成桩。

3．工艺流程

测定桩位→旋挖钻机就位→安放孔口护筒→旋挖钻进→泥浆护壁→提杆卸土→补充泥浆→循环挖进→清底验孔→旋挖钻机移位→下钢筋笼→浇灌混凝土→成桩。

4．施工要求

(1) 护筒的作用和要求同冲钻孔灌注桩。

(2) 对黏结性好的岩土层，采用一般的长钻斗干式或清水钻孔，可加快钻进速度；对于松散易坍塌、砂或卵石含量大的土层，使用短钻筒配合静态泥浆护壁(泥浆不循环)，控制钻速；对于组成复杂(含孤石、漂石)或中风化及以下的稍硬岩层，要先用短螺旋钻头钻小径孔，松动后再换上钻斗扩孔进行破岩取土。在较厚淤泥层和流砂层中，为了保持孔壁稳定，钻斗下钻和提升速度要缓慢，还要注意随时补充护壁的泥浆。

(3) 旋挖至设计深度后应立即清孔，用磨盘式捞渣钻头多次提升捞渣，清孔后孔底沉渣不得大于 100mm。

(4) 清孔质量检验合格后,旋挖钻机移位,吊放钢筋笼,钢筋笼位置检验合格后,水下浇筑混凝土。

5. 机械设备

履带式旋挖钻桩机、与土层相适应的钻斗、水下浇筑混凝土的设备、护筒、泥浆泵等。

6. 特点和适用性

(1) 旋挖钻机成孔灌注桩有施工机械化程度高、移动方便、定位准确、桩孔的直径可选范围大、成孔速度快、成孔质量好、对场地要求不高、无泥浆循环、噪声低、环保的优点,有可能逐步取代冲钻孔灌注桩工艺。

(2) 旋挖钻机技术含量高,设备造价贵,成孔深度有所限制,对硬质岩层钻进较难,在深厚淤泥层、流砂层如何钻进较难掌握;在不断提升和落下钻具时,孔内的压力频繁变化对孔壁的稳定性有不利的影响,需要特别注意。

(3) 适用于黏土、硬黏土、软亚黏土、含砾、碎石的亚黏土、碎石土、强风化的砂质泥岩等多种地质条件,有无地下水均可。

2.4.4 锤击沉管灌注桩

1. 成桩原理

用特制的钢管套在预制混凝土桩尖上(或采用活动瓣桩尖和封口钢桩尖), 钢管顶端扣上桩帽,用落锤打击桩帽,钢管带动桩尖穿过土层逐渐下沉,形成竖向的桩孔,当打到设计位置后,放入钢筋笼,在钢管上部侧口向桩孔内注入混凝土,逐渐锤击钢管并同时将钢管往上拔,不断注入混凝土,不断锤击和上拔钢管,最后把桩孔全部灌满混凝土,钢管完全拔出来,在桩头上插入连接钢筋成桩。

2. 工艺流程

(1) 单打法(图 2-42):埋设桩尖→起吊和套入钢管→安放桩帽→轻击试沉管→正式锤击沉管→打至设计深度和最后贯入度→检查管孔状况→放入钢筋笼→浇筑混凝土→轻击提管→反插密实→插入连接钢筋成桩。

【参考视频】

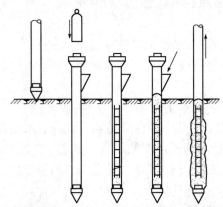

(a) 就位 (b) 沉管 (c)下钢 (d) 灌注 (e) 振动
　　　　　　　筋骨架 　混凝土 拔管成桩

图 2-42 锤击沉管成桩工艺

(2) 复打法：在单打法完成的基础上，在原桩位再埋入桩尖，插入钢管重复打一次。其目的是避免颈缩、断桩等缺陷，增强灌注桩的可靠性。

(3) 振动沉桩法：把锤击改为振动，工艺过程大体同上述两种做法。

3．施工要点

(1) 管下端应尽量做到密封，防止管内涌进泥浆和水。

(2) 锤击沉管和拔管时都要低锤密击，连续进行，不宜停歇；先灌入混凝土再拔管。

(3) 为了使混凝土密实，要分段进行反插，最好能复打。

(4) 从打桩顺序、打桩速度上控制，防止发生颈缩、断桩及吊脚桩等质量事故。

4．使用的机械设备

锤击沉管打桩机(图 2-43，其机械性能见表 2-9)或打桩架，包括蒸汽锤、电动锤、柴油锤等均可；锤击法打预制桩的各种辅助工具、测量器具等。

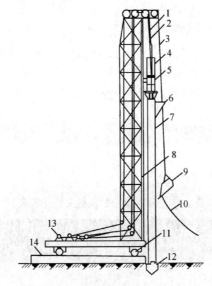

图 2-43　锤击沉管打桩机

1—柱帽钢丝绳；2—桩管钢丝绳；3—吊斗钢丝绳；4—桩锤；5—桩帽；6—混凝土漏斗；
7—桩管；8—桩架；9—漏斗；10—回绳；11—行驶用钢管；12—桩靴；13—卷扬机；14—枕木

表 2-9　锤击沉管灌注桩机械性能表

名称	功率	锤重/t	落锤高度/mm	拔管倒打/mm	桩架高/m	桩管直径/mm	桩管长度/m
蒸汽打桩机	蒸发量 1t/h	1.00 2.50 3.50	400~600	200~600	20~34	320 460	23
电动落锤打桩机	卷扬机 55kW	2.50~3.50	1000~2000	200~300	20~34	320 460	18~26
柴油落锤打桩机	40 马力	0.75 1.00	1000~2000	200~300	13~17	320	11~15

5. 达到设计要求终止打桩的条件(收锤标准)

(1) 每 10 击为一阵，最后 3 阵的贯入度要符合设计要求。

(2) 桩长要与原来预计的长度基本相符。

(3) 桩体混凝土的充盈系数应大于 1(即灌入混凝土体积大于桩孔内的体积)。

6. 特点和适用性

(1) 优点：能广泛适用于有地下水的一般黏性土、粉土、淤泥质土、砂土和人工填土地基；桩机构造简单；施工技术较易掌握；桩径和桩长可根据设计要求和土质情况来决定；造价较低。

(2) 缺点：桩长受钢管和打桩架长度所限；影响成桩质量的因素很多，人为因素影响较大；容易发生颈缩(截面变小)、吊脚桩(桩下端悬空)、断桩事故；单桩竖向抗压承载力特征值低，一般只有 300~500kN；因桩身混凝土密实度低和配筋难，使桩的抗水平力差；施工过程有噪声，有振动，对周边环境影响大。

(3) 适用性：$\phi 340 \sim \phi 480$ 的小桩成桩质量可靠性低，桩身很难加入钢筋笼，适宜于低层或多层建筑的基础，广东 20 世纪 60—90 年代曾经广泛使用这种桩，自 20 世纪 90 年代起已逐渐被高强预应力混凝土管桩取代，并已开发带有振动拔管设备的大直径($\phi 580 \sim \phi 700$)锤击沉管灌注桩，这种桩机还可用于软弱地基挤密加固，效果不错。

2.4.5 几种常用的成桩工艺比较

几种常用的成桩工艺比较见表 2-10。

表 2-10　几种常用的成桩工艺比较表

成桩方法	人工挖孔灌注桩	锤击沉管灌注桩	锤击法打 PHC 桩	静压法压 PHC 桩	冲钻孔灌注桩	旋挖孔灌注桩
1. 成桩原理	先挖 1m 孔，支模，浇混凝土环，脱模再挖土 1m，支模、浇混凝土环、脱模，如此重复至终孔，放钢筋笼，浇混凝土成桩	在预制混凝土桩尖上套上钢管，锤击管顶使管下沉至设计深度，边灌混凝土边抽管，插筋，成桩	焊接桩尖，吊首节桩，锤击桩顶，使桩下沉，焊接第 n 节桩，锤击沉桩至设计深度止	焊接桩尖，吊首节桩，静力抱压沉桩，焊第 n 节桩，续抱压沉桩至设计深度止	用冲击锤或钻机冲(钻)成孔，用一定稠度的泥浆护孔壁，用污水泵抽泥成孔，下钢筋笼，水下浇筑混凝土成桩	用旋挖钻机成孔，提升钻斗卸土和清孔，可泥浆护壁但不循环，下钢筋笼，水下浇筑混凝土成桩
2. 使用设备	简易绞盘、吊篮、挖土工具和钢模等	锤击打桩机、钢管、混凝土浇筑设备等	锤击打桩机、电焊机等	抱压式静力压桩机、电焊机等	冲孔或钻孔机、泥浆泵、混凝土浇筑设备等	旋挖钻机、钻斗、混凝土浇筑设备等
3. 终止条件	挖至设计深度和土层	最后 3 阵锤的贯入度	最后 3 阵锤的贯入度	终压力和桩长达要求	挖至设计深度和土层	挖至设计深度和土层

续表

成桩方法	人工挖孔灌注桩	锤击沉管灌注桩	锤击法打PHC桩	静压法压PHC桩	冲钻孔灌注桩	旋挖孔灌注桩
4. 优点	直观、可靠，可轮番作业，简单、便宜	成桩速度快，桩长随意，价格便宜	成桩速度快，穿透能力强，桩长随意，承载力高	成桩速度快，无噪声，无振动，桩长随意，承载力高	无振动，噪声小，对土层的适应性强	速度快，质量高，较环保，适应多种土层
5. 缺点	流砂难控制，难实现安全生产	成桩质量难控制，桩长受限制	噪声、振动、挤土	设备庞大、对有些土层不宜使用	速度慢，清底难，泥浆污染环境	设备价贵，要求较高，桩长有限制
6. 适用范围	深20m内，无软弱夹层的土质中，能控制生产安全处	深20m内，无软弱夹层、承载力要求不高处	深50m内、无硬夹层，桩径600mm内，承载力3000kN内	深50m内，无硬夹层，桩径600mm内，承载力3000kN内	土质较复杂，其他桩型难控制时用	深50m内，桩径2500mm内，桩端至强风化岩层
7. 属性	非挤土桩	挤土桩	挤土桩	挤土桩	非挤土桩	非挤土桩

2.4.6 混凝土灌注桩质量标准

混凝土灌注桩质量标准见表 2-11。

表 2-11 混凝土灌注桩质量标准

项目	序号	检查项目	允许偏差和允许值		检查方法
			单位	数值	
主控项目	1	桩位	按基桩检测技术规范		开挖前量护筒、开挖后量桩中心
	2	孔深	mm	＋300	用重锤测量，只深不浅；设计要求入岩的应保证入岩深度
	3	桩体质量	按基桩检测技术规范		按基桩检测技术规范
	4	混凝土强度	达到设计要求		试件或钻芯取样测定
	5	承载力	按基桩检测技术规范		按基桩检测技术规范
一般项目	1	垂直度	按基桩检测技术规范		测量套管或钻杆
	2	桩径	±50		超声波检测
	3	泥浆密度	1.15～1.20		比重计测定
	4	泥浆面标高	m	0.5～1.0	目测
	5	沉渣厚度：端承桩 摩擦桩	mm	≤50 ≤150	用沉渣仪或重锤测定
	6	混凝土坍落度：水下 干施工	mm	160～220 70～100	用坍落度测定仪
	7	钢筋笼安装深度	mm	±100	用钢尺量
	8	混凝土充盈系数	≥1		检查每根桩的实际灌注量
	9	桩顶标高	mm	＋30，－50	水准仪测定

【任务实施】

实训任务：参观某灌注桩工程的施工。

【技能实训】

(1) 了解工程概况，相关数据资料。
(2) 了解灌注桩的施工过程、使用设备、施工工艺。
(3) 由学生整理成参观考察报告。

工作任务 2.5　桩基施工检测和验收

2.5.1　桩基施工质量检测评价的重要性

桩基础施工是一项分项工程，也是一项隐蔽工程，只有验收合格，才能做下一个分项工程(承台和地梁)的施工；未经验收或验收不合格，都不允许继续往下施工。桩基础施工质量的好坏十分重要，关系到整幢建筑物的安危。桩基础施工质量的好坏不能用肉眼来鉴别，如果把不合格的桩误判为合格，等到上部结构做好了才发现有问题，是很难处理的。

2.5.2　桩基础施工质量的合格标准

下列 4 项标准必须同时达到才算合格。
(1) 桩的平面位置、垂直度、标高应符合设计要求。
(2) 桩长、桩端深入持力层的位置应符合设计要求。
(3) 桩身(包括预制桩节间的连接接头)质量完整，混凝土强度达到设计要求。
(4) 单桩承载力应达到设计要求。

2.5.3　桩基检测问题的实质

一个工程打桩的数量往往很多，如果对每一根桩都进行检测，不但费工费时，而且费用巨大，现实中是行不通的。能否用适当的程序、方法，选择一部分桩来检测，根据这部分桩的检测结果，来判定全部工程桩是否合格，做到"有效概率"相当高或"失效概率"相当低。

2.5.4　现有的检测方法

1. 动测法
对被检测桩头施加一个撞击力，使桩产生弹性振动，通过记录仪和分析弹性波动的波形，可以判定桩身混凝土施工质量是否完整，较简单快捷和便宜。动测法分两类：高应变动测法和低应变动测法。

(1) 高应变动测法：用一个几吨重的锤，落距 2～3m，给桩头施加撞击力，记录和分析弹性波动的波形，可以判定桩身混凝土施工质量是否完整，还可以估计单桩极限承载力。此法大约耗费每根桩几千元的代价，数小时可完成，高应变动测法的仪器设备装置组成如图 2-44 所示。

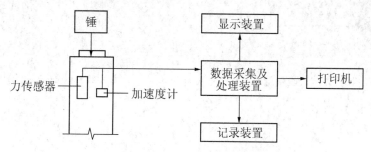

图 2-44　高应变动测的仪器设备装置组成

(2) 低应变动测法：用一个手锤来撞击桩头，记录和分析弹性波动的波形，只能判定桩身混凝土施工质量是否完整。此法大约耗费每根桩几百元的代价，约 20min 可完成。低应变动测法的仪器设备装置组成如图 2-45 所示。

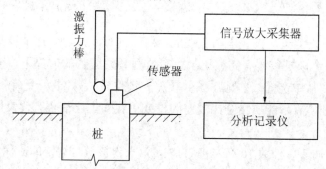

图 2-45　低应变动测的仪器设备装置组成

2. 静载法

对被检测的桩逐渐施加桩顶荷载，如图 2-46 所示，同时记录每级荷载下桩顶的位移，画出相应的荷载位移曲线(图 2-47)，继续加大荷载，至规范设定的某种极限状态为止(一般加载至单桩设计承载力特征值的 2 倍及以上)，从而确定单桩的极限承载力，再折算出单桩的设计承载力特征值。此方法最实用、准确；但过程麻烦，时间长(一般要一周左右)，费用大(每吨加载要 70～80 元，一根桩要 1 万～2 万元)。

3. 钻芯法

用岩钻在桩身某个位置上钻取整段混凝土桩芯做试样测试，可以检查混凝土沿桩长度上的质量分布情况，测定桩底沉渣厚度，判定桩底持力层岩土性状，判定桩身完整性类别。这种方法较直观，但时间较长费用较大(但要比静载法节省)，一般只用在大直径灌注桩检查上，抽芯后其孔洞应回灌水泥砂浆填塞。

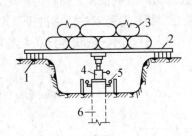

图 2-46　静载试验示意图

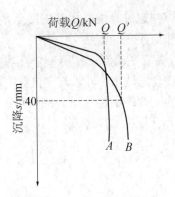

图 2-47　静载试验沉降曲线

1—支墩；2—钢横梁；3—压重；
4—油压；千斤顶；5—百分表；6—试验桩

4．其他方法

如声波透射法，只能测定混凝土灌注桩的桩身缺陷及其位置，评价桩身混凝土的均匀性，判定桩身完整性类别。其时间短、费用低。

2.5.5 验桩的基本规定

对工程桩的检查测试，按我国相关规范，要经过查、抽、试几个步骤。

(1) 查：在整个成桩过程有完整记录、有监理旁站监督的前提下，全面检查整个施工过程的记录资料，从中选择一些地质条件较差、地位较特殊(指承受荷载大或位置重要)、施工过程不太顺利、有可能质量会比较差的桩或荷载和土层都较有代表性的桩，来进入第二步的测试。

(2) 抽：随机抽取总桩数 10%～20%的桩，第一步核查时划定的应优先列入，作动测试验，以判定这批桩桩身质量的完整性和初步估计其承载能力；一部分做高应变检测(可以同时测定桩身质量的完整性和初步估计其承载能力)，一部分做低应变检测(只能测定桩身质量的完整性)。凡完整或基本完整(达到Ⅰ、Ⅱ类桩)才算合格。

(3) 试：在上述抽查的桩数中，选择总桩数 1%～2%的桩，一个工程不少于 5 根，做现场静荷载试验，以测定它的单桩极限承载力，再折算成设计承载力特征值。

(4) 详细的检测方法和内容、检测程序、检测数量和检测要求等，请参照《建筑基桩检测技术规范》(JGJ 106—2014)。

2.5.6 根据验桩结果来综合判断施工质量

(1) 成桩质量包括桩身质量的完整性、桩身混凝土强度等级，共划分为 4 个等级，具体标准见表 2-12。

表 2-12 动测法检测成桩质量等级划分

分类	质量评价	具体描述	备注
I	质量优	桩身完整、连续，混凝土强度达到或超过设计要求	能用
II	质量良	桩身基本完整、连续，混凝土强度达到设计要求	可用
III	局部有缺陷	桩身局部有缺陷，混凝土强度基本达到设计要求	需加固
IV	不合格	桩身有严重缺陷，混凝土强度不符合设计要求	不能用

(2) 若施工资料检查合格，抽查动测试验判定为桩身质量大部分完整(I类桩)，小部分基本完整(II类桩)，没有III类、IV类桩(问题较多或不能使用)，现场静载试验确定的单桩极限承载力达到或超过设计承载力特征值 2 倍或以上，就可以判定这批桩桩身质量完整，承载力合格。

(3) 若发现有一根受检桩不符合要求，就要另取双倍数量的桩再检验，这根桩作为问题桩，必须做处理。经过分析处理合格后再办理验收。

(4) 抽样检查的工程桩由设计、施工、监理和质监等单位共同研究确定，其原则是：选择比较有代表性的桩，各方都认为施工质量或承载力可能较差的桩，荷重较大而地位又特别重要的桩(如承重柱下的单桩)等。

2.5.7 对不合格桩的处理

(1) 验桩的目的不但是要判定已施工的桩是否合格，而且还要对检查判定为不合格的桩设法通过处理使它合格，只有这样工程才能继续做下去。

(2) 对检查出来属于不合格的桩必须先进行处理，处理的总原则是：区别情况，分别处理，能补救的尽量采取加固处理措施，确实不能补救的，经过设计计算，重新补桩和修改桩承台。

(3) 处理方案由设计单位出图、审核，施工企业按图施工，监理实行全过程跟踪。处理完成，经过共同验收合格后，可以继续做承台和地梁的施工。

【任务实施】

实训任务：参观某桩基础工程的质量检验评价工作。

【技能实训】

(1) 参观某桩基础工程的质量验收，了解工程概况、验收的程序、方法。

(2) 了解验桩的结果、评价的过程和相关的资料。

(3) 由学生整理成参观考察报告。

【项目总结】

项目 2	工作任务	能力目标	基本要求	主要支撑知识	任务成果
地基与桩基工程施工	软弱地基加固	能组织加固施工	初步掌握	软弱地基加固原理和方法	专项参观考察报告

续表

项目 2	工作任务	能力目标	基本要求	主要支撑知识	任务成果
地基与桩基工程施工	预制桩施工	能组织锤击或静压施工	初步掌握	锤击或静压桩的施工工艺原理和使用设备	编制 13 号楼预制桩施工方案
	灌注桩施工	能组织灌注桩施工	初步掌握	人挖、钻孔、旋挖、沉管灌注桩施工工艺原理和使用设备	专项参观考察报告
	桩基施工质量检验	了解检验原理方法	初步掌握	桩基施工质量检验原理方法	专项参观考察报告
附注	砌筑浅基础、混凝土浅基础的施工分别在砌筑、混凝土项目内学习				

复习与思考

1. 地基土什么时候需要加固处理？加固处理要达到什么目的？

2. 请简述砂石换土处理方法的原理、工艺过程、施工要求和适用范围。

3. 请简述重锤夯实处理方法的原理、工艺过程、施工要求和适用范围。

4. 请简述排水堆载预压处理方法的原理、工艺过程、施工要求和适用范围。

5. 请简述水泥土搅拌桩处理方法的原理、工艺过程、施工要求和适用范围。

6. 请简述基桩的工作性能、桩基础的作用和特点。什么叫做端承桩、摩擦桩？

7. 按成桩方法桩可分为哪两类？各有什么特点？

8. 为什么特别强调要做好桩基施工前的准备工作？具体要做好哪些准备工作？

9. 高强预应力混凝土管桩有哪些特点？

10. 请简述高强预应力混凝土管桩锤击法施工的原理、施工工艺、使用设备、成桩条件和适用范围。

11. 请简述高强预应力混凝土管桩静力压桩法的施工原理、施工工艺、使用设备、成桩条件和适用范围。

12. 请简述人工挖孔灌注桩的成桩原理、施工工艺、使用设备、成桩条件和适用范围。

13. 请简述冲(钻)孔灌注桩的成桩原理、施工工艺、使用设备、成桩条件和适用范围。

14. 请简述旋挖钻孔灌注桩的成桩原理、施工工艺、使用设备、成桩条件和适用范围。

15. 请简述锤击沉管灌注桩的成桩原理、施工工艺、使用设备、成桩条件和适用范围。

16. 基桩施工完成后为什么要检验？用什么方法来检验？验桩要遵循怎样的程序？达到什么标准才算合格？不合格应怎么办？

项目 3 钢筋混凝土——模板工程施工

本项目学习提示

　　钢筋混凝土结构是现代一般多层和高层建筑采用得最多的一种结构形式，有全现浇、全预制、部分现浇、部分预制等多种施工方式，包括普通钢筋混凝土、预应力钢筋混凝土、部分预应力钢筋混凝土和钢管混凝土等品种。这些形式各有所长，皆有其适用范围。

　　全现浇普通钢筋混凝土结构，整体性抗震性较好，节点接头简单，钢材消耗较少，在一定的施工机械帮助下，施工方便；但现场湿作业多，劳动强度较大，需要消耗周转材料。它是目前一般工业和民用建筑广泛使用的结构体系和施工方法之一。

　　钢筋混凝土的施工过程比较复杂，主要分为模板工程、钢筋工程和混凝土工程三大分项工程。近三十多年的大规模现代化建设，钢筋混凝土的施工技术发展很快，出现了许多新技术、新工艺，不但有利于保证工程质量，还大大加快了施工进度。过去沿用多年的一些施工工艺和要求有了许多新的改变，学习时尤应注意到这一点。

　　本项目主要讲述模板的作用、分类、组成、基本要求、承受的荷载、安装和拆除的施工要求，目前常用的模板和支撑体系，模板系统的设计计算方法等。

能力目标

- 能识读和分析相关工种的施工图纸。
- 能根据工程实际选择模板的种类。
- 能编制一般工程模板的施工方案。
- 能进行常用模板的施工计算。

知识目标

- 掌握常用各类模板的组成原理。
- 掌握常用各类模板的受力特点。
- 掌握常用各类模板的适用条件。
- 掌握常用各类模板的质量安全措施。

工作任务 3.1 模板工程基础知识

3.1.1 模板工程的作用

模板是混凝土构件成型的模具。现浇混凝土结构施工中，为了使新浇筑的混凝土成型而专设的模型板和支撑体系，称为"模板体系"。模板体系是一种临时结构，模板、脚手架和工地临时建筑称为施工现场三大临时设施，在预算上属于技措项目。这些设施建筑结构本身并不需要，但现阶段施工过程一般都不可少，所以需要列入建设造价中。

模板是混凝土结构工程施工的重要工具，在现浇混凝土结构中，模板(含支撑)工程一般占混凝土结构工程造价的 20%～30%，占工程用工量的 30%～40%，占工期的 50%左右。模板技术直接影响到工程建设的质量、造价和企业的效益。因此，模板技术的进步和创新具有重要的现实意义，新型模板的施工技术一直是我国近年重点发展的建筑业十项新技术之一。

3.1.2 模板体系的组成与要求

1. 模板体系的组成

(1) 模板体系由模板、支撑体系、配件三部分组成。

(2) 目前有三大系列：组合式模板、工具式模板和永久式(免拆)模板。

2. 模板体系的基本要求

(1) 能保证结构构件的形状、尺寸、相对位置正确。

(2) 具有足够的强度、刚度和稳定性，能可靠地承受施工全过程的各种荷载。

(3) 构造简单，接缝严密，易装、易拆。

(4) 便于施工，有利于钢筋绑扎、混凝土浇筑和养护。

(5) 应做到节能、环保，施工过程损耗少，可以多次重复使用。

3.1.3 模板体系承受的荷载

1. 模板及其支撑自重的标准值(G_1)

模板及其支撑自重的标准值，应根据模板设计图纸确定。肋形楼板、无梁楼板的自重标准值见表 3-1。

表 3-1　楼板模板荷载表　　　　　　　　　　　　　　　　单位：kN/m²

项次	模板构件名称	木模板	定型组合钢模板
1	平板的模板和小楞的自重	0.3	0.5
2	交梁楼面模板的自重	0.5	0.75
3	交梁楼面模板和支架的自重(层高≤4m)	0.75	1.1

2．新浇筑混凝土自重的标准值(G_2)

普通混凝土采用 24kN/m³，其他混凝土根据实际密度确定。

3．钢筋自重的标准值(G_3)

根据施工图纸抽样计算确定。一般交梁楼面，可根据混凝土体积按以下数值估算钢筋自重：楼板 1.1kN/m³，梁 1.5kN/m³。

4．施工人员和施工设备自重的标准值(Q_1)

(1) 对模板、直接支承模板的小楞，应分别按均布荷载 2.5kN/m²、集中荷载 2.5kN 进行验算，取两者中计算出的荷载效应的最大值。

(2) 对支承小楞的构件，均布荷载 1.5kN/m²。

(3) 对支架、立柱、其他支承结构，均布荷载 1.0kN/m²。

5．混凝土下料时产生的振动荷载的标准值(Q_2)

1) 倾倒混凝土时顺浇筑方向产生水平推力

(1) 用溜槽、串斗、导管或泵管下料 2kN/m²。

(2) 用吊车配备斗容器下料或小车直接倾倒 4kN/m²。

2) 振捣混凝土时对模板产生的振动荷载

竖向振动荷载为 2kN/m²，横向振动荷载为 4kN/m²。

6．新浇筑混凝土未结硬时对模板产生侧压力的标准值(G_4)

(1) 采用插入式振动器且浇筑速度不大于 10m/h、混凝土坍落度不大于 180mm 时，按下列两公式的计算结果取小值。

$$F=0.28\gamma_c t_0 \beta V^{1/2} \ (\rightarrow) \tag{3-1}$$

$$F=\gamma_c H \tag{3-2}$$

式中：γ_c——混凝土的重力密度，普通取 24kN/m³；

β——坍落度系数，50～90mm 时取 0.85，90～130mm 时取 0.90，130～180mm 时取 1.0；

t_0——新浇混凝土的初凝时间，h，可实测确定，也可按 $t_0=200\div(T+15)$ 计算；

V——混凝土浇筑速度，取混凝土浇筑高度(厚度)与浇筑时间的比值，m/h；

H——混凝土侧压力计算位置处至混凝土顶面的高度，m。

混凝土侧压力计算分布图形如图 3-1 所示，图中 $h=F/\gamma_c$。

(2) 当浇筑速度大于 10m/h，或混凝土坍落度大于 180mm 时，按 $F=\gamma_c H$ 公式计算。

7．泵送混凝土或不均匀堆载产生的附加水平荷载的标准值(Q_3)

可取计算工况下竖向永久荷载标准值的 2%，并应作用在模板支架上端水平方向。

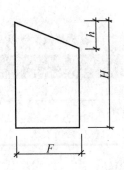

图 3-1 混凝土侧压力分布

h—有效压头高度；H—模板内混凝土总高度；F—最大侧压力

8．风荷载的标准值(Q_4)

可按现行国家标准《建筑结构荷载规范》(GB 50009—2012)的有关规定确定，此时的基本风压按十年一遇的风压取值，但基本风压不应小于 0.20 kN/m²。

3.1.4 模板体系设计计算

1．模板体系设计计算的基本要求

(1) 模板体系都要经过专门的设计计算，对常用的结构，在积累实践经验以后可以不经计算直接套用已有的成功经验。

(2) 模板体系设计应包括下列内容：模板及支撑体系的选型及构造设计；模板及支撑上的荷载及其效应计算；模板及支撑的承载力、刚度验算；模板及支撑的抗倾覆验算；绘制模板及支撑施工图。

(3) 模板体系属于结构体系，需按现行相关的结构设计规范来进行设计计算，由于是临时结构，其安全度可适当降低(重要性系数取 0.9)；计算内容为强度、变形和稳定性(抗倾覆系数取 $K=1.15$)。

(4) 据住房和城乡建设部的有关规定：使用滑模、爬模、飞模和大模板等工具式模板的工程，高度 $h \geqslant 5m$ 和跨度 $L \geqslant 10m$ 的混凝土模板支撑工程，集中线荷载 $P \geqslant 15kN/m$ 或高度大于支撑宽度、独立的混凝土模板支撑体系等，都属于"危险性较大的分部分项工程"，需要编制专项施工方案，报主管部门审查同意后再实施；而对于高度 $h \geqslant 8m$ 和跨度 $L \geqslant 18m$ 的混凝土模板支撑工程，集中线荷载 $P \geqslant 20kN/m$ 或施工总荷载 $\geqslant 15kN/m^2$ 的混凝土模板支撑体系等，都属于"高危险性的分部分项工程"，必须按照行业的相关规定，需要编制专项施工方案，报主管部门组织专家审查论证，批准后才能实施。此部分内容在"建筑工程施工组织设计"课程中还有讲解。

2．模板及支架按承载力验算

(1) 承载力验算取基本组合效应的设计值，按相关结构设计的公式进行。基本组合效应的设计值按式 3-3 计算。

$$S = 1.35\alpha \sum S_{G_{ik}} + 1.4\psi_{cj} \sum S_{Q_{jk}} \tag{3-3}$$

式中：$S_{G_{ik}}$——第 i 个永久荷载标准值产生的效应值；

$S_{Q_{jk}}$ ——第 j 个可变荷载标准值产生的效应值；

α ——模板及支架的类型系数，对侧面模板取 0.9，对底面模板及支架取 1.0；

ψ_{cj} ——第 j 个可变荷载的组合值系数，宜取 $\psi_{cj} \geqslant 0.9$。

(2) 参与承载力验算时的各项荷载组合见表 3-2。

表 3-2　参与模板及支架承载力验算的各项荷载

	计算内容	参与荷载项
模板	底面模板的承载力	$G_1+G_2+G_3+Q_1$
	侧面模板的承载力	G_4+Q_2
支架	支架水平杆及节点的承载力	$G_1+G_2+G_3+Q_1$
	立杆的承载力	$G_1+G_2+G_3+Q_1+Q_4$
	支架结构的整体稳定	$G_1+G_2+G_3+Q_1+Q_3$
		$G_1+G_2+G_3+Q_1+Q_4$

注：表中的"+"仅表示各项荷载参与组合，而不代表代数相加。

3．模板及支架的变形验算

模板及支架的变形验算应符合式(3-4)的要求

$$\alpha_{fG} \leqslant \alpha_{f,lim} \tag{3-4}$$

式中：α_{fG} ——按永久荷载标准值计算的构件变形值；

$\alpha_{f,lim}$ ——规范规定的构件变形限值[详见《混凝土结构工程施工规范》(GB 50666—2011)的 4.3.9 条]。

4．支架的抗倾覆验算

应按混凝土浇筑前和浇筑时两种工况进行抗倾覆验算，并应满足式(3-5)的要求。

$$\gamma_0 M_0 \leqslant M_r \tag{3-5}$$

式中：γ_0 ——结构重要性系数，对一般的模板和支架取 $\gamma_0 \geqslant 0.9$；对重要的模板及支架取 $\gamma_0 \geqslant 1.0$；

M_0 ——支架的倾覆力矩设计值，按荷载基本组合计算，其中永久荷载分项系数取 1.35；可变荷载的分项系数取 1.4；

M_r ——支架的抗倾覆力矩设计值，按荷载基本组合计算，其中永久荷载分项系数取 0.9；可变荷载的分项系数取 0。

5．采用钢管和扣件搭设支架应符合下列规定

(1) 钢管和构件搭设的支架宜采用扣件传力方式。

(2) 单根立杆的轴力标准值不宜大于 12kN，高大模板支架单根立杆的轴力标准值不宜大于 10kN。

(3) 立杆顶部承受水平杆扣件传递的竖向荷载时，立杆应按不小于 50mm 的偏心距进行承载力验算，高大模板支架的立杆应按不小于 100mm 的偏心距进行承载力验算。

3.1.5 模板安装的施工要求

(1) 安装过程须加临时支撑，以防倾覆。

(2) 首层竖向支顶下端一般应支承在混凝土垫层上；当竖向支顶立在基土上时，基土需经处理达到坚实可靠，下端应加垫板；地面上要排水良好、不积水。

(3) 当水平构件的跨度在 $L \geq 4m$ 时，跨中需要起拱，$f = 0.1\% \sim 0.3\% L$。

(4) 多层结构的楼层支模需分层、分段，上一层的支撑应与下一层支撑的位置相对应；下一层的支撑应具备支承上一层楼板全部施工荷载的能力。

(5) 注意所有预留洞、预埋件都要在安装模板时做好，尽量避免后凿。

(6) 现浇结构模板安装的允许偏差和检验方法详见表 3-3。

表 3-3 现浇结构模板安装的允许偏差和检验方法

项次	项 目		允许偏差/mm	检验方法
1	轴线位置		5	尺量检查
2	底模上表面标高		±5	用水准仪或拉线和尺丈量
3	截面内部尺寸	基础	±10	尺量检查
		柱、墙、梁	±5	
4	层高垂直度	≤5m	6	经纬仪、吊线、钢直尺检查
		>5m	8	
5	相邻两板面表面高低差		2	钢直尺检查
6	表面平整度		5	用 2m 靠尺和塞尺检查
7	预埋钢板中心线位置		3	拉线和尺量检查
8	预埋管预留孔中心线位置		3	
9	插筋	中心线位置	5	
		外露长度	10，0	
10	预埋螺栓	中心线位置	2	
		外露长度	10，0	
11	预留洞	中心线位置	10	
		截面内部尺寸	10，0	

3.1.6 模板拆除的施工要求

1. 拆模除时间

(1) 不承重的模板(如梁、板的侧模板)，需待其混凝土强度达到 1.2MPa 以上，拆除时不会使混凝土构件掉棱角才可以拆；广东一般可在浇筑后 24h 后开始拆除侧模。

(2) 承重的模板(如梁、板的底模板)，应在混凝土达到表 3-4 中所规定的强度后才能拆。

表 3-4 不同类型、跨度结构模板拆除时间规定

结构类型	结构跨度/m	应达到设计强度的百分率/%
板	≤2	≥50
	>2，≤8	≥75
	>8	≥100
梁、拱、壳	≤8	≥75
	>8	≥100
悬臂构件	不论任何值	≥100

2．模板拆除的工艺规定

(1) 预先应制定拆模方案，包括拆除的顺序、拆除的方法和相应的安全措施三方面的内容，按方案施工。

(2) 在模板拆除时，可采取先支的后拆、后支的先拆，先拆非承重模板，后拆承重模板的顺序，从上而下进行拆除。

(3) 拆模过程不得损伤模板和混凝土，要注意让构件逐渐、均衡受力。

(4) 对组合大模板，宜先松动模板后再整体拆除。

(5) 拆下来的模板、支撑和扣件，应尽快移送到工作面以外专门指定的地方，分类堆放整齐；及时组织维修、保养。

3．模板施工的安全要求

(1) 现场模板施工人员应戴好安全帽，穿上防滑鞋，挂好工具包；所用工具应装在随身携带的工具包内；高空作业时应系好安全带；模板装拆时，作业人员必须遵守高处作业的各项安全规定。

(2) 使用合格的模板和支撑材料，严格按照施工方案和技术交底的要求来做，模板装拆过程中，要随时将各种板材、构件做好临时支撑、固定，防止突然倾覆、坠落；完工后不但要检查施工质量，还要检查模板和支撑结构的安全可靠性。

(3) 吊运模板和材料时，应有统一的指挥、统一的信号，按照吊装安全规程的要求来做。

(4) 支撑系统安装完毕并经检查确认牢固后才能安装梁板的模板，模板安装完成并经检查合格才能允许绑扎钢筋。

(5) 原则上谁装的模板由谁来拆除；拆模范围应设立明显标志，非拆模的人员不得经过或停留在拆除范围内；拆下来的模板凡附有朝天钉子的应扳向下，并及时整理、运到指定地点，然后拔除钉子，分类堆放。

3.1.7 我国模板技术的现状与发展

(1) 20 世纪的 50 年代，我国大多用传统的木板拼板和木支撑，消耗木材多，工艺落后；20 世纪 60 年代，我国推广使用定型木模板和钢木混合模板，可以周转 5～7 次；20 世纪 70 年代，我国逐步发展使用钢模板，周转次数达到 30～50 次。

(2) 改革开放以后，我国学习、引进和研制相结合，模板型式趋向多样化：普及使用组合钢模板；广泛使用木胶合板、竹胶合板模板；开发钢框胶合板模板、铝框胶合板模板、轻型钢框胶合板模板等多种组合模板；积极研发用于楼面的早拆模晚拆撑体系，用于竖向结构的大模板、液压滑动模板和整体提升模板，用于水平结构的台模，用于垂直与水平相结合的隧道模，叠合式预应力平板、压型钢板永久性模板，清水混凝土模板、塑料模板、铝合金模板和玻璃钢模板等；初步形成了组合式、工具式、永久式三大模板系列。

(3) 我国经济保持连续高速的发展，推动了建筑业大发展。一些建筑企业通过学习、引进、创新、实践，不断增强企业实力，在一些重大项目建设中取得突破，质量高、速度快、效益好，达到或接近世界先进水平。但从行业的总体上看，我国现阶段模板技术与世界先进水平相比差距还较大。由于多方面的原因，以 $\phi 48.3 \times 3.6 mm$ 钢管作为支撑，18mm厚胶合板作为面板，方木作为龙骨的钢木组合模板体系还在广泛使用。这种做法工艺简单、容易锯裁，板面积大，接头数少。但其缺点也很明显：板材不环保(木材用量大，靠现场加工，周转次数少，往返运输费用多，建筑垃圾多，处理费用高)，污染多(噪声、粉尘污染)，次生危害大(脲醛胶化工循环污染)，难以实现机械化；支撑系统承载能力不高，作业环境差；常出现质量安全事故。21世纪以来，我国的劳动力成本越来越高，随着国家产业政策的调整，上述优点都可能会发生变化；塑料模板、铝合金模板正在推广应用。模板工艺的改革，实现集成、集约配模一体化，速配、快装、快拆，已经成为建筑产业革命的一个重要课题。

(4) 本课程先介绍传统的模板和支撑体系，然后介绍近年发展起来的新型模板体系。注意，各种支模方法都有其优缺点，有一定的适用范围，要根据具体对象、部位，择优选用。

【任务实施】

实训任务：具体参观某项目模板工程的施工过程。

【技能训练】

通过实地参观、讲解和观察，初步熟悉模板的种类、组成、承受的荷载、搭拆的要求，参观后写出考察报告，为下一工作任务的学习打下基础。

工作任务 3.2　常用的模板和支撑体系

3.2.1　组合钢模板

1. 组合钢模板的组成

组合钢模板由定型钢模板、连接件和支承件组成，预先要按构件截面要求进行配板设计和预组装，然后运到工作面拼装起来；同时还要考虑模板的支承方案。定型钢模板包括平面模板、阳角模板、阴角模板、连接角模几种。钢平面模板(图 3-2)的规格尺寸见表 3-5；连接件有 6 种，如图 3-3 所示；支承件如图 3-4 所示。

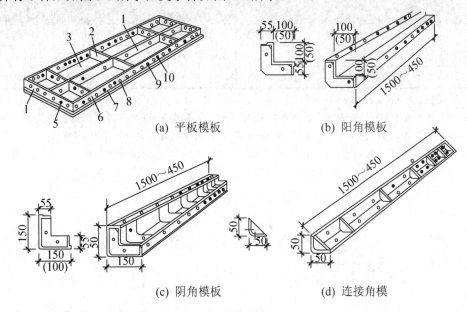

(a) 平板模板　　　　　　　(b) 阳角模板

(c) 阴角模板　　　　　　　(d) 连接角模

图 3-2　定型钢组合模板

1—中纵肋；2—中横肋；3—面板；4—横肋；5—插销孔；
6—纵肋；7—凸棱；8—凸鼓；9—U 形卡孔；10—钻子孔

表 3-5　定型组合钢平面模板的规格尺寸

宽度 /mm	代号	尺寸 (宽×长×高) /(m×m×m)	每块面积 /m²	每块质量 /kg	宽度 /mm	代号	尺寸 (宽×长×高) /(m×m×m)	每块面积 /m²	每块质量 /kg
300	P3015	300×1500×55	0.45	14.9	200	P2015	200×1500×55	0.30	9.76
	P3012	300×1200×55	0.36	12.06		P2012	200×1200×55	0.24	7.91
	P3009	300×900×55	0.27	9.21		P2009	200×900×55	0.18	6.03
	P3007	300×750×55	0.225	7.93		P2007	200×750×55	0.15	5.25
	P3006	300×600×55	0.18	6.36		P2006	200×600×55	0.12	4.17
	P3004	300×450×55	0.135	5.08		P2004	200×450×55	0.09	3.34
250	P2515	250×1500×55	0.375	13.19	150	P1515	150×1500×55	0225	8.01
	P2512	250×1200×55	0.30	10.66		P1512	150×1200×55	0.18	6.47
	P2509	250×900×55	0.225	8.13		P1509	150×900×55	0.135	4.93
	P2507	250×750×55	0.188	6.98		P1507	150×750×55	0.113	4.23
	P2506	250×600×55	0.15	5.60		P1506	150×600×55	0.09	3.4
	P2504	250×450×55	0.133	4.45		P1504	150×150×55	0.068	2.69

续表

宽度 /mm	代号	尺寸 (宽×长×高) /(m×m×m)	每块 面积 /m²	每块 质量 /kg	宽度 /mm	代号	尺寸 (宽×长×高) /(m×m×m)	每块 面积 /m²	每块 质量 /kg
100	P1015	100×1500×55	0.15	6.36	100	P1007	100×750×55	0.075	3.33
	P1012	100×1200×55	0.12	5.13		P1006	100×600×55	0.06	2.67
	P1009	100×900×55	0.09	3.90		P1004	100×450×55	0.045	2.11

注：(1) 平面模板质量按 2.3mm 厚钢板计算。

　　(2) 代号中，如 P3015，P 表示平面模板、30 表示模板的宽为 300mm，15 表示模板的长为 1500mm。但 P3007 中，07 表示模板长度为 750mm；P3004 中，04 表示模板长度为 450mm。

　　(3) 配模板设计时，优先选择面积较大的模板，然后用尺寸较小的模板来补充。因此 P3015、P3012 两种用得较多，一块质量在 30kg 以内，两个人在脚手架上操作还比较合适。

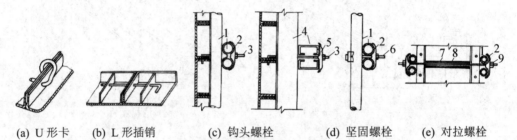

(a) U 形卡　　(b) L 形插销　　(c) 钩头螺栓　　(d) 坚固螺栓　　(e) 对拉螺栓

图 3-3　定型钢模板的 6 种连接件

1—圆钢管钢楞；2—3 形扣件；3—钩头螺栓；4—内卷边槽钢钢楞；
5—翼形扣件；6—坚固螺栓；7—对拉螺栓；8—塑料管套；9—螺母

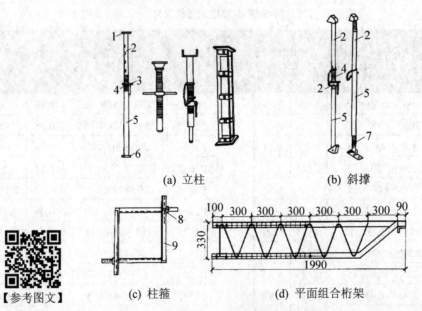

(a) 立柱　　　　　　　　(b) 斜撑

(c) 柱箍　　　　　　(d) 平面组合桁架

【参考图文】

图 3-4　定型钢模板的支承件

1—顶板；2—插管；3—插销；4—转盘；5—套管；6—底板；7—螺杆；8—定位器；9—夹板

2. 用定型钢模板组合成各类构件模板(图 3-5～图 3-10)

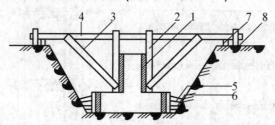

图 3-5　条形基础钢模板

1—上阶侧板；2—上阶吊木；3—上阶斜撑；4—轿杠；
5—下阶斜撑；6—水平撑；7—垫板；8—桩

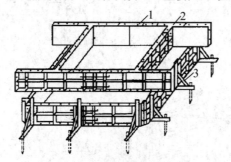

图 3-6　阶梯形基础钢模板

1—扁钢连接件；2—T 形连接件；3—角钢三角撑

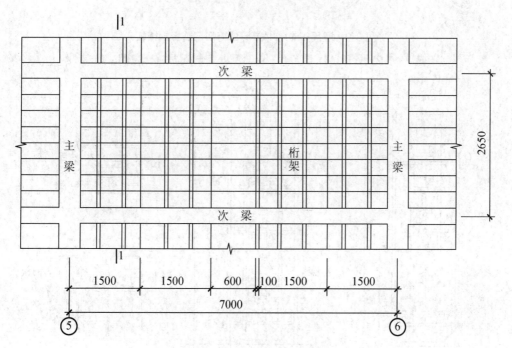

图 3-7　交梁楼面的钢模板组合

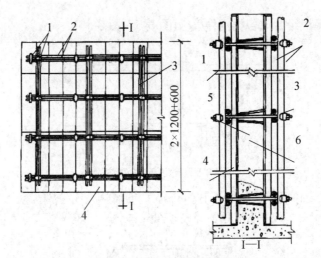

图 3-8　墙体的钢模板组合

1—3 形扣件；2、3—侧楞；4—钢模板；5—套管；6—对拉螺栓

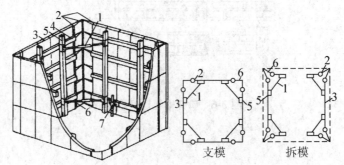

图 3-9　适用于电梯井道等的筒形可装拆钢模板

1—脱模器；2—铰链；3—大模板；4—模肋；5—竖肋；6—角膜；7—支腿

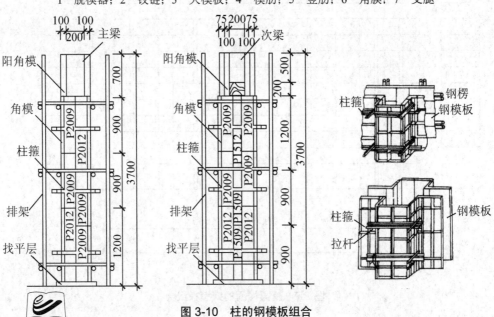

图 3-10　柱的钢模板组合

3. 组合钢模板的支撑体系

(1) 由工具式钢管支架排列在梁模板、板模板的下部,再加上纵横向的钢管斜撑组成的支柱式支撑系统,作为模板的支撑体系,如图 3-11 所示。

(2) 由落地扣件(或碗扣式)钢管脚手架排列在梁模板、板模板的下部,再加上纵横向的钢管斜撑组成的支撑系统,作为模板的支撑体系,如图 3-12 所示。

(3) 由门形组合钢管脚手架排列

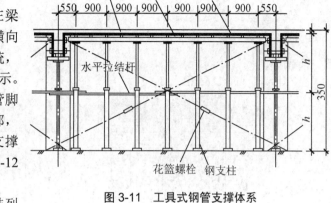

图 3-11 工具式钢管支撑体系

在梁模板、板模板的下部,再加上纵横向的钢管斜撑组成的支撑系统,作为模板的支撑体系,如图 3-13 和图 3-14 所示。

图 3-12 扣件式钢管支撑体系

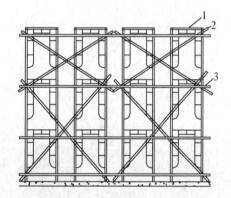

图 3-13 门形组合钢管支撑体系

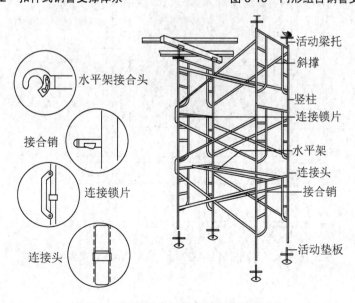

图 3-14 门形组合钢管支撑架的连接方法

4．高大重型构件的模板支撑体系

高大重型构件的模板支撑体系属于高危的模板支撑体系，需要进行专门设计、计算和论证。下面以普通梁与高层建筑楼层转换大梁的支撑做个对比，如图 3-15 和图 3-16 所示。

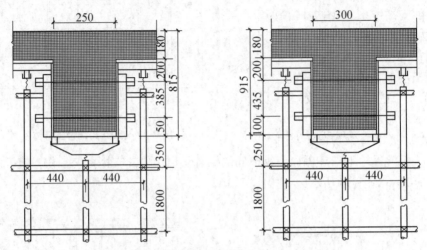

图 3-15　普通交梁楼面主次梁模板的支撑

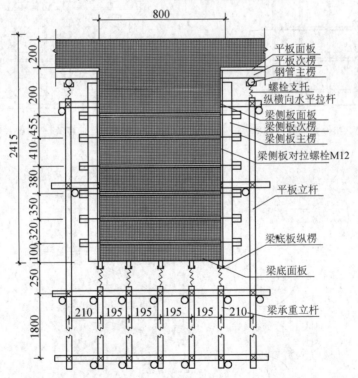

图 3-16　某高层建筑转换 800mm×2400mm 大梁模板的支撑

5．钢模板施工组装的质量标准(表 3-6)

表 3-6　钢模板施工组装的质量标准

项　　目	允许偏差/mm
两块模板之间拼接缝隙	≤2.0
相邻模板面的高低差	≤2.0
组装模板面的平面度	≤2.0(用 2m 长平尺检查)
组装模板面的长宽尺寸	≤长度和宽度的 1/1000，最大±4.0
组装模板两对角线的长度差值	≤对角线长度的 1/1000，最大≤7.0

6．组合钢模板优缺点

1) 组合钢模板优点

节约木材，产品标准化，尺寸合模数，可组合拼装；通用性强，几乎什么构件都可用；精度高，尺寸准；文明施工，有利安全；工艺简单，普通工稍加培训即可上岗；周转次数多达 30～50 次。政府大力推广应用，一度成为我国现浇结构中的主导模板。

2) 组合钢模板缺点

块体小自重大、拼缝多容易漏浆、机械化程度低，需大量人力支拆，较费时；还有可能要用木板镶补；连接件多达 6 种，连接手续烦琐，使用中容易掉失，造成连接不可靠，影响外观质量；一次投入大，价格上没有多少优势。

7．组合钢模板的适用性

适用于多层或一般高层混凝土各类结构，多层混凝土厂房，详见《组合钢模板技术规范》(GB 50214—2013)。

8．早拆模晚拆撑体系

由组合钢模基础上发展起来的早拆模晚拆撑体系如图 3-17 和图 3-18 所示。根据前面表 3-4 对模板拆除的要求，只要令支撑的间距≤2m，浇筑混凝土后，当混凝土强度达到设计强度的 50%及以上时(根据留置的拆模试块试验来确定拆模时间)，借助特制的有升降功能的支柱，可以把板的模板先拆下来周转，保留支撑至混凝土达到设计强度 100%后才拆，这样就可提高楼板模板的周转率。

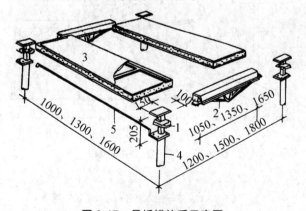

图 3-17　早拆模体系示意图

1—升降头；2—托梁；3—模板；
4—可调支柱；5—定位杆

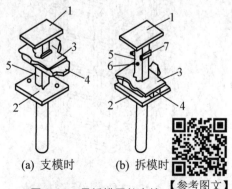

(a) 支模时　　(b) 拆模时

图 3-18　早拆模用的支柱

1—顶板；2—底板；3—梁托板；4—滑动板；
5—方形板；6—钢销；7—限位板

【参考图文】

3.2.2 木胶合板模板

1. 木胶合板模板组成

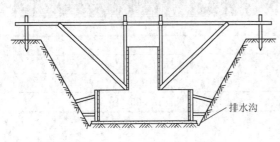

图 3-19 木胶合板柱基础模板

常用的木胶合板模板面板尺寸有900mm×1800mm 和 1220mm×2440mm 两种，厚度有12mm、15mm、18mm 三种，多用 18mm；以 60mm×100mm 的方木作为主、次龙骨，多功能门形组合脚手架或 ϕ48×3.5 扣件式钢管脚手架作为支撑组成钢木组合模板体系。木胶合板模板可以使用上述组合钢模板的各种支撑体系，如图 3-19～图 3-24 所示。

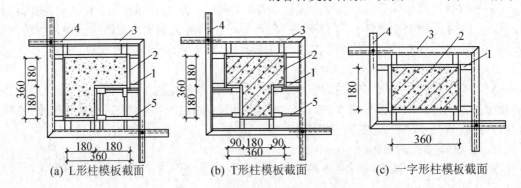

(a) L形柱模板截面　　(b) T形柱模板截面　　(c) 一字形柱模板截面

图 3-20 各种截面的木胶合板柱模板

1—木带；2—面板；3—角钢柱箍；4—插销孔；5—顶撑

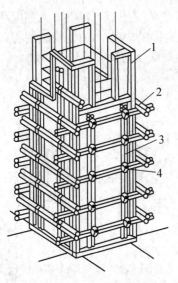

图 3-21 木胶合板矩形柱模板

1—木胶合板模板；2—柱箍；
3—加劲内撑；4—扣件

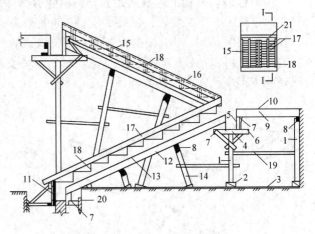

图 3-22 木胶合板楼梯模板

1—支柱（顶撑）；2—木楔；3—垫板；4—平台梁底板；
5—侧板；6—夹木；7—托木；8—杠木；9—楞木；
10—平台底板；11—梯基侧板；12—斜楞木；13—楼梯底板；
14—斜向顶撑；15—外帮板；16—横档木；17—反三角板；
18—踏步侧板；19—拉杆；20—木桩

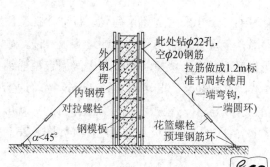

图 3-23 木胶合板墙的模板

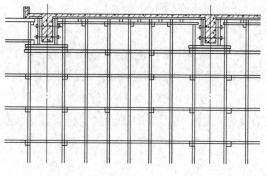

图 3-24 木胶合板楼面梁板的模板

2．木胶合板模板的优点

(1) 与组合钢模板相比，木胶合板模板体系工艺简单，适用范围广。

(2) 木胶合板模板幅面较大，最大单块接近 3m²，而组合钢模板常用的单块尺寸为 0.30m×1.50m＝0.45m²(质量 14.9kg)，最小 0.10m×0.6m＝0.06m²。

(3) 木胶合板模板容易锯裁，接头数量少，表面平整光滑。

(4) 价格上比组合钢模板便宜。

3．木胶合板模板的缺点

(1) 没有形成系统、规范的模板、支撑安装和加固体系，施工工艺不规范；不符合国家的产业政策，因此我国没有木胶合板模板技术规范。

(2) 部件的抗弯强度低(18mm 木胶合板的抗弯强度设计值为 20N/mm²)，间距密混凝土楼板下 60mm×100mm 的方木次龙骨的间距≤350mm，主龙骨间距≤650mm；对拉螺栓的纵向间距≤650mm)必然导致用料多。

(3) 基本用手工操作，不能用机械化作业，质量差异大，随意性大。

(4) 材料不环保，大量消耗木材，现场加工成本大，周转次数少，往返运输费用多，建筑垃圾多，处理费用高，污染多(噪声、粉尘污染)，次生危害大(脲醛胶化工循环污染)。

4．木胶合板模板的适用性

适用于多层或一般高层混凝土各类结构、多层混凝土厂房施工。这种模板体系目前正在我国现浇混凝土结构中广泛使用。竹胶合板模板仿照木胶合板模板的做法，但竹胶合板的自重要比木胶合板重些。

【参考视频】

3.2.3 铝合金模板

1．铝合金模板的出现和发展

铝合金模板于 1962 年在美国诞生，在发达国家已经有 50 多年的应用历史。现在在美国、加拿大等发达国家以及墨西哥、巴西、马来西亚、韩国、印度等新兴工业国家的建筑施工中，均得到了广泛的应用。韩国在 10 年前还主要使用木胶合板，而今其高层住宅楼的施工中，已经 80%采用了铝模板。我国港澳地区也有广泛应用。我国内地目前正处在推广阶段，广东省已颁布了《铝合金模板技术规范》(DBJ 15—96—2013)。

2．铝合金模板的构造

铝合金模板与组合定型钢模板相似，模板的外形尺寸采用定型系列化、标准化在工厂制造；单块模板的面板用一整块铝板，背楞用铝合金型材密肋布置，两端堵头板内嵌，确保面板平整，外形尺寸准确；板块刚度大，受荷后不易变形；板块与板块之间用定型的销钉固定，连接可靠，装拆方便，板块间接缝紧密，不易漏浆。既可用直径 48mm 的普通钢管支柱，也可用特制的铝合金型材支柱做模板的支撑，支柱与模板相接处设置早拆头，就可以实现模板的早拆。铝合金模板体系示意图详如图 3-25 所示，模板及主要配件详如图 3-26～图 3-28 所示。

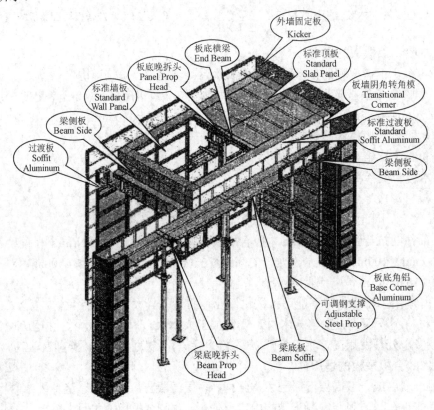

图 3-25　铝合金模板体系示意图

3．铝合金模板的安装

(1) 施工工序如下。

测量放线→墙柱钢筋绑扎→各专业预留预埋→墙柱模板安装→梁板模板安装→模板校正加固→隐检验收→梁板钢筋绑扎→各专业预留预埋→隐检验收→混凝土浇筑→养护→模板拆除→模板人工倒运。

(2) 施工用的铝合金模板应在工厂按施工图进行深化配板设计，以标准板加上局部特制的非标准板配置成为一个施工单元，同时做好快装拆支柱的设计布置，运到工地后按设计布置进行安装。

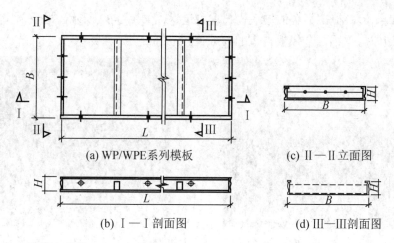

(a) WP/WPE系列模板　　　　(c) Ⅱ—Ⅱ立面图

(b) Ⅰ—Ⅰ剖面图　　　　(d) Ⅲ—Ⅲ剖面图

(肋高 $H=65mm$，宽度 B 分为：400mm、300mm、200mm、150mm、125mm、100mm、75mm、50mm)

图 3-26　墙、楼板、梁模板外形图

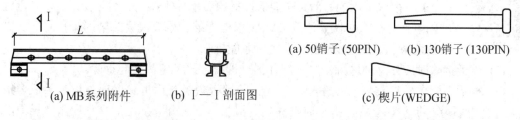

(a) MB系列附件　　　　(b) Ⅰ—Ⅰ剖面图

(a) 50销子 (50PIN)　　　(b) 130销子 (130PIN)

(c) 楔片(WEDGE)

图 3-27　龙骨模板　　　　　　**图 3-28　模板之间拼接的附件**

(3) 模板安装的顺序按照"先墙柱，后梁板""先内墙，后外墙""先非标板，后标准板"进行，如图 3-29、图 3-30 所示。把一个施工单元的梁、柱、墙、板模板和快装拆的支柱全部拼装起来，组合成为具有一定空间刚度的临时结构体系。一般的住宅单元只需设立柱支撑，无须另设交叉斜撑，如图 3-31 所示。

图 3-29　墙模板的安装

图 3-30　柱模板的安装

(4) 因为单块模板或支柱的质量较轻(约为组合钢模板的 1/3)，只要在这个单元某一块楼板模板的适当位置上留出一个长方形孔洞，拆模后就利用这个洞将模板和支柱用人工往上传递，既直接又快捷，不必依赖塔式起重机运送，如图 3-32 所示。最后需用混凝土把这个预留洞封堵即可。铝合金模板自重的标准值按 $0.25kN/m^2$ 计算。

图 3-31　楼面模板的支撑

图 3-32　楼面模板的传递孔

【参考图文】

4．铝合金模板的拆除

(1) 模板拆除的时间，应能保证拆模后墙体不掉角、不起皮，必须以留置的同条件养护试块试验达到 1MPa 以上为准；梁板模板的早拆头和立杆支撑需待混凝土达到 100%设计强度后才能拆除。

(2) 模板拆除时应分片分区拆，从一端往另一端拆，严禁整片一起拆除。

(3) 模板拆除的顺序与安装顺序相反，先拆除墙板模板、后拆除梁板模板，梁板模板拆除时严禁拆除早拆头和立杆。拆模时要先均匀撬松、再脱开。拆出的零件应集中堆放防止散失；拆出的模板要及时清理干净和修整，然后按顺序平整地堆放好。

5．铝合金模板安装的质量标准(表 3-7)

表 3-7　铝合金模板安装的质量标准和检验方法

项次	项目	允许偏差/mm	检验方法
1	模板表面平整	±2	用 2m 靠尺和楔尺检查
2	相邻两板接缝平整	1	用不锈钢尺靠和手摸
3	轴线位移	−2	经纬仪和拉线
4	截面尺寸	+2，−3	钢卷尺量
5	每层垂直度	3	线坠和经纬仪
6	底板标高	±3	抄平、以标高拉线用硬尺量

6．铝合金模板的优缺点和适用性

(1) 优点：模板质量轻、刚度大、尺寸准确、接缝严密，快装快拆，周转次数多、寿命长、回收率高，能加快施工进度，拆模后的表观质量可达清水混凝土的水平，采取综合措施可降低建设成本，大量减少木材消耗，符合节能、环保的国策，特别适合模板周转次数高的 30 层及以上高层建筑现浇混凝土的施工。深圳东海国际中心、珠海人才公寓、珠海仁恒滨海中心、广州萝岗万科东荟花园等工程，使用铝合金模板快装拆体系都取得较好的效果。

(2) 缺点：据现阶段的工程实践，铝合金模板一次性投入较大，当模板周转次数较少时，模板的摊销成本将较高。

7. 几种模板体系的比较(表 3-8)

表 3-8 几种模板体系的比较

序号	项 目	铝合金模板	组合钢模板	钢大模板	钢框木夹板	木夹板模板
1	面板材料/mm	4 厚铝板	2.3 厚钢板	5 厚钢板	15 厚木夹板	18 厚木夹板
2	模板厚/mm	65	55	86	120	100～120
3	模板重/(kg/m²)	25～27	35～40	80～85	40～42	10.5
4	承载力/(kN/m²)	30	30	60	50	30
5	使用次数	200	100	200	100	5～8
6	施工难度	易	较易	难	易	易
7	维护费用	低	较低	较高	较高	低
8	施工效率	高	低	较高	较高	低
9	适用范围	墙柱梁板	墙柱梁板	墙	墙柱梁板	墙柱梁板
10	混凝土表面质量	平达到清水	精度不高	一般平光	平达到清水	精度不高
11	回收价值	极高	中	中	低	低
12	对吊车的依赖程度	不依赖	依赖	依赖	不依赖	依赖

3.2.4 压型钢板永久性模板

采用厚度为 0.75～1.60mm 的 Q235 镀锌薄钢板,通过冷轧机压成波形或槽形的条板,铺装在钢梁或混凝土梁上,施工阶段作为混凝土楼板的模板,承受各种施工荷载,浇筑混凝土后不再拆除,成为楼板的组成部分,如图 3-33 所示。

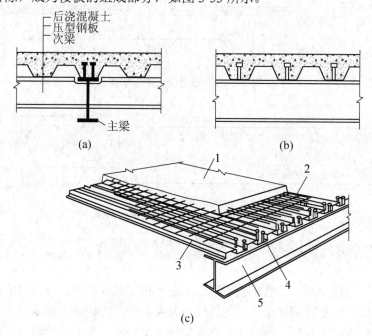

图 3-33 压型钢板组合楼板系统图

1—现浇混凝土;2—楼板配筋;3—压型钢板;4—栓钉;5—钢(或混凝土)梁

这种模板现在广泛用于多层和高层钢结构、混凝土结构、钢混组合结构建筑，整体性好，综合造价增加不多，施工速度快。已完工程如广州远洋商务大厦、白云国际会议中心、科学城管理中心等项目。

3.2.5 空心混凝土楼板模板

这是适用于现浇空心混凝土楼板的永久性模板，空心球或管体用泡沫或玻璃钢制成，双向密肋楼板的底模和底板钢筋就位后，先将空心体就位固定，然后将其余部分的钢筋就位绑扎好，浇筑混凝土后即成为上、下表面都是平整面的空心混凝土楼板，如图 3-34、图 3-35 所示。

【参考图文】

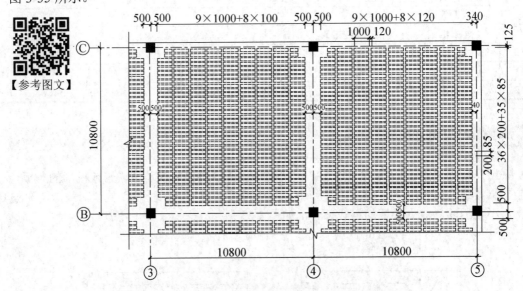

图 3-34　空心混凝土楼板平面布置图

常用筒心尺寸		单位：mm
筒心外径 D	100、120、150、180、200、220、250、280、300 350、400、450、500	
筒心长度 L	500、1000、1500、2000	

图 3-35　空心混凝土楼板的筒心截面

3.2.6 塑料或玻璃钢模壳

这是适用于现浇混凝土密肋楼板结构施工的一种工具式模板。可以用玻璃钢、玻璃纤维增强塑料、聚丙烯塑料制成模壳，配以轻钢龙骨、钢管支柱等支撑系统。其工艺流程如下：弹线→立钢支柱和拉杆→安放龙骨→安装支承件→安放模壳→堵缝→刷脱模剂→绑扎钢筋→安装管线和预埋件→隐蔽工程验收→浇筑混凝土→养护→拆支承件→卸壳模→清理维护壳模，如图 3-36 所示。

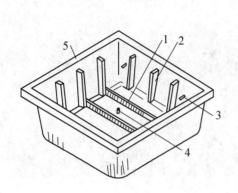
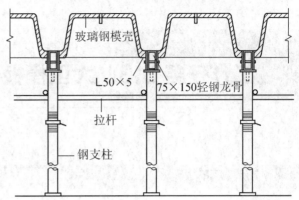

图 3-36 模壳和模壳组成的楼面

1—底肋；2—侧肋；3—手动拆模装置；
4—气动拆模装置；5—边肋

【参考视频】

3.2.7 免拆除快易收口网模板

快易收口网模板是一种免拆除的模板，它采用 0.45mm 厚的热镀锌钢板，先冲出网格，轧制骨架，后将中间部分斜向拉制成金属网，形成整体上有一定的刚度，到处都有毛糙的空隙，能与混凝土良好结合的网状模板，用在后浇带上，起到模板的分隔作用，将后浇带留置出来；当需要将后浇带密封时，带上的网状模板不必拆除和处理，经清洗后即可直接浇筑混凝土，新旧混凝土将连接成为一个整体。

快易收口网模板，界面性能理想，力学性能优良，易弯曲易裁剪，便于钢筋穿过和固定，方便后浇带定位和混凝土浇筑施工，无残留和垃圾，广泛用于各种变形缝和后浇带中，如图 3-37 和图 3-38 所示。

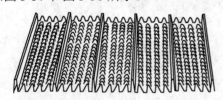
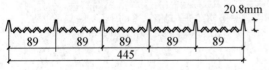
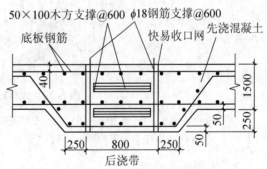

图 3-37 快易收口网

图 3-38 地下室后浇带用快易收口网

【参考图文】

工作任务 3.3 大型模板体系

3.3.1 大模板体系

1. 大模板的含义

大模板是采用工具式组合起来的大型模板体系,配以相应的起重机械,通过合理的施工组织,以工业化的方式,在施工现场浇筑混凝土整片墙体,主要适用于高层建筑结构工程的施工,如图 3-39 所示。

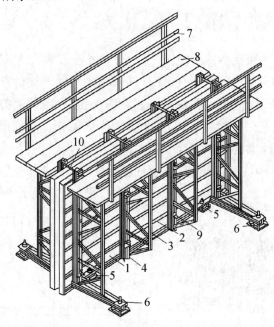

图 3-39 大模板的构造示意图

1—面板;2—水平加劲肋;3—支撑桁架;4—竖楞;5—调整水平的千斤顶;
6—调整竖直的千斤顶;7—栏杆;8—脚手板;9—穿墙螺栓;10—固定卡具

2. 大模板的特点

【参考图文】

传统模板的缺点是以手工操作为主,装拆费工、费时,不适应高层建筑施工的需要。对于以混凝土剪力墙作为竖向支承结构的高层建筑,若将剪力墙的模板制成片状的大块工具式,用起重机来装拆运,在楼层内或楼层间进行流水作业,可以简化施工工艺,加快施工进度,提高功效,降低劳动强度,工程质量也有保证。组成一大块之后，模板的质量大、面积大，吊装和运输过程中受的风力也大，要注意考虑风的影响因素，保证施工过程中的安全。

3．大模板的构造

(1) 大模板通常由面板、骨架、支撑系统和附件等组成。面板使混凝土成形，具有设计要求的外观。骨架由型钢组成，支承面板，保证面板有足够的刚度。支撑系统包括支撑架和地脚螺栓，使模板自立。附件包括操作平台、穿墙螺栓、卡板、爬梯等，为工人的工作提供方便，如图 3-40 所示。

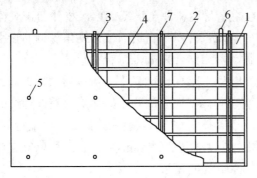

图 3-40 钢木组合大模板

1—木夹板面板；2—横肋；3—竖肋；4—小肋；5—穿墙螺栓；6—吊环；
7—上口卡座；8—三角支架；9—地脚螺栓；10—操作平台

(2) 面板的种类较多，有整块钢板，组合钢模板拼装，木质多层胶合板，钢框胶合板或高分子板材(玻璃钢、塑料)等。

4．大模板的适用性

最适合以剪力墙为主的结构。全剪力墙时墙用大模板，楼板用组合钢模板、台模或永久性的模板。对于框架-剪力墙结构，框架用组合钢模，剪力墙或核心筒用大模板，楼板用组合钢模板。

5．大模板对建筑和结构设计的要求

(1) 大模板施工是一种工业化的生产方式，要求设计、施工、构件生产 3 个方面要相互协调，形成完整的大模板工业化体系，它的优点才能发挥出来。

(2) 在建筑方面，要求体形简单，设计参数简化，开间、进深的尺寸种类要减少，而且应符合一定的模数；层高和一个区段内的墙厚要固定，便于减少模板类型。

(3) 在结构方面，要采取措施加强结构的整体性和延性，尤其是对顶层、底层、端部开间、楼梯间、电梯间和门窗洞口等部位应予加强。

6．大模板的施工设计要点

(1) 施工流水段的划分：为了充分发挥大模板的优势，水平和竖向都要划分好施工段，以便组织流水作业。

(2) 大模板块数的划分，要做到均匀、适当。

(3) 起重机械的选择既要考虑大模板的操作，也要考虑整个项目的需要。

(4) 要对模板和支撑在各种工况情况下进行设计、验算。

(5) 绘制大模板的组装图和流水作业图，注明装拆的先后顺序。

7. 大模板的施工要点

(1) 准备工作：测量放线，定位，找平；核对组装图，熟悉吊装顺序；检查预留、预埋；检查模板；准备隔离剂。

(2) 施工顺序：先装内墙的内侧模板，配钢筋，再装外侧模板；后装外纵、横墙的内侧模板，配钢筋，再装外侧模板；以内纵、横墙的支承为先，扩展到外墙；注意要搭稳工作平台，挂好安全网。

(3) 浇筑混凝土：常用塔式起重机吊运料斗至浇筑部位，将斗门直对模板进行浇筑；也有用混凝土泵加布料杆直接进行浇筑；注意门窗边、墙体拐角等钢筋较密，截面较小的地方；用附着式振动器和插入式振动器相结合来振实。

(4) 拆模和养护：当混凝土强度达到 1.2N/mm² 以上才可以拆大模板，先轻撬松动再移出，按照拆模的顺序拆模，及时清理和修补墙面混凝土的缺陷，整理和维护模板。常温下拆模后应及时喷水养护混凝土，连续养护 3~7d，以能保持混凝土表面湿润为度。

(5) 楼板的施工：当墙体混凝土强度达到 2.5N/mm² 以上，才可以安装楼板的模板；为了配合大模板的施工速度，可采用永久性的模板。

8. 大模板施工的安全措施

(1) 大模板吊放到施工楼层时要垂直于外墙存放，不得沿外墙周边放置。

(2) 模板起吊前应将吊车位置调整好，做到稳起稳落、就位准确。

(3) 在大模板的装拆区域周围应设置围栏，挂有明显标志牌，禁止非作业人员接近。

(4) 大模板安装后，应立即穿好销杆，拧紧螺栓。

(5) 大模板装拆时，指挥、装拆人员需站在安全可靠的地方，不得随模板起吊。

(6) 外模装拆人员应挂好安全带；周围应支搭好安全网。

(7) 大模板安装前，应搭好操作平台、作业通道、行走桥、防护栏等附属设施。

(8) 风力超过 5 级，应停止吊装。

9. 大模板的质量要求

大模板墙面需平整、光洁，门窗洞口棱角整齐，质量应符合表 3-9 的标准。

表 3-9 大模板的施工质量标准

序 号	项 目	允许偏差/mm	检验方法
1	大角垂直	20	用经纬仪检查
2	楼层高度	±10	用钢尺检查
3	全楼高度	±20	用钢尺检查
4	内外墙垂直	5	用 2m 靠尺检查
5	内外墙表面平整	5	用 2m 靠尺检查
6	内外墙厚度	+2，-0	用尺在销孔处检查
7	内外墙轴线位移	10	用钢尺检查

注：详见《建筑工程大模板技术规程》(JGJ 74—2003)。

3.3.2 液压滑动模板体系

1. 液压滑动模板的含义

液压滑动模板是以液压千斤顶为提升机具，在液压系统的作用下，一定区域的大模板体系作为一组，沿着已浇筑的构件混凝土表面向上滑动，这组模板体系就是液压滑动模板，如图 3-41 所示。

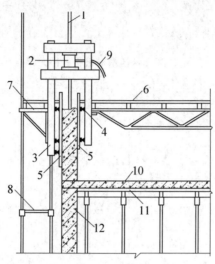

图 3-41 液压滑动模板体系

1—支承杆；2—千斤顶；3—提升架；4—围圈；5—模板；6—操作平台；
7—外挑架；8—吊架；9—油管；10—现浇楼板；11—楼板模板；12—墙体

2. 液压滑动模板的工作原理

液压滑动模板是现浇混凝土板墙结构的一种机械化连续施工的方法。从建筑物底部开始，按其平面结构，沿着墙、柱、梁的周边一定区域，一次装设约 1.2m 高的模板，向模内不断浇筑混凝土、绑扎钢筋，利用一套液压提升设备将这套模板不断缓慢滑动提升，只要出模时的混凝土强度已能承受本段和上部新浇筑混凝土的质量，就能保持已浇筑的构件形状不变，就这样分层浇筑，逐步缓慢滑动，连续成形，直到所需要的高度为止，各层楼板则随后用其他方法逐层浇筑。

【参考视频】

3. 液压滑动模板体系的组成

(1) 模板系统，一般用钢模板制作，高 1.20m，上下有水平围梁。

(2) 提升架，成开字形的型钢框架，纵向架距就是支承杆的距离，如图 3-42 所示。

(3) 液压提升系统，液压千斤顶(起重能力 3～10t)支承在提升架的横杆上，并且穿过支承杆(直径为 $\phi 25$～$\phi 28$ 的圆钢、螺纹钢或钢管)，如图 3-43 所示。

(4) 操作平台系统，分为上、下操作平台，上承下吊于提升架上。

(5) 施工精度控制与观测系统。

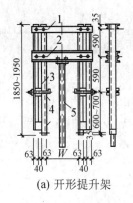

(a) 开形提升架

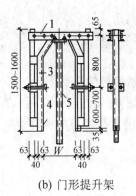

(b) 门形提升架

图 3-42 液压滑动模板的提升架

1—上横梁；2—下横梁；3—立柱；4—围圈支托；5—套管；W—立柱净距

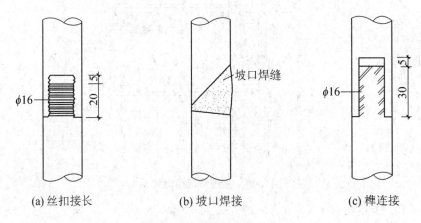

(a) 丝扣接长   (b) 坡口焊接   (c) 榫连接

图 3-43 支承杆接长方式

4. 液压滑动模板系统各部分的受力

(1) 模板：简支外伸梁，作用有新浇筑混凝土的侧压力。

(2) 围梁：双向受弯的连续梁，作用有模板质量、混凝土的摩阻力、平台自重和平台上的施工荷载。

(3) 提升架：向上的力为千斤顶的提升力，向下的力有上下围梁、操作平台和吊篮传来的竖直力；水平力有上下围梁的水平力，外平台传来的水平力等。

5. 液压滑动模板对工程设计的要求

(1) 总的要求是：要能滑动上升，施工均衡，技术经济效益好。

(2) 建筑的平面、立面要尽量整齐、简洁。

(3) 构件的竖向截面尺寸尽量少变化，可以用改变混凝土强度等级和配筋来适应。

(4) 各层门窗洞口的位置要尽量一致，T 形、十字形要在交叉以外至少 250mm 才能留洞口。

(5) 混凝土墙厚不应小于 140mm，柱尺寸不应小于 400mm×400mm，梁宽不应小于 200mm，框架柱网应≤9m×9m，梁内尽量不设弯起钢筋。

(6) 若将纵向受力钢筋利用来作为滑模的支承杆，此钢筋的设计强度宜降低 10%～25%。

6. 液压滑动模板的施工设计要点

(1) 施工设计核心是确定千斤顶、提升架的布置。

(2) 确定楼板如何施工，可以滑一层再浇一层。

(3) 根据上述布置来复核各部分受力，检查其操作的可靠性。

(4) 最后绘制施工图，包括总体布置图，组装图，列出相关的部件、设备的规格、数量。

7. 液压滑动模板的施工要点

(1) 模板系统的组装，包括搭临时平台架，安装提升架，安装圈梁，装内模，扎钢筋，装外模，装平台架，装液压设备，插支承杆，调试和检验。

(2) 钢筋的绑扎，首段在模板组装时进行，以后随着模板上升分段进行，与混凝土浇筑的速度相配合，要设法保证钢筋位置正确。分段：水平段 7m 以内，竖向段 6m 以内。

(3) 混凝土浇筑，可用泵送，布料杆配合，每层厚度 200～300mm，分段交圈汇合，机械振捣。

(4) 模板滑动上升，出模时混凝土强度应保证达到 0.2～0.4N/mm^2，两次滑模的时间间隔应在 1.5h 内。

(5) 施工中的水平和垂直度的控制，水平用标尺和连通管测量，如发现有差异应调整千斤顶的升差；垂直度用线锤、经纬仪来测量，如发现有差异，可调整相邻的支承杆来纠偏。

(6) 楼板的施工，主要是解决如何支模和浇筑楼板，一般采取滑一层浇一层，对滑模的稳定有利。具体办法：分段封闭，利用滑升的时间差，立体交叉地作业。

(7) 滑模的拆除，先拆液压系统，清理平台，拆平台，拆内模，拆内模横梁，拆外模，拆外模横梁，拆模板。

(8) 液压滑动模板的施工质量和安全，大体上参照大模板的要求，详见《液压滑动模板施工安全技术规程》(JGJ 65—2013)。

8. 液压滑动模板的适用性

(1) 优点：机械化程度较高；能大量节约模板、脚手架、劳动力和施工费用；加快施工进度，缩短工期；提高结构的整体性；有利于文明安全施工。

(2) 缺点：为了支撑滑动机构，需要额外耗用钢材，这些材料被埋在结构内，使总的用钢量大；需要专门的机械设备，一次投资的费用大；结构的平面、立面变化受限制；模板提升过程中对构件强度有一定的负面影响，技术上要求较高。

(3) 适用于竖向截面变化不大的混凝土剪力墙、筒体结构。

3.3.3 液压整体爬升模板体系

1. 液压整体爬升模板体系的含义

液压整体爬升模板体系，是以下一层建筑物的混凝土墙体为支撑体，通过附着于墙体上的爬升支架和大模板，利用液压爬升设备，使内、外模板一方固定，另一方做相对运动，交替地向上爬升，爬升时模板离开墙面，实现模板体系整体爬升，逐层浇筑混凝土墙体的施工。而各层楼面需待墙体爬模离开后才能施工。

2．液压整体爬升模板体系组成

由模板系统、架体与操作平台系统、液压爬升系统、电气系统 4 部分组成，如图 3-44 所示。

(1) 模板系统，可用钢框木(竹)胶合板、组合钢模板；模板高度为一个标准楼层高再加 100～300mm。

(2) 架体与操作平台，是附着在墙体上的承重钢结构架和周边的操作平台。

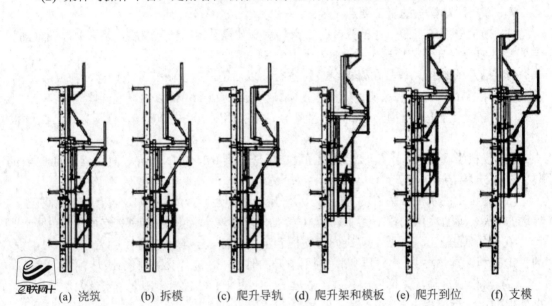

(a) 浇筑　　(b) 拆模　　(c) 爬升导轨　(d) 爬升架和模板　(e) 爬升到位　(f) 支模

图 3-44　液压整体爬升模板体系

(3) 液压爬升系统，由电动葫芦、倒链、大行程液压千斤顶等组成，千斤顶的起重能力应为计算总质量的两倍以上。

(4) 电气系统，是整个系统的动力源和操作控制系统。

3．液压整体爬升模板体系的特点

(1) 综合了大模板板面平整、液压滑动模板整体性较好、自身配有动力、竖向能连续施工等多方面的优点。

(2) 浇筑混凝土速度没有特别的限制，不像滑模那样慢。

(3) 液压滑动模板提升时，混凝土强度较低，模板还紧贴在混凝土表面，强制性提起来的，有可能松动主体结构的钢筋和混凝土保护层，影响到混凝土构件的强度和整体性；液压整体提升时，一层一次性提升，混凝土强度已较高，且先松开模板后再提升，不会松动到钢筋，保证了混凝土构件的整体性。

(4) 适用于高层和超高层建筑，全剪力墙结构，钢或混凝土框架-核心筒结构、高塔、大柱、桥墩等。详见《液压爬升模板工程技术规程》(JGJ 195—2010)。

【参考视频】

4．应用实例

上海的金茂大厦、环球金融中心；深圳的地王大厦；广州的中信广场、广州新电视塔等工程的混凝土核心筒都是用这种方法施工。广州珠江新城西塔主楼，建筑面积 25 万平方米，结构高度 432m，地下 5 层，地上 103 层。采用大行程双向液压油缸，最大行程 5m，顶升能力 300t，以平均 3 天一层的速度施工，达到世界领先水平。

工作任务 3.4　模板体系的设计计算

【参考图文】

3.4.1 定型组合钢模板的板块强度和刚度验算

已知：P3012 组合钢模板板块的长为 1200mm，宽为 300mm，钢板厚 2.5mm，自重 340Pa；两端由钢楞支撑。现拟作为浇筑 220mm 厚混凝土的楼板模板，试验算其强度和刚度。

解： 1) 计算简图

分两种受荷状态。

第一种简支梁上作用有均布荷载，如图 3-45(a)所示。

第二种简支梁上作用有均布和集中荷载，如图 3-45(b)所示。

取两种受荷状态下计算出的最大内力值来验算。

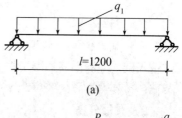

(a)

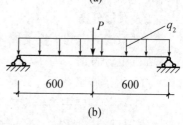

(b)

图 3-45　模板的两种受荷状态

2) 荷载计算

钢模板的自重(按每平方米计，下同)：标准值 340Pa，设计值 $340 \times 1.2 = 408$(Pa)；

新浇筑混凝土楼板自重的设计值：$1.2 \times 24000 \times 0.22 = 6336$(Pa)；

钢筋自重的设计值：$1.2 \times 1100 \times 0.22 = 290.4$(Pa)；

施工活荷载的设计值：$1.4 \times 2500 = 3500$(Pa)；

作用在板面上的总荷载的设计值：$408 + 6336 + 290.4 + 3500 = 10534$(Pa)；

按板宽为 0.3m 折算。

第一种受荷状态下简支梁作用有均布荷载时 $q_1 = 0.3 \times 10534 = 3160$(N/m)；

第二种受荷状态下简支梁作用有均布荷载时 $q_2 = 0.3 \times (10534 - 3500) = 2110$(N/m)；

还有集中荷载时 $P = 3500 \times 0.3 \times 1.2 = 1260$(N)。

3) 强度验算

第一种受荷状态下 $M_1 = 0.125 q_1 L^2 = 0.125 \times 3160 \times 1.2^2 = 568.8$(N·m)；

第二种受荷状态下 $M_2 = 0.125 q_2 L^2 + 0.25 PL$

$$= 0.125 \times 2110 \times 1.2^2 + 0.25 \times 1260 \times 1.2$$

$$= 379.8 + 378 = 757.8(\text{N·m})；$$

显然 $M_2 > M_1$，应按 M_2 验算。

在《组合钢模板技术规范》(GB 50214—2013)的附录表 C 中查得，P3012 模板板块的 $W = 5940\text{mm}^3$；

$\sigma = M_2 \div W = 757800 \div 5940 = 128(\text{MPa}) < f = 205\text{MPa}$，说明强度满足要求。

4) 挠度验算

钢模板的自重标准值 340Pa；

混凝土楼板自重的标准值：$24000 \times 0.22 = 5280(\text{Pa})$；

钢筋自重的标准值：$1100 \times 0.22 = 242(\text{Pa})$；

作用在板面上的均布荷载标准值：$(340 + 5280 + 242) \times 0.3 = 5862 \times 0.3 = 1758.6(\text{N/m})$；

在 GB 50214—2013 的附录表 C 中查得，P3012 模板板块的 $I = 269700\text{mm}^4$，$E = 2.06 \times 10^5 \text{MPa}$；

挠度验算 $v = (5qL^4) \div (384EI)$
$= 5 \times 1.7586 \times 1200^4 \div 384 \div 2.06 \div 10^5 \div 269700$
$= 0.85\text{ mm} < [v] = 1.5\text{ mm}$，说明挠度也满足要求。

3.4.2 某工程模板支撑的施工设计

1．工程概况

广州某单位科研楼工程，地下 1 层，地上 9 层，总建筑面积为 1.16 万平方米；钻孔灌注桩基础，现浇钢筋混凝土框架结构；首层层高为 6.0m，2～9 层层高为 3.60m；室内外普通装修；框架梁的最大跨度为 8.00m，最大截面为 300mm×650mm，混凝土楼板厚为 120mm。

2．具体任务

首层 6.0m 高的模板支撑体系的施工设计。

3．设计思路

(1) 识读施工图纸，选择基本单元。

(2) 讨论确定主体结构施工的工艺流程。

本项目的主体结构是现浇钢筋混凝土框架，拟采用 18mm 厚的木夹板做模板，门形组合钢管脚手架做支撑，其主要施工工艺流程如下。

楼面测量放线→绑扎墙柱的钢筋→安装墙柱的模板→浇筑墙柱的混凝土→安装门形组合钢管脚手架支撑→支梁、板和楼梯的模板→安装梁、板和楼梯的钢筋→模板和钢筋的检查和验收→浇筑楼面混凝土→养护。

(3) 讨论确定楼面模板支撑体系设计方案。

4．附图

图 3-46 和图 3-47 为二层楼面一个典型结构单元的支撑布置平面图和剖面图。结构单元的纵向跨度为 8.00m，横向跨度为 6.20m，周边是 300mm×650mm 的主梁，中间是 200mm×500mm 十字形的次梁，一层与二层楼面之间的高度为 6.0m，楼板厚为 120mm。

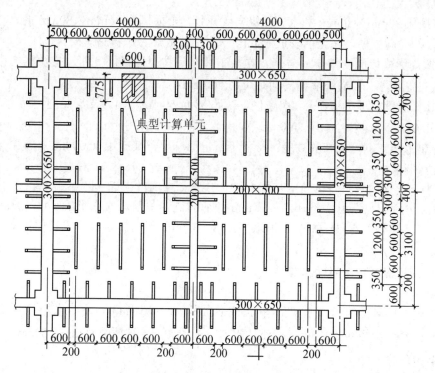

图 3-46　楼面结构单元支撑布置平面图

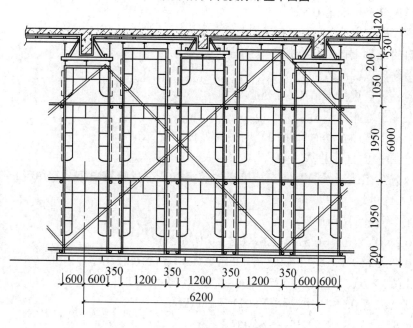

图 3-47　楼面结构单元支撑布置剖面图

5. 方案构想

(1) 全部采用 1200mm 宽的门形组合钢管脚手架作为楼面模板的支撑架，垂直于梁轴线布置门架，间距 600mm，门架排列的中心线与梁的中心线相重合，在门架中心和两立柱处的上方摆放 80mm×80mm 的木枋做纵向主龙骨，上面搁置 80mm×80mm 的木枋，间距约 300mm 做横向搁栅，在上面安放 18mm 厚的夹板做梁的底和侧模板。

(2) 四周梁模板的支撑架安装后，在余下的空间按照同样的间距，安放楼板模板的支撑架和纵向主龙骨，但横向搁栅的间距可用 500mm。

(3) 由于楼面高差为 6.0m，考虑主梁截面高为 650mm，门形支架竖向由两个 1950mm 和一个 1050mm 相组合；余下 400mm 为上部双层 80mm×80mm 的木枋和 18mm 厚的模板，下部垫木和上下可调节的高差；楼板下最上面一个支架改用 1500mm 高；余下的高度由活动支撑调节。

(4) 为了保证门形组合钢管支撑架的整体稳定，在门架平面内沿下端、两个 1.95m 高的连接处，分别加设三道水平 $\phi48×3.5mm$ 钢管拉连，另设大交叉形的 $\phi48×3.5mm$ 钢管剪刀撑；在门架平面外同样加设 3 道水平 $\phi48×3.5mm$ 钢管拉连，另设三层小交叉形的钢管剪刀撑。

6. 楼面模板支撑体系的验算

1) 材料

$\phi42×2$ 的钢管门形支撑架，单肢截面面积 $A=251mm^2$，纵向受压容许应力 $f=215N/mm^2$，回转半径 $i=14mm$，长细比限值 $[\lambda]=210$；木枋截面 80mm×80mm；18mm 厚的木夹板模板。

2) 荷载

梁的模板自重标准值 0.5 kN/m^2；

楼板的模板自重标准值 0.3 kN/m^2；

新浇筑的混凝土自重标准值 24 kN/m^3；

梁的钢筋自重标准值 1.5 kN/m^3；

楼板的钢筋自重标准值 1.1 kN/m^3；

楼面上施工均布的活荷载标准值 1.0 kN/m^2；

浇筑混凝土楼面振动时产生的竖向振动力标准值 2kN/m^2。

3) 门架单肢的强度验算

本设计方案在保证纵横两向支撑可靠的前提下，可只验算典型计算单元门架单肢的抗压强度。

(1) 当只考虑一层荷载时：

模板 0.2×0.6×0.5+0.575×0.6×0.3=0.164(kN)；

钢筋 0.3×0.65×0.6×1.5+0.575×0.6×0.12×1.1=0.221(kN)；

混凝土(0.3×0.65×0.6+0.575×0.6×0.12)×24=3.802(kN)；

恒荷载标准值 0.164+0.221+3.802=4.187(kN)；

恒荷载设计值 4.187×1.35=5.65(kN)；

施工活荷载的标准值 0.775×0.6×1=0.465(kN)；

混凝土振捣活荷载的标准值 0.775×0.6×2=0.930(kN)；

活荷载的标准值 0.465+0.930=1.395(kN)；

活荷载的设计值 1.395×1.4=1.953(kN)。

(2) 按承受一层荷载门架单肢受到垂直荷载的设计值为

$$(5.65+1.95)\times 0.9=7.60(\text{kN})$$

(3) 当考虑隔层拆模板时，按承受两层荷载考虑，门架单肢受到垂直荷载的设计值为

$$N=(5.65+1.95)\times 0.9\times 2=15.20(\text{kN});$$

$$\sigma=N/\phi A$$

$$=15200\div 0.354\div 251$$

$$=171(\text{N/mm}^2)<215\ \text{N/mm}^2=[f]，说明门架单肢受到的垂直荷$$
载设计值小于容许值，安全。

7. 确定主要安全技术措施

(1) 地下室顶板混凝土养护不少于 21d 之后，才能开始安装地上二层楼面高支模的支架，地面上高支模支撑的位置应与地下室顶板层相同，并应确保顶板混凝土养护不少于 28d 之后，才能浇筑首层楼面的混凝土。

(2) 高支模支架的纵横两向随搭设随加剪刀撑，以确保双向整体和局部都稳定。

(3) 高支模支架下端应加不小于 80mm×80mm 的方木作垫，保证上下撑紧顶实。

(4) 整个模板支撑体系完工后，应先通过验收才能安装钢筋，钢筋验收后再全面检查一遍，办理验收后才能浇筑混凝土。

(5) 在浇筑混凝土过程中，不但要注意钢筋位置的正确性，而且还应随时注意整个支架的工作情况，发现变形或松动应及时加固处理。

(6) 整个模板支撑体系，需待首层楼面混凝土养护达到 28d 后才能拆除，拆除方案同其余楼层的做法。

【任务实施】

实训任务：A 学院第 13 号住宅楼楼面模板系统设计。

【技能训练】

由学生参照本次课程实例，分小组讨论后自行完成设计。

【本项目总结】

项目 3	工作任务	能力目标	基本要求	主要支撑知识	任务成果
模板工程施工	模板工程基础知识	熟悉模板种类、组成、荷载、搭拆要求	初步掌握	模板种类、组成、承受荷载、搭拆要求等知识	完成交梁楼面模板和支撑的设计
	几种常用模板的组成、特点和适用性	熟悉常用模板的构造、特点和适用性	初步掌握	几种常用模板的组成、特点和适用性等知识	
	模板体系的设计计算	根据设计图纸编制模板的施工方案	初步掌握	选择模板类型、构造，分析受荷、设计计算的知识	

复习与思考

1. 试述模板的作用和要求。
2. 试述基础、柱、梁、板模板的构造和安装的要求。
3. 跨度大于或等于 4m 的梁为什么要起拱？起多大的拱？
4. 如何确定什么时候可以拆模？
5. 模板拆除时应当注意哪些问题？
6. 什么是组合定型钢模板？试分析它的优缺点和适用性。
7. 什么是早拆模晚拆撑体系？试分析它的工作原理、优缺点和适用性。
8. 试分析 18mm 厚木胶合板模板的优缺点和适用性。
9. 什么是铝合金模板？试分析铝合金模板体系的优缺点和适用性。
10. 什么是永久性模板？试分析它的工作原理、优缺点和适用性。
11. 什么是大模板？试分析它的工作原理、优缺点和适用性。
12. 什么是液压滑动模板？试分析它的工作原理、优缺点和适用性。
13. 什么是液压整体提升模板？试分析它的工作原理、优缺点和适用性。

项目4 钢筋混凝土——钢筋工程施工

本项目学习提示

　　普通钢筋混凝土结构施工，可分为钢筋工程、模板工程和混凝土工程几个分项工程。本项目主要讲述普通混凝土结构用钢筋的品种、性质和质量标准，对进场钢筋如何进行检查验收，钢筋各种连接方法的原理、使用设备、工艺过程、质量要求和适用性，钢筋加工的工艺，钢筋施工翻样和代换的原理、计算程序、计算方法和要求，钢筋施工安装的程序、方法和质量要求，钢筋的施工安全等。

能力目标

- 能识读和分析钢筋工种的施工图纸。
- 能对进场的钢筋进行检查和质量验收。
- 能编制一般工程钢筋的施工方案。
- 能进行常规的钢筋施工翻样和代换计算。

知识目标

- 掌握常用钢筋的质量标准。
- 掌握常用混凝土结构构件钢筋的构造原理。
- 掌握常用构件钢筋的施工翻样和代换原理。
- 掌握钢筋施工安装的质量标准和安全要求。

工作任务 4.1 钢筋工程基础知识

4.1.1 普通钢筋混凝土结构对钢筋的基本要求

普通钢筋混凝土结构对钢筋的基本要求是强度要高,塑性要好,有明显的屈服极限,与混凝土能粘接紧密,便于调直、切断、弯曲、焊接或机械连接、绑扎施工。

4.1.2 普通钢筋混凝土结构常用的钢筋

1.钢筋的品种和牌号

(1) 热轧光面圆钢筋(牌号为 HPB,强度等级为 300),是由普通低碳钢在高温状态下轧制而成,形状为光面圆形,表面没有花纹;主要作为板的受力钢筋或分布钢筋,梁或柱的箍筋和拉筋,墙的分布钢筋等。

(2) 热轧带肋钢筋(图 4-1,牌号为 HRB,强度等级为 335、400、500),是由普通低合金钢在高温状态下轧制而成,表面形状多为月牙纹;是普通混凝土结构的主要受力钢筋。

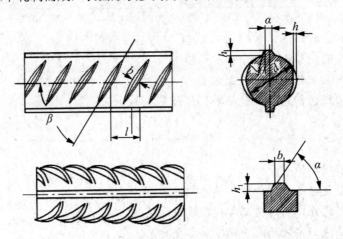

图 4-1　热轧带肋钢筋

(3) 细晶粒热轧带肋钢筋。为了节约合金资源,降低钢材价格,研制了靠控温轧制而具有一定延性的 HRBF 系列细晶粒热轧带肋钢筋(牌号为 HRBF,强度等级为 400、500),用途与 HRB 钢筋基本相同。

(4) 带 E 钢筋。为了适应建筑结构抗震的需要,还研制了延性较好的热轧带肋钢筋,称为"带 E 钢筋",专门用在按一、二、三级抗震等级设计的框架和斜撑构件(含梯段)中的纵向受力钢筋上。其技术性能除了与同等级非带 E 钢筋相同外,还要求延性较好;"延性较好"体现在钢筋的抗拉强度实测值与屈服强度实测值之比不应小于 1.25，钢筋的屈服强度实测值与屈服强度标准值之比不应大于 1.30；钢筋的最大力下总伸长率不应小于 9%。

(5) 余热处理钢筋(牌号为 RRB，强度等级为 400、500)，是由普通低合金结构钢在高温状态下轧制而成。为了节约能源，利用轧制设备中的余热进行高温淬水处理，使其强度提高，但延性和可焊性稍差，只允许用在对延性和加工性能要求不高的基础底板、大体积混凝土或受荷载不大的楼板和墙体中。余热处理钢筋不宜采用焊接方式连接。

(6) 冷拔低碳钢丝，是用热轧光面圆形盘卷状的细钢筋，经过冷拔(多次冷拔，且超过屈服极限)加工处理后变成的细钢丝，直径缩小而抗拉强度提高。经点焊成钢筋网，用作混凝土墙或板的配筋。

(7) 冷轧扭钢筋(图 4-2)，是用热轧光面圆钢筋，在工厂经过冷轧和扭转加工，使其表面呈连续螺旋形的直条。这种钢筋具有较高的强度和足够的塑性，与混凝土的黏结性能特好，用于预制钢筋混凝土空心板、叠合薄板或现浇混凝土楼板中，可节约 30%的用钢量。

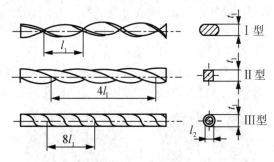

图 4-2 冷轧扭钢筋

2. 普通热轧钢筋技术标准(表 4-1)

表 4-1 普通热轧钢筋技术标准的主要数据

级别牌号	符号	公称直径 d/mm	屈服强度标准值 f_{yk}/(N/mm²)	极限强度标准值 f_{stk}/(N/mm²)	最大力下总伸长率 σ_{gt}/%
HPB300	Φ	6～22	300	420	≥10.0
HRB335	Φ	6～50	335	455	≥7.5
HRBF335	Φ^F				
HRB400	Φ	6～50	400	540	
HRBF400	Φ^F				
RRB400	Φ^R				≥5.0
HRB500	Φ	6～50	500	630	≥7.5
HRBF500	Φ^F				

注：(1) 建筑用钢筋产品的标准，以牌号和强度来划分等级。

(2) HRB335 级钢筋是当前已经限制并拟淘汰的品种。

(3) 最大力下总伸长率，是钢筋拉伸试件拉断前后，在非颈缩断口区域内测定残余应变的百分率，反映钢筋的变形能力。

3. 钢筋的识别

(1) 钢筋的牌号。

轧钢厂生产带肋钢筋时,已在钢筋表面轧上钢筋的牌号标记,由 3 个代号组成:第一个为"钢筋牌号",3、4、5 分别表示 HRB335、HRB400、HRB500,C3、C4、C5 分别表示 HRB335F、HRB400F、HRB500F,K4 表示 RRB400,对于"带 E 钢筋"牌号上也相应带有 E 的标记,如"4E"表示 HRB400E;第二个为"注册厂名或商标",以汉语拼音字头表示,如"WG"表示武钢;第三个为"公称直径",以阿拉伯数字表示,如"20"表示公称直径为 20mm。

(2) 光面圆钢筋的截面积,按照圆的实际直径折算。月牙纹钢筋的截面积,按其公称直径折算;所谓公称直径,就是每米长度月牙纹钢筋的质量,等同于光面圆钢筋某一直径的质量时,该直径就是它的公称直径。

(3) 建筑用钢筋出厂产品有盘卷和直条两种形态(图 4-3)。盘卷为 $\phi 6 \sim \phi 10$ 细钢筋,供应长度不固定,以捆计算,每捆约 500kg;直条为粗钢筋,以条计算,供应长度一般 9~15m由生产厂自定(称为定尺),也可以由购买方预先在订货合同上约定(称为不定尺)。

(4) 钢筋的标志牌,如图 4-4 所示,用薄铝板制作,绑在成捆出厂的钢筋产品上,印上钢筋生产厂商、品种、牌号、批号、规格、支数、质量、检验员号码、出厂日期和执行标准等,其中批号、规格、支数、质量、检验员号码、出厂日期为冲压的凸字。

【参考图文】

(a) 盘卷

(b) 直条

图 4-3 钢筋的供货形态

4.1.3 施工现场如何检查验收钢筋

1. 一查

全面(逐盘、逐捆)查验出厂时的标志牌(图 4-4)、质量证明书、合格证书、试验报告单等文件,要求与订货合同和国家相关质量标准相一致。

图 4-4 钢筋的标志牌

2. 二看

逐条、逐盘进行外观检查,要求标志牌和钢筋上的标记与说明书相同,钢筋表面不得有裂纹、油污、颗粒状或片状老锈。

3. 三抽检

在有监理人员旁站监督见证下,按施工规范规定的方法和数量,随机抽取规定数量的试样送有资格的检测机构做力学性能(屈服强度、抗拉强度、最大力下总伸长率)和质量偏差检验;同时进行钢筋弯曲和焊接试验,当发现钢筋脆断、焊接性能不良或力学性能显著不正常等现象时,应对该批钢筋进行化学成分检验或其他专项检验。

上述这 3 个步骤全部通过了才算合格，只有验收合格的钢筋才允许办理进场验收手续、入库和加工使用。

4.1.4 钢筋的加工

(1) 钢筋的加工是指先用慢动卷扬机，在常温下对钢筋进行适当的拉伸，或者通过专门的调直机调直，目的是调直、除锈；然后进行焊接、裁截、弯曲，制成结构构件需要的形状，以便通过绑扎或焊接形成钢筋骨架。钢筋的裁截、弯曲宜在常温状态下进行，加工过程中不应对钢筋进行加热；钢筋应一次弯折到位，不得来回弯折。

(2) 冷拉调直时的相对伸长率有限制：对 HPB300 级钢筋不应大于 4%，对 HRB335、HRB400、RRB400、HRB500 级钢筋不应大于 1%。这个限制的意思很明确，在这范围内足以实现调直、除锈的目的；超过这范围将减少钢筋的截面积，甚至使钢筋出现冷作硬化失去塑性，这都将直接影响到结构构件的安全，因此是不允许的。

(3) 钢筋加工在专门的加工厂内制作，也可以在工地的工棚里进行。钢筋加工工厂化、专业化是行业发展的方向，正在大力提倡。

工作任务 4.2　钢筋的连接

4.2.1 钢筋连接的重要性和基本要求

(1) 实际供货钢筋的长度有限，而结构构件要求每根钢筋都是连续的，所以要进行钢筋连接。

(2) 盘卷钢筋的供货尺寸很长，用盘卷的细钢筋下料，一般都能满足每根钢筋都是连续的，中间不需要连接；单根细钢筋的受力都不大，对于少数需要连接的钢筋，还可采用绑扎搭接的连接方式。单根粗钢筋的长度有限，下料制作不一定都能连续，中间常常需要连接。过去连接的方法比较单一，就是绑扎搭接、电弧焊接和对焊几种；现在已经有许多新的连接方法，适应不同的钢种、不同的结构和施工条件；钢筋连接新技术是我国近年推广应用的建筑业十项新技术之一。

(3) 钢筋连接是施工中的一项重要工作，工程量大，以手工操作为主，目前工厂化程度最低，施工效率最差；钢筋连接质量的好坏直接影响到构件的受力性能和结构的安全，所以要特别注意保证连接的质量。

(4) 钢筋连接的基本要求是连接可靠、施工方便、节约工料。

(5) 钢筋连接的方法有机械连接、焊接连接、绑扎搭接等几类。现阶段工程实践表明，为保证质量、提高效率、节约钢材，粗钢筋宜首选机械连接；对不宜焊接的粗钢筋应选用机械连接；当钢材能施焊、焊接质量有保证时，应尽量采用焊接连接。每一种连接方法都有一定的适用性，要根据工程的具体情况，经过分析比较来确定选用哪种方法。

4.2.2 钢筋的机械连接

1. 连接的原理

钢筋的机械连接，是通过连贯于两根钢筋外的套筒来实现传力。套筒与钢筋之间的过渡通过机械咬合力，包括钢筋横肋与套筒的咬合、在钢筋表面加工出螺纹与套筒的螺纹之间的传力。机械连接主要形式有套筒挤压连接、滚轧(或镦粗)直螺纹连接等。连接用的合金钢套筒由专门的工厂制作成商品件，按用户所需规格成箱供应。

2. 套筒挤压连接

(1) 使用的设备：钢筋冷挤压机、液压钳、高压胶管等。

(2) 施工工艺：钢筋的连接端清理→调试设备→将套筒套入连接钢筋的一端→套入液压钳→沿套筒径向向套筒实施挤压→将另一根钢筋的连接端放入套筒的另一端→向套筒的另一端实施挤压→完成连接。

(3) 技术要点(图 4-5)：钢筋的连接端应用电动砂轮切割出来，使端部平直；钢筋的连接端应先清理干净，画出明显的标记；钢筋插入套筒要到定位标记处；挤压应从套筒中央分别向两端进行；挤压力应调节到规定的数值上；液压钳应与钢筋轴线保持垂直；为了缩短现场施工时间，可先将套筒的一端与钢筋连接好，形成"戴帽钢筋"，运到拼接现场后再连接另一端。

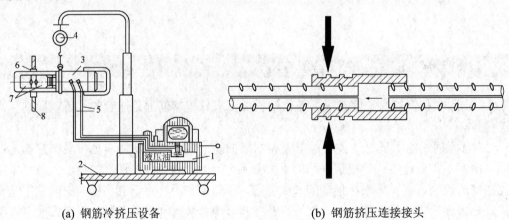

(a) 钢筋冷挤压设备　　　　　　　　(b) 钢筋挤压连接接头

图 4-5　钢筋冷挤压设备和接头

1—高压泵；2—小车；3—挤压机；4—平衡器；5—高压软管；6—钢套筒；7—模具；8—钢筋

(4) 质量要求：外观检查，连接处完整无裂缝，连接后的钢筋顺直，挤压力和压痕的道数符合试验确定的数值；抽样试件极限抗拉试验合格。

(5) 特点和适用性：接头质量的保证率高，施工简单方便，施工速度快、用电省；它可以在施工现场，对任意方向的钢筋实现连接；现场没有动火，刮风、下雨时也可以进行；

是近年推广应用的钢筋连接新技术之一。但其技术要求较高，成本稍高。

3．套筒螺纹连接

(1) 使用的设备：螺纹加工机、扭力扳手等。

【参考视频】

(2) 工艺流程：钢筋端头处理→装在车床上→加工出特定的螺纹→套上塑料保护帽→送到施工现场→拧开保护帽→套上连接套筒→用扭力扳手拧紧→插入另一根钢筋的螺纹端→用扭力扳手拧紧钢筋→完成连接。

(3) 技术要点(图 4-6)：连接套筒是商品件，使用前应全面检查合格；钢筋运至现场，脱开保护帽，检查端部螺纹是否完整、干净；扭力扳手手柄要调到与钢筋直径相同的标记处，小心套入套筒、慢慢拧入，拧至扭力扳手发出声响为止。

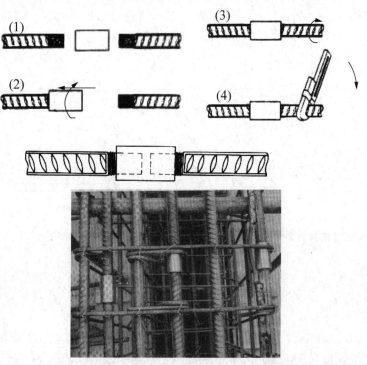

图 4-6　钢筋螺纹接头

(4) 质量要求：外观检查，连接处完整、无裂缝，连接后的钢筋顺直，复拧确认已经拧紧；抽样试件极限抗拉试验合格。

(5) 特点和适用性：套筒螺纹连接与套筒挤压连接的特点和适用性基本相同。锥螺纹连接较简单，但传力的可靠性稍差，滚轧(或镦粗)直螺纹连接可靠性较高，是近年推广应用的钢筋连接新技术之一。

【参考图文】

4.2.3 钢筋的焊接连接

1．焊接连接原理

焊接连接是利用电阻或电弧加热钢筋的端头使之熔化，并采用加压或添加熔融金属焊接材料，使之连成一体的连接方式。连接的方法有闪光对焊、电渣压力焊等。余热处理钢筋不宜焊接。

2．电弧焊

(1) 使用的设备：电弧焊机、电焊条、防护面罩和手套等。

(2) 施工工艺：用电弧焊机和焊条对两根钢筋搭在一起的部分施焊；以焊条为一极、钢筋为另一极，在低电压强电流作用下，在焊条与焊件之间产生高温电弧，将焊条熔化在连接处，待冷却后形成一条焊缝。为了让焊接连接处能受力均匀，一般为双面搭接电弧焊或双面帮条电弧焊；当现场条件特别困难，不便实现双面焊接时才用单面焊接；搭接焊接长度按规范规定。

(3) 技术要点(图 4-7)：根据钢筋级别、直径、焊接位置、接头形式来选择焊接参数(焊接电流、焊条牌号和直径、焊接层次等)，依靠电焊工手工控制焊缝质量。

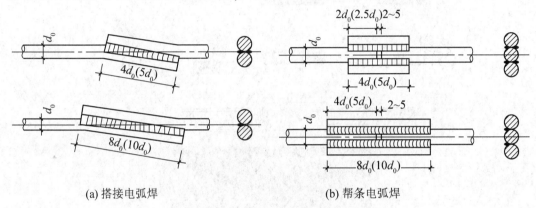

(a) 搭接电弧焊　　　　　　　　(b) 帮条电弧焊

图 4-7　电弧焊的两种形式

(4) 质量要求：外观检查，焊缝连续饱满，两侧熔合良好，不烧穿、不结瘤，抽样试件极限抗拉试验合格。

【参考图文】

(5) 特点和适用性：它是传统的焊接连接方法之一；它消耗电能和电焊条，费工、费料、费时，接头体积大，焊接质量波动大(与焊工的熟练程度和责任心有关)；现场有高温和火花，刮风、下雨时不能施工。因此，尽量不要用这种方法。

电弧焊的适用范围见表 4-2。

表 4-2　电弧焊的适用范围

接头形式	接头简图	适用钢筋级别	适用钢筋直径
单面帮条焊接	图 4-7	图中不带括号的数值适用于 HPB300 级，带括号的数值适用于 HRB335、HRB400、HRB500 级	10~40mm
双面帮条焊接			
单面搭接焊接			
双面搭接焊接			

3．接触闪光对焊

(1) 使用的设备：钢筋对焊机(图 4-8)。

(2) 施工工艺(图 4-9)：对焊机上有两个电极，其中一边的电极固定，另一边的电极可移动；将被连接的两根钢筋夹在对焊机两个电极的钳口上，两端口对中，然后闭合电源，使两端钢筋轻微接触，此时电流密度和电阻都很大，接触点很快被熔化，形成金属过梁；继续加热，接触点出现金属飞溅和闪光，接头处钢材同时开始被加热逐渐熔化；随即扳动可移动的电极，对接口施加适当的轴向压力，迅速顶锻，使两根钢筋对焊成为一体。它是传统的焊接连接方法之一。

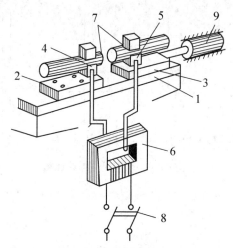

图 4-8 对焊机的组成

1—机身；2—固定平板；3—活动平板；4、5—电极；
6—变压器；7—钢筋；8—闸刀开关；9—压力装置

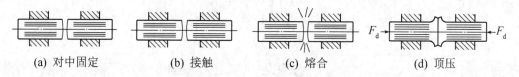

(a) 对中固定　　　(b) 接触　　　(c) 熔合　　　(d) 顶压

图 4-9 闪光对焊原理

(3) 技术要点：对 HPB300 级钢筋，装入两根钢筋时注意先对中，然后固定；固定好了，才能闭合电源；接触点开始熔化，出现金属飞溅和闪光；再过一会才顶压，完成焊接。对 HRB400 级钢筋，闭合电源后，需让钢筋两端面接触又分开，交替多次，使端面间隙发出断续的闪光，形成预热—闪光过程，然后才做连续闪光和顶锻。这些工艺都要靠操作工人掌握和控制，才能保证焊接质量。

(4) 质量要求：外观检查，焊口完整、光滑、饱满，连接后的钢筋顺直。抽样试件极限抗拉试验合格。

(5) 特点和适用性：成本较低；焊接时钢筋呈水平姿态；焊接过程有高温、有火花，只能在工厂或工地的加工场内制作；要特别注意防火和用电安全。

【参考图文】

4.电渣压力焊

(1) 使用的设备:电渣压力焊机、稳压电源、电渣、防护手套等。

(2) 工艺流程(图 4-10、图 4-11):钢筋连接端清理→把两根要焊接的竖向粗钢筋固定在专用的机械臂上→在接口处扣上电渣槽→往槽内加入电渣→接通电源引弧→发生电弧过程→电渣融熔→顶压形成焊口→切断电源→打开电渣槽冷却→清除电渣→完成焊接。

(3) 技术要点:钢筋的连接端应清理干净,装入机械臂上时应保证上下钢筋中心线对齐并固定好,焊接过程要求电压保持稳定,电渣应保持干燥,调整好焊接参数,掌握好 4 个焊接过程。

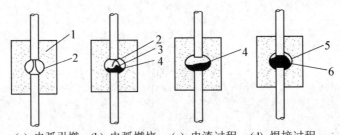

(a) 电弧引燃 　(b) 电弧燃烧 　(c) 电渣过程 　(d) 焊接过程

图 4-10　电渣压力焊原理图

1—电渣;2—引弧球;3—电弧;4—弧腔;5—电渣保护;6—焊接接头

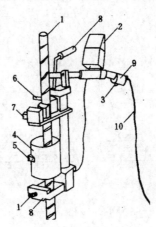

图 4-11　电渣压力焊机具

1—钢筋;2—监控仪;3—电源开关;4—电渣盒;5—盒扣环;6—电缆插座;
7—活动夹具;8—固定夹具;9—操作手柄;10—电缆

(4) 质量要求:外观检查,焊接口完整光滑无裂缝,接口上下的钢筋顺直;抽样试件极限抗拉试验合格。

(5) 特点和适用性:钢筋电渣压力焊为我国首创,是一种综合的焊接技术,工艺设备较简单,生产效率较高,接头质量较可靠,成本较低;适用于现场电压较稳定、干燥环境下的竖向或接近竖向的粗钢筋连接,是近年来推广应用的钢筋连接新技术之一。但生产过程有高温、动火,要特别注意防火和用电安全。

【参考图文】

4.2.4 钢筋的绑扎搭接连接

(1) 使用的工具：绑扎钩、绑扎用的铁丝。

(2) 施工工艺：将两根钢筋按规范要求的搭接长度靠紧在一起，用铁丝将搭接连接部分绑扎紧。

(3) 绑扎搭接连接的相关规定如下。

① 轴心受拉、小偏心受拉构件的纵向受力钢筋不得采用绑扎搭接。

② 采用绑扎搭接连接时，受拉钢筋直径不宜大于 25mm，受压钢筋直径不宜大于28mm。

③ 纵向受拉钢筋采用绑扎搭接时的最小搭接长度应符合表 4-3 的规定。

表 4-3 纵向受拉钢筋的最小搭接长度

钢筋类型		混凝土强度等级								
		C20	C25	C30	C35	C40	C45	C50	C55	≥C60
光面钢筋	300 级	$48d$	$41d$	$37d$	$34d$	$31d$	$29d$	$28d$	—	—
带肋钢筋	335 级	$46d$	$40d$	$36d$	$33d$	$30d$	$29d$	$27d$	$26d$	$25d$
	400 级	—	$48d$	$43d$	$39d$	$36d$	$34d$	$33d$	$31d$	$30d$
	500 级	—	$58d$	$52d$	$47d$	$43d$	$41d$	$39d$	$38d$	$36d$

注：本表选自 GB50666—2011 附录 C 的 C.0.1 条，适用于纵向受拉钢筋直径小于或等于$\phi 25$、采用绑扎搭接接头面积百分率不大于 25%时的最小搭接长度，其余情况下应按该规范附录 C 的 C.0.2、C.0.3 条说明修正。

(4) 特点和适用性：纵向钢筋的绑扎搭接，是钢筋连接当中最简单、最方便的连接方法。在施工现场进行操作，简单方便。需要耗费搭接处的钢材、人工和绑扎用的铁丝。靠钢筋与混凝土之间的锚固传力，连接的体积大、可靠性较低，一般多用在板的细钢筋、柱的纵向受力钢筋的连接上。

4.2.5 几种钢筋连接方法比较(表 4-4)

表 4-4 几种钢筋连接方法的比较表

	比较的项目	绑扎搭接(35d)	搭接电弧焊	电渣压力焊	闪光对焊	套筒挤压或螺纹连接
1	适用天气	全天候	风雨不能			全天候
2	对技工的要求	需经一般培训	需持证上岗	需经专门培训		需经一般培训
3	接头质量与技术水平关系	接头质量与技术水平有很大关系				接头质量与技术水平无关
4	每组工作人数	2～3 人	1 人	2 人	2 人	2 人

续表

	比较的项目	绑扎搭接 (35d)	搭接 电弧焊	电渣 压力焊	闪光对焊	套筒挤压或 螺纹连接
5	1个接头需要 的时间	3～4min	30min	2～5min	5～6min	3～4min
6	适用连接 方向	现场各个方向		现场 竖向	工棚 水平向	现场各个方向
7	质量检验 方法	目视	抽样抗拉试验			目视
8	危险性	无	有触电、火灾和爆炸危险			无
9	环保性	好	操作时会对环境造成污染			好
10	每万个接头 耗能	无	电72万千瓦 时	电6万千瓦时	电8万千瓦时	电1200千瓦时
11	1个ϕ32接头 耗钢材	7kg	2kg	0.2kg	0.2kg	2.57kg
12	1个接头的 费用比	1.23	2.40	0.93	1.00	2.27
13	接头质量	较差	较差	一般	一般	较好

工作任务 4.3 钢筋施工翻样与代换

4.3.1 钢筋施工翻样的概念

(1) 结构施工图只标明混凝土构件的截面尺寸和各种钢筋的配置,不能直接用来施工,施工之前要先进行翻样。所谓翻样就是根据施工图、设计施工规范的相关要求和钢筋在加工过程中长度发生的实际变化,计算出每个构件中每根钢筋的下料长度,编制配料单,根据配料单来下料、加工;将加工好的钢筋送到施工现场后,要按构件分别编号、堆放;工人根据施工图纸和配料单来进行绑扎安装。

(2) 钢筋翻样的基本要求:全面、准确、符合设计、服务施工。全面,就是要精通图纸和施工工艺,不遗漏每一根钢筋;准确,就是要不少算、不多算、不重算;符合设计,就是整个翻样过程能忠实反映设计意图,符合规范规定;服务施工,就是翻样成果要适用于钢筋的加工安装、预算结算、材料计划和成本核算。

(3) 钢筋翻样与钢筋算量不完全相同，算量主要服务于预算、材料计划；翻样除了服务于预算、材料计划，还要服务于实际施工。由翻样做出的配料单，非常具体、细致，是施工下料的依据；而算量做出的清单省略了一些细节，估算稍为偏大，可以作为材料计划和采购的依据，不能作为施工下料的依据。

(4) 钢筋翻样是一项要求高，烦琐而又复杂的技术工作，是施工项目部一项十分重要的工作，其结果直接关系到保证工程质量和企业经济效益。钢筋翻样最基本方法是传统的手算法；为了加快进度，推广使用各种翻样软件；但是由于混凝土结构的复杂多变，往往需要多种手段综合运用，才能全面解决实际问题。因此在学习阶段强调应先从手算做起。

4.3.2 钢筋翻样计算的原理

1．下料长度计算要考虑的因素

(1) 钢筋布置在构件内，四周有一定厚度的混凝土保护层，要先折算出每根钢筋在构件内的四至尺寸，称为"钢筋的外包尺寸"。

(2) 钢筋由直线状经过弯折，变成所需要的形状时，外缘伸长、内缘缩短了，中心线长度没有变化。按照钢筋的中心线长度来下料，然后按照钢筋在构件内的外包尺寸来丈量和制作；弯折后外缘丈量总长度与中心线长度的差异，称为"度量差"，用 Δ 表示。

(3) 不同级别的钢筋及其在构件中的位置，其弯曲时要求的弯心直径不同，弯曲后度量差的变化也不相同。

(4) 各种不同的混凝土构件，都有不同配筋的构造要求，直条的光面圆钢筋末端要带 180° 弯钩，箍筋和拉筋末端要带 135° 弯钩，需考虑弯钩引起的加长。

(5) 在构件与构件的相交处称为节点，要让各向钢筋在节点处的位置符合其受力要求，又要让它们相互交叉时能放得下、分得开，与混凝土有良好的咬合。

2．下料长度的计算公式

(1) 直钢筋的下料长度＝构件长度－混凝土保护层＋末端弯钩加长。

(2) 弯起钢筋的下料长度＝钢筋各直段、斜段丈量长度之和＋末端弯钩加长－每个弯折引起的度量差。

(3) 曲线形钢筋的下料长度＝钢筋中心线长度的计算值＋末端弯钩加长。

(4) 箍筋的下料长度＝各直段丈量长度之和＋末端弯钩加长－弯折引起的度量差＝箍筋的外包尺寸＋箍筋的长度调整值。

(5) 拉筋的下料长度＝直段丈量长度＋末端弯钩加长－弯折引起的度量差＝拉筋的外包尺寸＋拉筋的长度调整值。

(6) 本节介绍的各种钢筋下料长度计算公式，都是根据设定的条件经理论推导出来的，在工程应用中还应根据现场的实际情况结合施工经验，做出适当的微调。对于钢筋连接引起长度的增减，现时行业内约定，下料单内不考虑钢筋的连接问题，由下料人员在现场根据钢筋的实际情况来确定。

4.3.3 相关的构造规定

1. 钢筋保护层厚度(表 4-5)

表 4-5　混凝土构件钢筋的保护层厚度　　　　　　　　　单位：mm

环境类别	板、墙(面状构件)	梁、柱(线状构件)
一类，室内干燥环境	15	20
二类 a，室内潮湿环境或露天环境	20	25

注：(1) 保护层厚度指最外层钢筋的外缘至构件混凝土表面的距离；表中数值适用于混凝土强度等级≥C30、耐久年限为 50 年的混凝土结构；当混凝土强度等级<C30 时，保护层厚度应增加 5mm；构件中的受力钢筋保护层厚度，尚应大于或等于钢筋的公称直径；基础底面钢筋的保护层厚度，从垫层表面算起不应小于 40mm。

(2) 钢筋保护层厚度与结构所处的环境条件有关，本表只列出两项。本表以外的环境条件，板的保护层在 20～40mm 范围内变化，梁的保护层在 25～50mm 范围内变化，详见《混凝土结构设计规范》(GB 50010—2010)8.2.1 条。

2. 钢筋弯折的要求(表 4-6)

【参考视频】

表 4-6　钢筋弯钩、弯折的形状、尺寸要求

钢筋类型	钢筋牌号或部位	钢筋弯曲形状	弯芯直径 D	弯钩平直部分的长度 L_P	备注
受力钢筋	HPB300	180°弯钩	$\geq 2.5d_1$	$\geq 3d_1$	设 d_1 为受力钢筋直径，d_2 为箍筋直径
	HRB335、HRB400	≤90°弯钩	$\geq 4d_1$	按设计要求	
	HRB500	≤90°弯钩	$\geq 6d_1$		
箍筋	一般结构	≥90°弯钩	$\geq 2.5d_2$ 且 $\geq d_1$	$\geq 5d_2$	
	抗震结构	135°弯钩	$\geq 2.5d_2$ 且 $\geq d_1$	$\geq \max \{10d_2, 75mm\}$	

3. 钢筋的锚固长度

纵向受拉钢筋只有在很好地被混凝土包裹条件下，才能充分发挥它的强度。纵向受拉钢筋的基本锚固长与混凝土强度等级、钢筋强度等级、结构构件的抗震等级等因素有关，一般情况下纵向受拉钢筋的锚固长度就等于基本锚固长度。纵向受压钢筋的锚固长度不应小于 0.7 受拉钢筋的锚固长度。受拉钢筋的基本锚固长度见表 4-7。

表 4-7　受拉钢筋的基本锚固长度 L_{ab}、L_{abE}

钢筋种类	抗震等级	混凝土强度等级								
		C20	C25	C30	C35	C40	C45	C50	C55	≥C60
HPB300	一、二级(L_{abE})	45d	39d	35d	32d	29d	28d	26d	25d	24d
	三级(L_{abE})	41d	36d	32d	29d	26d	25d	24d	23d	22d
	四级(L_{abE})	39d	34d	30d	28d	25d	24d	23d	22d	21d

续表

钢筋种类	抗震等级	混凝土强度等级								
		C20	C25	C30	C35	C40	C45	C50	C55	≥C60
HRB335 HRBF335	一、二级(L_{abE})	44d	38d	33d	31d	29d	26d	25d	24d	24d
	三级(L_{abE})	40d	35d	31d	28d	26d	24d	23d	22d	22d
	四级(L_{abE})	38d	33d	29d	27d	25d	23d	22d	21d	21d
HRB400 HRBF400 RRB400	一、二级(L_{abE})	—	46d	40d	37d	33d	32d	31d	30d	29d
	三级(L_{abE})	—	42d	37d	34d	30d	29d	28d	27d	26d
	四级(L_{abE})	—	40d	35d	32d	29d	28d	27d	26d	25d
HRB500 HRBF500	一、二级(L_{abE})	—	55d	49d	45d	41d	39d	37d	36d	35d
	三级(L_{abE})	—	50d	45d	41d	38d	36d	34d	33d	32d
	四级(L_{abE})	—	48d	43d	39d	36d	34d	32d	31d	30d

4．钢筋连接接头规定

(1) 采用机械连接或焊接连接的接头宜互相错开，连接区段的长度为 35d 且不小于 500mm，d 为连接钢筋中的较小直径。凡接头中点位于该连接区段长度内，均属于同一连接区段，如图 4-12 所示。位于同一连接区段内的纵向受拉钢筋接头面积百分率不宜大于 50%，但对板、墙、柱和预制构件的拼接处，可根据实际情况放宽。纵向受压钢筋机械连接或焊接连接的接头面积百分率不受限制。

(2) 采用绑扎搭接连接的接头宜互相错开，连接区段的长度为 1.3 倍的搭接长度。凡接头中点位于该连接区段长度内，均属于同一连接区段，如图 4-13 所示。位于同一连接区段内的纵向受拉钢筋接头面积百分率，对梁、板、墙类构件不宜大于 25%；对柱类构件不宜大于 50%。纵向受压钢筋绑扎搭接连接区段的长度，不宜小于 70%受拉连接区段的长度且不宜小于 200mm。纵向受力钢筋绑扎搭接连接区段范围内应设置加密箍筋。

图 4-12　钢筋机械连接和焊接的接头位置	图 4-13　钢筋搭接连接的接头位置

4.3.4 直钢筋因弯折和末端弯钩引起长度的变化

1．钢筋弯折度量差 $\varDelta$ 的含义

钢筋按中心线长度来裁截下料，然后加工成形，成形后按其外包尺寸来丈量和验收。钢筋弯折的度量差 $\varDelta$，表示钢筋外缘各段施工丈量长度之和与钢筋中心线长度的差值。显

然，当度量差 $\Delta \geqslant 0$ 时，外缘各段丈量长度之和 $\geqslant$ 中心线长度，翻样计算时应扣除；当度量差 $\Delta < 0$ 时，外缘各段丈量长度之和 $<$ 中心线长度，翻样计算时应增加。

2．直钢筋一个弯折的度量差 Δ（表 4-8）

表 4-8　直钢筋一个弯折的度量差 Δ

弯角折度 θ	$D=2.5d$ 时的 Δ	$D=4d$ 时的 Δ	$D=6d$ 时的 Δ
30°	$-0.29d$	$-0.30d$	$-0.31d$
45°	$-0.49d$	$-0.52d$	$-0.57d$
60°	$-0.77d$	$-0.85d$	$-0.96d$
90°	$-1.75d$	$-2.08d$	$-2.51d$
135°	$-0.38d$	$-0.11d$	$-0.24d$

注：表中 θ 表示钢筋弯折的角度，d 表示被弯折钢筋的直径，D 表示钢筋弯折时的弯芯直径。

3．弯起钢筋成对弯折时的度量差 Δ（表 4-9）

表 4-9　弯起钢筋成对弯折时的度量差 Δ

项次	弯起角度	钢筋成对弯折时的度量差 Δ		
		计算公式	$D=4d$ 时的 Δ	$D=6d$ 时的 Δ
1	$\theta=30°$	$\Delta=0.013D+0.280d$	$-0.33d$	$-0.36d$
2	$\theta=45°$	$\Delta=0.043D+0.458d$	$-0.63d$	$-0.72d$
3	$\theta=60°$	$\Delta=0.108D+0.689d$	$-1.12d$	$-1.34d$

注：弯起钢筋，是指一个弯折往内而另一个弯折往外时的情况，如吊筋等。因为前一个弯折与后一个弯折是反方向的，实践证明不能看成为两个弯折度量差之和，应综合考虑。以 45° 为例，$D=4d$ 时一个弯折的度量差是 $-0.52d$，而成对相互反向弯折的度量差是 $-0.63d$。

4．光面圆钢筋末端弯钩的附加长度 L_Z

(1) 对于直条纵向受力的光面圆钢筋，末端弯 180° 时的弯芯直径 $D \geqslant 2.5d$，弯钩后还需增加 $3d$ 直线段长，故一个弯钩的总附加长度为 $L_Z=+6.25d$。

(2) 对于非抗震的箍筋，末端弯 180° 时的弯芯直径 $D \geqslant 2.5d$，弯钩后还需增加 $5d$ 直线段长，故一个弯钩的总附加长度为 $L_Z=+8.25d$。

5．一个抗震箍筋的下料长度 L_G 和一个拉筋的下料长度 L_L

设箍筋或拉筋的直径为 d，箍筋或拉筋的外皮宽为 a，箍筋的外皮高为 b，弯芯直径为 $D \geqslant 2.5d$ 箍筋和 $D \geqslant d$ 纵筋；抗震箍筋、拉筋的下料长度计算公式综合见表 4-10。

表 4-10　抗震箍筋、拉筋的下料长度计算公式综合

箍筋或拉筋弯芯直径 D	抗震箍筋下料长度计算公式	拉筋的下料长度计算公式
$D=2.5d$	$L_G=2(a+b)+18.5d$	$L_L=a+23.7d$
$D=4d$	$L_G=2(a+b)+19.5d$	$L_L=a+25.8d$
$D=5d$	$L_G=2(a+b)+20.3d$	$L_L=a+27.1d$

注：当 $d=6mm$ 时，下料长度 L_G 或 L_L 还应加上 30mm。

【附注】弯折度量差 Δ 和钢筋下料长度计算公式的推导

1. 直钢筋一个弯折度量差 Δ 的推导

1) 当 $\theta=30°$，$45°$，$60°$ 时[图 4-14(a)]

度量差 $\Delta=$ 外折线 $A_1B_1C_1-$ 中弧线 AC

$$=2(d+D/2)\tan(\theta/2)-\pi\theta(D+d)/360$$

式中：D——弯芯直径；

d——被弯钢筋的直径(下同)。

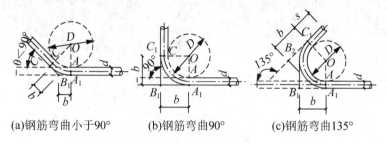

(a)钢筋弯曲小于90°　　(b)钢筋弯曲90°　　(c)钢筋弯曲135°

图 4-14　钢筋弯折不同角度时度量差推导图

$\theta=30°$，$\tan(\theta/2)=\tan15°=0.2679$，$\Delta=0.2741d+0.0062D$；

当 $D=2.5d$ 时，$\Delta=(0.2741+2.5\times0.0062)d=0.2896d\approx0.29d$；

当 $D=4d$ 时，$\Delta=(0.2741+4\times0.0062)d=0.2989d\approx0.30d$；

当 $D=6d$ 时，$\Delta=(0.2741+6\times0.0062)d=0.3113d\approx0.31d$。

$\theta=45°$，$\tan(\theta/2)=\tan22.5°=0.4142$，$\Delta=0.4359d+0.0217D$；

当 $D=2.5d$ 时，$\Delta=(0.4359+2.5\times0.0217)d=0.4902d\approx0.49d$；

当 $D=4d$ 时，$\Delta=(0.4359+4\times0.0217)d=0.5227d\approx0.52d$；

当 $D=6d$ 时，$\Delta=(0.4359+6\times0.0217)d=0.5661d\approx0.57d$。

$\theta=60°$，$\tan(\theta/2)=\tan30°=0.5774$，$\Delta=0.6315d+0.0541D$；

当 $D=2.5d$ 时，$\Delta=(0.6315+2.5\times0.0541)d=0.7668d\approx0.77d$；

当 $D=4d$ 时，$\Delta=(0.6315+4\times0.0541)d=0.8479d\approx0.85d$；

当 $D=6d$ 时，$\Delta=(0.6315+6\times0.0541)d=0.9561d\approx0.96d$。

2) 当 $\theta=90°$ 时[图 4-14(b)]

度量差 $\Delta=$ 外直线 A_1B_1+ 外直线 B_1C_1- 中弧线 AC

$$=2(d+D/2)-\pi(D+d)/4=0.215D+1.215d$$

当 $D=2.5d$ 时，$\Delta=(1.215+2.5\times0.215)d=1.750d\approx1.75d$；

当 $D=4d$ 时，$\Delta=(1.215+4\times0.215)d=2.075d\approx2.08d$；

当 $D=6d$ 时，$\Delta=(1.215+6\times0.215)d=2.505d\approx2.51d$。

3) 当 $\theta=135°$ 时[图 4-14(c)]

度量差 $\Delta=$ 外直线 A_1B_1+ 外直线 B_2C_1- 中弧线 AC

$$=2(d+D/2)-135\pi(D+d)/360=0.8225d-0.1775D$$

当 $D=2.5d$ 时，$\Delta=(0.8225-2.5\times0.1775)d=0.3787d\approx0.38d$；

当 $D=4d$ 时，$\Delta=(0.8225-4\times0.1775)d=0.1125d\approx0.11d$；

当 $D=6d$ 时，$\Delta=(0.8225-6\times0.1775)d=-0.2425d\approx-0.24d$。

2. 弯起钢筋成对弯折时度量差 Δ 的推导(图 4-15)

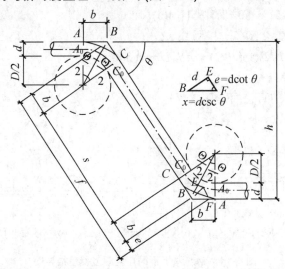

图 4-15　计算弯起钢筋成对弯折时度量差 Δ 的推导图

如图 4-15 所示，直角三角形 BEF 中，$\angle E$ 为直角，$\angle F=\theta$，$BE=d$，$BF=x=d\csc\theta$，$EF=d\cot\theta$，

$\Delta=$ 各直线丈量长度之和 $-$ 中心线长度

$\quad=(AB+BF+FA)-(2\ 中弧线\ A_0C_0+斜线中段长\ s)$

$\quad=(2\ 外折线\ AB+2\ 外斜线\ BC+斜线中段长\ s+内外斜长差\ e-重复折线段长\ BF)-$
$\quad\quad(2\ 中弧线\ A_0C_0+斜线中段长\ s)$

$\quad=(2\times2b+s-x+e)-[2\times2(D/2+d/2)\pi\ \theta\ /360+s]$

$\quad=4b-x+e-\pi\ \theta\ (D+d)/180$

$\quad=4(D/2+d)\tan(\theta\ /2)-d(\csc\theta\ -\cot\theta\ )-\pi\ \theta\ (D+d)/180;$

将 $\theta=30°$ 代入，$\theta/2=15°$，$\tan15°=0.2679$，$\sin30°=0.5$，$\tan30°=0.5774$；

$\Delta=4\times0.2679(D/2+d)-d(1/0.5-1/0.5774)-3.14\times30(D+d)/180$

$\quad=0.0125D+0.2802d$

$\quad\approx0.013D+0.280d;$

$D=4d$ 时，$\Delta=0.33d$；$D=6d$ 时，$\Delta=0.36d$；

将 $\theta=45°$ 代入，$\theta/2=22.5°$，$\tan22.5°=0.4142$，$\sin45°=0.7071$，$\tan45°=1$；

$\Delta=4\times0.4142(D/2+d)-d(1/0.7071-1)-3.14\times45(D+d)/180$

$\quad=0.0434D+0.4576d$

$\quad\approx0.043D+0.458d;$

$D=4d$ 时，$\Delta=0.63d$；$D=6d$ 时，$\Delta=0.72d$；

将 $\theta=60°$ 代入，$\theta/2=30°$，$\tan30°=0.5774$，$\sin60°=0.8660$，$\tan60°=1.732$；

$\Delta=4\times0.5774(D/2+d)-d(1/0.8660-1/1.732)-3.14\times60(D+d)/180$

$\quad=0.1078D+0.6893d$

$\approx 0.108D + 0.689d;$

$D=4d$ 时，$\Delta = 1.12d$；$D=6d$ 时，$\Delta = 1.34d$。

3．光面圆钢筋末端弯钩附加长度 L_Z 公式的推导

HPB300 级是光面圆钢筋，与混凝土之间的锚固能力较差。规范规定对于直条纵向受力的 HPB300 级光面圆钢筋，末端应做 180°的弯折，弯芯直径 $D \geqslant 2.5d$，弯折后再带 $3d$ 直线段。按图 4-16 的几何关系，末端弯钩后的钢筋外形长度丈量至 F 点，设下料长度至 E 点，末端一个弯钩的附加长度就是 $L_Z = EF$。

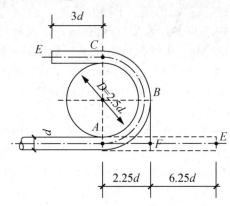

图 4-16　光面圆钢筋末端弯钩的附加长度

$L_Z = $ 中弧线 $ABC + $ 直线 $EC - $ 直线 $AF = (2.5d+d)\pi/2 + 3d - (d+2.5d/2) = +6.25d$

对于用 HPB300 级光面圆钢筋制作的非抗震箍筋，末端应做 180°的弯折，弯芯直径 $D \geqslant 2.5d_{\text{箍筋}}$ 和 $D \geqslant d_{\text{纵筋}}$，弯折后应带 $5d$ 直线段。同理，末端一个弯钩的附加长度 $L_Z = +8.25d$。

4．箍筋、拉筋下料长度计算公式的推导

1) 箍筋、拉筋末端弯折一个 135°再带直线段 L_P 的附加长度 L_Z 分析(图 4-17)

如图 4-17 所示，设箍筋或拉筋直径为 d，末端长度已丈量至 B，按 $D=kd$ 的弯芯直径弯折 135°，弯弧至 C_0，然后延伸一段 L_P 长度至 F。钢筋下料长度应从 B_1 起再增加一段至 F 止，BF 称为"附加长度 L_Z"，使从 A 起按 $D=kd$ 的弯芯直径弯折 135°，然后延伸一段 L_P 刚好至 F。

即 $BF = L_Z = AF - A_0C_0 = 135\pi(D+d)/360 + L_P - (d+D/2) = 0.178d + 0.678D + L_P$。

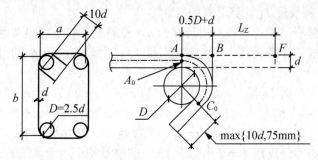

图 4-17　箍筋、拉筋弯折后带 L_P 的附加长度 L_Z 分析图

将 $D=2.5d$、$4d$、$5d$ 和 $L_P = 10d$ 代入，得到一个末端的附加长度 L_Z 值：

箍筋、拉筋末端弯折一个 135°再带直线段 $L_P = 10d$ 的附加长度 L_Z 值，

当 $D=2.5d$ 时，$L_Z=+11.87d$；当 $D=4d$ 时，$L_Z=+12.89d$；当 $D=5d$ 时，$L_Z=+13.57d$。

注：因为末端弯钩平直部分长度 L_P 应取 max $\{10d,75mm\}$，所以当 $d=6mm$ 时，一个附加长度还应加上 15mm。

2) 一个抗震箍筋下料长度 L_G 计算公式的推导

(1) 按施工规范，箍筋弯曲时弯芯直径应同时满足 $D{\geqslant}2.5d_{箍筋}$ 和 $D{\geqslant}d_{纵筋}$，若箍筋加工按外皮尺寸丈量和验收，设外皮尺寸分别为 a、b。

(2) 根据设计规范，有抗震要求的箍筋，末端弯钩平直部分长度 L_P 应取 max$\{10d,75mm\}$。

(3) 如图 4-17 所示，有抗震要求的箍筋下料长度为：

L_G＝箍筋的外周长 S＋两末端的加长 $2L_P$－弯折引起的度量差 Δ。

(4) 以 $d_{箍筋}=10mm$ 为例分析，$0.1d$ 只有 1mm，所以计算精度可取至小数后一位。

(5) 按 L_G＝箍筋外皮丈量尺寸之和－3 个弯折 90° 的度量差＋两个末端弯折 135° 再带直线段 L_P 的附加长度 L_Z，即 $L_G=2(a+b)-3\Delta_{90}+2L_Z$ 计算，

将 $D=2.5d$ 和对应的 L_Z 代入，

$L_G=2(a+b)-3\times1.75d+2\times11.87d=2(a+b)+18.49d\approx2(a+b)+18.5d$；

将 $D=4d$ 和对应的 L_Z 代入，

$L_G=2(a+b)-3\times2.08d+2\times12.89d=2(a+b)+19.54d\approx2(a+b)+19.5d$；

将 $D=5d$ 和对应的 L_Z 代入，

$L_G=2(a+b)-3\times2.29d+2\times13.57d=2(a+b)+20.27d\approx2(a+b)+20.3d$。

(6) 按 L_G＝箍筋外皮尺寸之和＋两个末端的丈量长度之和－3 个弯折 90° 的度量差－2 个弯折 135° 的度量差，即 $L_G=2(a+b)+2(L_P+d+D/2)-3\Delta_{90}-2\Delta_{135}$ 计算，

将 $D=2.5d$ 和 $L_P=10d$ 代入，

$L_G=2(a+b)+2(10d+d+2.5d/2)-3\times1.75d-2\times0.38d\approx2(a+b)+18.5d$；

将 $D=4d$ 和 $L_P=10d$ 代入，

$L_G=2(a+b)+2(10d+d+4d/2)-3\times2.08d-2\times0.11d\approx2(a+b)+19.5d$；

将 $D=5d$ 和 $L_P=10d$ 代入，

$L_G=2(a+b)+2(10d+d+5d/2)-3\times2.29d+2\times0.07d\approx2(a+b)+20.3d$。

注：无论用哪种方法计算，得的结果都是相同的。

因为末端弯钩平直部分长度 L_P 应取 max $\{10d,75mm\}$，

所以当 $d=6mm$ 时，下料长度 L_G 还应加上 30mm。

3) 一个拉筋下料长度 L_L 计算公式的推导

仿照箍筋项的分析，设拉筋的外皮尺寸为 a，拉筋的下料长度也有两种算法。

(1) 按 L_L＝拉筋的外皮尺寸＋两个末端弯折 135° 再带直线段 L_P 的附加长度 L_Z 计算，即 $L_L=a+2L_Z$；

将 $D=2.5d$ 和对应的 L_Z 代入，$L_L=a+2\times11.87d=a+23.74d\approx a+23.7d$；

将 $D=4d$ 和对应的 L_Z 代入，$L_L=a+2\times12.89d=a+25.78d\approx a+25.8d$；

将 $D=5d$ 和对应的 L_Z 代入，$L_L=a+2\times13.57d=a+27.14d\approx a+27.1d$。

(2) 按 L_L＝拉筋的外皮尺寸－2 个弯折 135° 的度量差＋两个末端的丈量度长度之和，即 $L_L=a-2\Delta_{135}+2(10d+d+D/2)$；

将 $D=2.5d$ 和对应的 Δ_{135} 代入，$L_L=a-2\times0.38d+2(10d+d+2.5d/2)=a+23.74d\approx a+23.7d$；

将 $D=4d$ 和对应的 Δ_{135} 代入，$L_L=a-2\times0.11d+2(10d+d+4d/2)=a+25.78d\approx a+25.8d$；

将 $D=5d$ 和对应的 Δ_{135} 代入，$L_L=a+2\times0.07d+2(10d+d+5d/2)=a+27.14d\approx a+27.1d$。

注：无论用哪种方法计算，得的结果都是相同的。

同样，当 $d=6mm$ 时，L_L 按上表公式计算后还应增加 30mm。

1. 钢筋翻样的计算程序

(1) 熟悉构件的图纸，弄清构件的尺寸和钢筋的配置。

(2) 绘制此构件配筋计算简图，标明相关数据。

(3) 给构件的每种钢筋编号。

(4) 按照编号的顺序逐根标明钢筋的形状和外形总尺寸。

(5) 按照相应的构造要求，确定钢筋各部分的分尺寸。

(6) 套用相关计算公式，计算钢筋的下料长度。

(7) 计算每个编号钢筋的根数。

(8) 编制某构件的钢筋配料单。

2. 钢筋翻样的配料单

钢筋翻样的成果是某项工程或某一构件的钢筋配料单。钢筋配料单就是根据设计图纸，以一个构件为单位，给每一种钢筋编号，按编号标明其钢种、直径、外形、各段尺寸、弯法，计算出每根钢筋的下料长度、根数等数据，列成表格，供现场加工制作和预算使用，这样的清单称为钢筋配料单，详见下面的例题。

已知：某混凝土交梁楼面的设计资料如图 4-18 和图 4-19 所示。

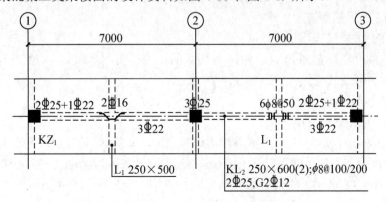

图 4-18 KL₂ 的平法配筋图

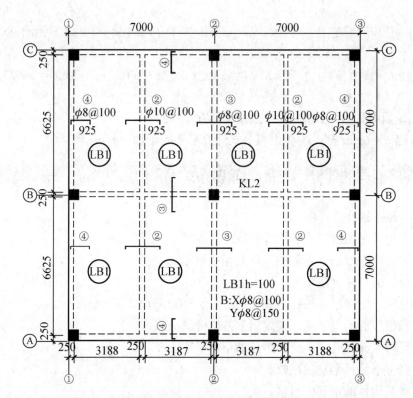

图 4-19 混凝土楼面的平法配筋图

柱截面为 500mm×500mm，梁宽均为 250mm，板厚为 100mm，混凝土强度等级均为 C30，室内干燥环境；板的钢筋和梁的箍筋均为 HPB300 级，梁的纵向受力钢筋为 HRB400 级；结构抗震设防烈度为 7 度、抗震等级四级。试对梁 KL$_2$ 和混凝土板的钢筋进行施工翻样。

解：按混凝土结构构造规定，查 11G 101—1 图集，取保护层厚度：板筋 $a=15$mm，梁箍筋 $a=20$mm，梁箍筋直径为 8mm，板的负筋最大直径为 10mm，梁上部纵向钢筋保护层 $a=20+10=30$(mm)，梁下部和两侧纵向钢筋保护层 $a=20+8=28$(mm)；有抗震要求的框架梁纵向受力钢筋伸入支座内的锚固长度 $L_{abE} \geqslant 35d$。

1. 梁 KL$_2$ 的钢筋翻样

1) 绘制 KL$_2$ 的配筋详图

根据 KL$_2$ 的平法配筋图和 11G 101—1 图集的相关说明，绘制 KL$_2$ 的配筋详图，确定梁内各种钢筋的编号及其配置位置，如图 4-20 所示。

2) KL$_2$ 的钢筋翻样

(1) 纵筋 1Φ22(图 4-21)。

据 11G 101—1 图集第 79 页 "抗震楼层框架梁 KL 纵向钢筋构造"，判断端支座锚固方式：梁上部中间位置纵筋①的直径 $d=22$mm，$35d=35\times22=770$(mm)>柱宽 500mm，$0.4\times35d=0.4\times770=308$(mm)，不能采用直锚方式；纵筋①只能采用弯锚方式，且直锚段要求伸至边柱外排竖向钢筋的内侧再弯折。故确定纵筋①取直锚段 400mm(距边柱外缘 100mm)，弯锚段 $15d=15\times22=330$(mm)。

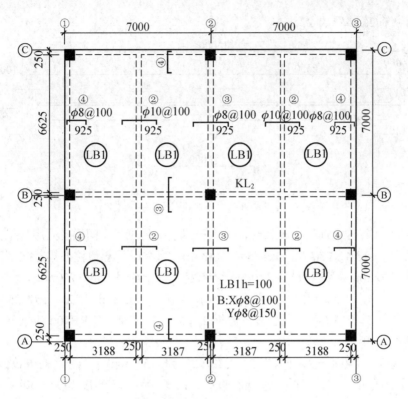

图 4-20　KL₂ 的配筋详图

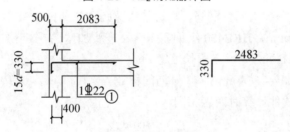

图 4-21　纵筋 1±22

①号筋伸入跨内的长度为净跨的 1/3，即 6250÷3＝2083(mm)，所以①号筋下料长度 $L=$ 三段长度之和－弯折 1 个 90°的度量差(HRB400 级钢筋，弯心直径 $D=5d$，度量差 $\Delta=-$ 2.29d)；$L=330＋400＋2083－2.29×22＝2763(mm)$；①号筋的根数 $N=2$。

【附注】用一般的算量软件计算时，①号钢筋水平段的长度＝柱宽减去外侧混凝土保护层厚度 500－25＝475(mm)＋伸入跨内长 2083mm＋弯锚段长 15×22＝330(mm)；不扣除弯折的度量差。故算量长度＝15×22＋(500－25)＋2083＝2888(mm)＞2763mm，两者相差 2888－2763＝125(mm)。

(2) 角纵筋 2Φ25(图 4-22)。

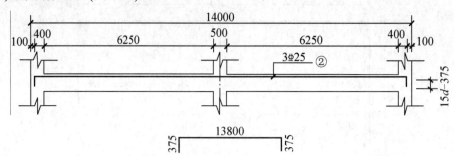

图 4-22　角纵筋 2Φ25

梁上部两角纵筋②的直径 $d=25\text{mm}$，大于纵筋①的直径，同样应采用弯锚方式，其中直锚段 $\geqslant 0.4L_{\text{abE}}=0.4\times 35d=0.4\times 875=350(\text{mm})$，且要求伸至边柱外排竖向钢筋的内侧，故直锚段取 400mm，距边柱外缘 100mm，弯锚段 $15d=15\times 25=375(\text{mm})$。

$d=25\text{mm}$，$L_{\text{abE}}=35d=35\times 25=875(\text{mm})$，$0.4L_{\text{abE}}=350\text{mm}$，$15d=15\times 25=375(\text{mm})$。

②号筋的下料长度 $L=$ 三段之和－弯折 2 个 90° 的度量差(HRB400 级钢筋，弯心直径 $D=5d$，度量差 $\Delta=-2.29d$)

$L=2\times 375+(14000-2\times 100)-2\times 2.29\times 25=14435(\text{mm})$，②号筋的根数 $N=2$。

【附注】用算量软件计算时，②号筋的算量长度 $L=2\times 375+14000-50=14750(\text{mm})$。

(3) 纵筋 1Φ25(图 4-23)。

③号筋是中间支座的上部负钢筋，每边伸入梁跨内净跨的 1/3。

$6250\div 3=2083(\text{mm})$，HRB400 级钢筋末端不需要加弯钩。

所以③号筋的下料长度 $L=$ 三段长度之和

$L=2\times 2083+500=4666(\text{mm})$；③号筋的根数 $N=1$。

【附注】用算量软件计算时两者相同。

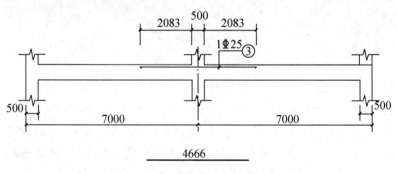

图 4-23　纵筋 1Φ25

(4) 纵筋 3Φ22(图 4-24)。

④号筋是梁下部受力钢筋，采用两跨连续配置。很明显，两端伸入边柱内锚固也应采用弯锚的方式；要求直锚段长 $\geqslant 0.4\times 35d=0.4\times 770=308(\text{mm})$；且应 $\geqslant 0.5h_{\text{c}}+5d=250+110=360(\text{mm})$；还应伸至边柱外排竖向钢筋和梁上面筋弯锚段的内侧，而弯锚段长度为 $15d=15$

×22＝330(mm)，所以确定取直锚段 360mm＞0.4×35d＝0.4×770＝308(mm)，弯锚段 15d ＝15×22＝330(mm)。

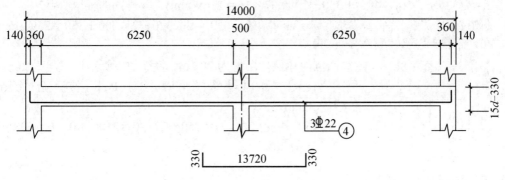

图 4-24　纵筋 3⏀22

④号筋下料长度 L＝三段之和－弯折 2 个 90°的度量差(HRB400 级钢筋，弯心直径 D ＝5d，度量差 Δ＝－2.29d)，

$L＝2×330＋(14000－2×140)－2×2.29×22＝14279(mm)$。

④号筋的根数 N＝3。

【附注】用算量软件计算时，④号筋的算量长度 $L＝2×330＋14000－50＝14610(mm)$。

(5) 吊筋 2⏀16(图 4-25)。

这是左跨梁中间集中力处的附加吊筋，梁中间这段上部只有两根通长钢筋②2⏀25，位于截面上部的两角端，因为 2×25＋2×16＋3×25＝157(mm)＜194mm，2⏀16 放在上部中间后其间距符合要求；但如果将 2⏀16 与梁下部 3⏀22 同一排放，钢筋间的间距为[194－(3×22＋2×16)]÷4＝24(mm)＜25mm，不符合要求，所以要将吊筋放到梁下部的第二排，故吊筋下部距离梁底应为 28＋22＋25＝75(mm)。

吊筋上下的总高为 600－75－30＝495(mm)；据 11G101—1 图集第 87 页梁的吊筋构造，当梁高≤800mm 时，吊筋弯起的角度为 45°。

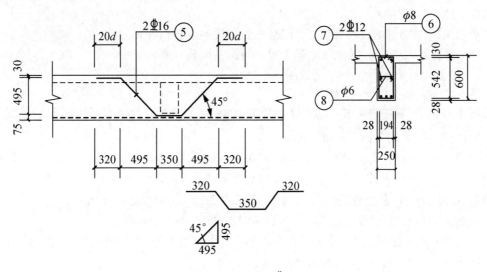

图 4-25　吊筋 2⏀16

⑤号筋的下料长度＝各直线段之和－2对弯曲45°的度量差(HRB400级钢筋，弯心直径$D=5d$，度量差$\Delta=-0.67d$)，

$L=2(320+1.414\times495)+350-2\times0.67\times16=2369(mm)$，⑤号筋的根数$N=2$。

【附注】用算量软件计算时，⑤号筋的算量长度$L=2\times320+2\times700+350=2390(mm)$。

(6) 箍筋$\phi8@100/200$(图4-26)。

箍筋的直径为8mm，箍筋两侧的净保护层均为20mm，箍筋的下侧净保护层为20mm。

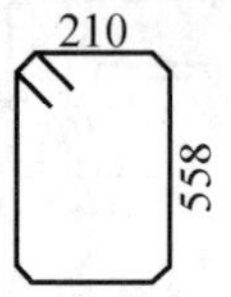

图4-26　箍筋$\phi8@100/200$

但因为梁上楼板的上层受力钢筋直径为10mm，使箍筋的上侧保护层为22mm。

箍筋的外皮尺寸：$a=250-2\times20=210(mm)$，$b=600-20-22=558(mm)$，

梁纵筋最大直径为25mm，按$D=4d_{箍筋}=4\times8=32(mm)>25mm$，

所以抗震箍筋下料长度$L=2(a+b)+19.5d=2(210+558)+19.5\times8=1692(mm)$；

箍筋加密区的范围应$\geq1.5h_b=1.5\times600=900(mm)$；加密区箍筋间距为100mm，刚好能整除900mm，从柱边50mm起配置，故加密区应取作950mm；

1个加密区段的箍筋数$900\div100+1=10(个)$；

1个非加密区段的实际长度$=6250-2\times950=4350(mm)$；

1个非加密区段的箍筋数$4350\div200-1=20.75(个)\approx21$个；

右跨中集中力处不设吊筋，还要增加6个箍，

所以KL_2梁的箍筋总数为$N=4\times10+2\times21+6=88(个)$。

【附注】用算量软件计算时，⑥号钢筋的算量长度$L=2\times210+2\times558+2\times13\times8=1744(mm)$。

(7) 构造钢筋$2\Phi12$(图4-27)。

据11G101—1图集第87页"梁侧面纵向构造钢筋"配置的要求，此梁应配置$2\Phi12$的腰筋，腰筋的下料长度按照梁的净跨加上两端伸入支座内各15d；又据同一图集第53页"受拉钢筋的锚固长度L_a应不小于200mm"；$15\times12=180(mm)<200mm$，故两端伸入支座内各取200mm。

所以KL_2梁腰筋的下料长度$L=6250+2\times200=6650(mm)$；

KL_2梁腰筋的数量，每一跨配置2根，两跨共配置4根，$N=4$。

【附注】用算量软件计算时两者相同。

(8) 拉筋$\phi6@400$(图4-28)。

据11G101—1图集第87页注4，梁宽在350mm以内时，拉筋直径用$\phi6$，拉筋间距为非加密区箍筋间距的2倍，即@400mm。

因为拉筋直径为6mm<8mm，$10d=10\times6=60<75(mm)$，$75-60=15(mm)$，即每个末端按135°弯钩后应带有直线段10d再加上15mm；当拉筋与箍筋紧靠拉住腰筋时，因腰筋直径为12mm，取拉筋的弯芯直径为$D=2.5d=2.5\times6=15(mm)>12mm$。

拉筋的下料长度$L=a+23.7d+2\times15=210+23.7\times6+30=382(mm)$，

拉筋数：1个加密区10只箍配5个拉筋，1个非加密区21个箍配10个拉筋，总计4个加密区2个非加密区，即$N=4\times5+2\times10=40$。

【附注】用算量软件计算时，⑧号钢筋的算量长度 $L=210+2\times13\times6+30=396(\text{mm})$。

(9) 定位钢筋 2±25(图 4-29)。

为了保证吊筋的位置正确，拟增加 2 根 25mm 的定位短钢筋，其长度为 210mm，位置在梁下层纵筋的上面与下层纵筋垂直，支承着吊筋。

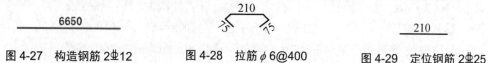

图 4-27　构造钢筋 2±12　　　图 4-28　拉筋 ϕ 6@400　　　图 4-29　定位钢筋 2±25

3) 梁 KL₂ 的钢筋配料单(表 4-11)

表 4-11　梁 KL₂ 的钢筋配料单

钢筋代号	钢筋简图	直径/mm	根数	下料长度/mm	总长/m	每米重/(kg/m)	总重/kg
1		±22	2	2763	5.53	2.98	16.48
2		±25	2	14435	28.87	3.85	111.15
3		±25	1	4666	4.67	3.85	17.98
4		±22	3	14279	42.84	2.98	127.66
5		±16	2	2369	4.74	1.58	7.49
6		ϕ 8	88	1692	148.90	0.395	58.82
7		±12	4	6650	26.60	0.888	23.62
8		ϕ 6	40	382	15.28	0.222	3.39
9		±25	2	210	0.42	3.85	1.62
合　计							368.21

2. 混凝土板的钢筋翻样

混凝土板的钢筋用算量软件计算时，板中各号钢筋的算法与上述梁钢筋算法和两者的差异基本相同，板下层跨中钢筋取梁中至梁中长度加上两个末端弯曲加长，板的上层负筋取各段长度之和，边梁上部板的负钢筋伸入梁内取梁宽减保护层，如此等，此处计算过程从略。

1) 楼板配筋的典型剖面(图 4-30)

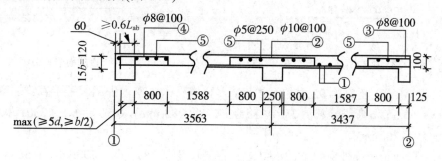

图 4-30　板的配筋剖面

2) 板钢筋翻样

(1) 板的底筋 $\phi 8@100(X)$ 和 $@150(Y)$（图 4-31）。

据 11G 101—1 图集第 92 页的大样（a），底筋伸入支座内的锚固长度 $\max\{5d，b/2\}$，$5d=5\times8=40(mm)$，$250\div2=125(mm)$，应伸至梁中线，即锚固长度 $=125mm$；

HPB300 级钢筋，$D=2.5d$，一个 180° 弯钩加 3d 直线段的加长 $=+6.25d$，

①号筋的下料长度 $L=2\times7000-2\times125+2\times6.25\times8=13750+100=13850(mm)$；

X 方向的根数 $2(7000-375)\div100=134$（从距梁边 50mm 起按 @100 布置）；

Y 方向的根数 $4[(3188-100)\div150+1]=88$（从距梁边 50mm 起按 @150 布置）；

所以，①号筋的根数 $N=134+88=222$。

(2) 板的面筋 $\phi10@100$。

②号筋的计算简图如图 4-32 所示。

图 4-31　板的底筋 $\phi 8@100(X)$ 和 $@150(Y)$ 　　　　图 4-32　板的面筋 $\phi 10@100$

②号筋的下料长度。

$L=$ 各直线段长度之和 $-$ 弯折 2 个 90° 的度量差

$\quad=2\times85+1850-2\times1.75\times10=1985(mm)$（HPB300 级钢筋，$D=2.5d$，$\Delta=-1.75d$）；

根数同①号筋 X 方向的 2 倍，即 $N=134\times2=268$。

(3) 板的面筋 $\phi8@100$。

③号筋的计算简图如图 4-33 所示。

③号筋的下料长度。

(HPB300 级钢筋，$D=2.5d$，$\Delta=-1.75d$，下同)

$L=2\times85+1850-2\times1.75\times8=1992(mm)$；

根数：X 方向的根数同①号筋 X 方向数 $N_1=134$，

Y 方向的根数 $N_2=(3188\div100)\times4=128$，

所以，③号筋的根数 $N=134+128=262$。

(4) 板的面筋 $\phi8@100$。

④号筋的计算简图如图 4-34 所示。

图 4-33　板的面筋 $\phi8@100$ 　　　　　　　图 4-34　板的面筋 $\phi8@100$

据 11G 101—1 图集第 92 页的大样（a），面筋伸入支座内的锚固采用直锚加弯锚的方式，直锚段 $\geqslant0.6L_{ab}$，弯锚 $=15d$，$L_{ab}=35d=35\times8=280(mm)$，$0.6L_{ab}=0.6\times280=168(mm)$，$15d=15\times8=120(mm)$；

当④号筋伸至边梁外侧纵筋的内侧时，直锚长度取 $250-60=190mm>0.6L_{ab}$，

所以，④号筋的下料长度

$L = 120 + 85 + 190 + 800 - 2 \times 1.75 \times 8 = 1167(\text{mm})$；

④号筋根数 $N = X$ 方向同①号筋 X 方向数的 2 倍＋Y 方向同③号筋 Y 方向数的 2 倍

$= 2 \times 134 + 2 \times 128 = 524$。

(5) 沿 Y 方向板面筋的分布筋 $\phi 6@250$。

⑤号筋的计算简图如图 4-35 所示。

据 11G101—1 图集第 94 页的注 4，分布钢筋末端与其他钢筋的搭接长度为 150mm，

因为 $6625 - 2 \times 800 = 5025(\text{mm})$；

所以，⑤号筋的下料长度 $L = 2 \times 150 + 5025 = 5325(\text{mm})$；

每 1 个矩形板块用 8 根，共有 8 个板块，故 $N = 8 \times 8 = 64$。

(6) 沿 X 方向板面筋的分布筋 $\phi 6@250$。

⑥号筋的计算简图如图 4-36 所示。

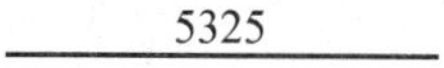

5325	1888

图 4-35　沿 Y 方向板面筋的分布筋 $\phi 6@250$ 　　图 4-36　沿 X 方向板面筋的分布筋 $\phi 6@250$

同上⑤号筋注，因为 $3188 - 2 \times 800 = 1588(\text{mm})$；

所以，⑥号筋下料长度 $L = 2 \times 150 + 1588 = 1888(\text{mm})$；

每 1 个矩形板块用 8 根，共有 8 个板块，故 $N = 8 \times 8 = 64$。

(7) 板上层钢筋的支撑筋 $\phi 8$。

⑦号筋的计算简图如图 4-37 所示。

⑦号筋下料长度。

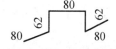

$L = 3 \times 80 + 2 \times 62 - 4 \times 1.75 \times 8 = 308(\text{mm})$；

图 4-37　板上层钢筋的支撑筋 $\phi 8$

这是板上部负筋的支撑钢筋架，每块板 4 个，沿长边三分点布置。

每 1 个矩形板块用 4 根，共有 8 个板块，故 $N = 8 \times 4 = 32$。

3) 板的钢筋配料单

表 4-12　板的钢筋配料单

钢筋代号	钢筋简图	直径/mm	根数	下料长度/mm	总长/m	每米重/(kg/m)	总重/kg
1	13750	$\phi 8$	222	13850	3074.70	0.395	1214.51
2	85 1850 85	$\phi 10$	268	1985	531.98	0.617	328.23
3	85 1850 85	$\phi 8$	262	1992	521.90	0.395	206.15
4	120 990 85	$\phi 8$	524	1167	611.51	0.395	241.55
5	5325	$\phi 6$	64	5325	340.80	0.222	75.66
6	1888	$\phi 6$	64	1888	120.83	0.222	26.82
7	62 80 62 80 80	$\phi 8$	32	308	9.86	0.395	3.89
合　　计							2096.81

4.3.7 钢筋的代换

1. 代换的原因

施工中常会遇到现有存货与设计图纸要求的钢筋品种、规格不一样的情况，在一定的条件下是可以代换的。

2. 代换的原则

(1) 要充分理解设计意图和代换钢筋的性能。

(2) 严格遵守规范的各项规定。

① 受力性质不同的钢筋应分别代换。

② 不宜用 HPB300 级光圆钢筋代替 HRB335、HRB400、HRB500 级带肋钢筋。

③ 代换后应满足构造要求(如直径、间距、根数、锚固长度等)。

④ 代换后有两种以上不同直径时，直径相差不应大于 5mm。

⑤ 有抗裂要求的构件，代换后应做抗裂验算。

⑥ 预制构件的吊环，必须用未冷拉的 HPB300 级筋，不得以其他钢筋代换。

(3) 要事先征得设计和监理单位的同意和签认。

(4) 代换后的用量要控制在原来用钢量的－2%～＋5%以内。

3. 钢筋代换的计算式

(1) 等强度代换：当钢种不同时，属于等拉力代换

$$N_2 \geqslant N_1, \quad A_{s2} \times f_{y2} \geqslant A_{s1} \times f_{y1} \tag{4-1}$$

(2) 当钢种相同时：简化为等面积代换

$$f_{y2} = f_{y1}, \quad A_{s2} \geqslant A_{s1} \tag{4-2}$$

(3) 对裂缝开展有特殊要求时，还要进行专门的复核。

4. 钢筋代换算例

已知：某混凝土墙体，设计配筋为Φ14@200，因施工现场没有此规格，拟用Φ12代替，试计算代换后每米应配几根？

解： 因是同级别钢筋，故可按面积相等的原则进行代换。

代换前墙体每米应配根数 $n_1 = 1000 \div 200 = 5$；

代换后墙体每米应配根数 $n_2 = n_1 d_1^2 \div d_2^2 = 5 \times 14^2 \div 12^2 = 6.8$，取作 7 根。

【任务实施】

实训任务：教师提供某混凝土楼面结构图纸，指定某一梁或板，在教师指导下，由学生进行钢筋施工翻样。

【技能训练】

(1) 熟悉构件的图纸，弄清构件的尺寸和钢筋的配置。

(2) 绘制此构件配筋计算简图，标明相关尺寸。

(3) 给构件的每种钢筋编号。

(4) 按照编号的顺序逐根标明钢筋的形状和外形总尺寸。

(5) 按照相应的构造要求，确定钢筋各部分的分尺寸。

(6) 套用相关计算公式，计算钢筋的下料长度。

(7) 计算每个编号钢筋的根数。

(8) 编制某构件的钢筋配料单。

工作任务 4.4　钢筋的绑扎安装与验收

4.4.1　钢筋的绑扎与安装的基本要求

1. 基本要求

(1) 构件的模板和支撑已经安装好，并且通过了模板分项工程的质量和安全性的验收。

(2) 钢筋的品种、规格、数量和位置都应符合设计图纸的要求。

(3) 混凝土保护层厚度、钢筋接头形式和位置应符合设计施工规范规定。

(4) 在两个或两个以上构件相交处，钢筋间的相互位置应遵守力学和结构规定的避让原则。

(5) 钢筋与钢筋的交接点处，应用专用的铁丝绑扎牢固，使之成为钢筋笼，能承受施工荷载和振动。

2. 纵向受拉钢筋绑扎搭接时的最小搭接长度

纵向受拉钢筋绑扎搭接时的最小搭接长度，见表 4-3 规定。

3. 同一截面内受力钢筋接头面积的允许百分率

(1) 同一截面，对焊接接头是指以接头位置为中心 $35d$ 及大于或等于 500mm 的范围内；对绑扎搭接接头是指以接头位置为中心 1.3 倍搭接长度范围内。

(2) 一根钢筋宜只有一个接头，接头位置宜设在受力较小处，距钢筋弯折点 $10d$ 以外。

(3) 搭接区内箍筋应加密，其间距：受拉区 $\leq 5d$ 且 ≤ 100mm；受压区 $\leq 10d$ 且 ≤ 200mm。

表 4-13　同一截面内受力钢筋接头面积的允许百分率

序号	接头的形式	接头面积允许百分率/%	
		受拉区	受压区
1	绑扎搭接连接	25	50
2	焊接搭接连接	50	50
3	受力钢筋中的焊接、机械连接	50	不限制

4.4.2 钢筋绑扎安装的避让问题

1. 避让的位置

避让的位置处于梁与梁交叉处，梁与剪力墙相交处，梁与柱相交处。框架楼层梁柱节点钢筋避让如图 4-38 所示，框架顶层梁柱节点钢筋避让如图 4-39 所示，主次梁相交处节点钢筋避让如图 4-40 所示。

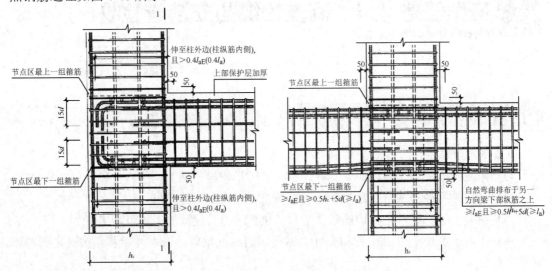

图 4-38　框架楼层梁柱节点钢筋避让

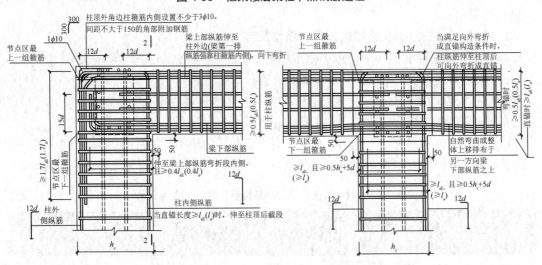

图 4-39　框架顶层梁柱节点钢筋避让

2. 避让原则

当两个(或以上)受力构件直接相交时，先要分析在这个位置上各构件钢筋受力的主次，将次要受力钢筋做适当降低或偏移，确保主要受力钢筋在最佳位置上，同时还要确保所有钢筋都符合构造规定,详细请参阅 12G901—1 图集。

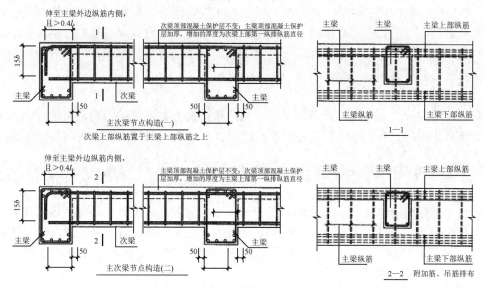

图 4-40   主次梁相交处节点钢筋避让

4.4.3 钢筋绑扎安装注意事项

1. 基础钢筋的绑扎

基础钢筋在绑扎前应先弹出钢筋位置线,确保钢筋位置准确。双向主筋的钢筋网,需将全部钢筋的相交点满绑。绑扎时应注意相邻交点的铁丝扣要呈八字形,以免网片歪斜变形。筏板底筋绑扎时弯钩应拔起朝上,不要倒下平放。

2. 柱钢筋的绑扎

柱箍筋的接头(弯钩的叠合处)应交错布置在四角纵向钢筋上;箍筋的转角与纵向钢筋的交叉点都应绑扎牢固,绑扎铁丝扣相互间也应呈八字形,丝扣还应朝向柱中心。为保证柱纵向钢筋位置的准确,施工前应先根据柱筋详图,制作工具式柱筋定位箍(用油漆刷上标记以便与箍筋相区别),在套好箍筋并连接柱的纵筋后,在柱顶超出上层楼面 100~150mm 处绑扎一道工具式定位柱箍,然后由上往下逐一绑扎箍筋。当柱截面有变化时,下层柱钢筋的露出部分,必须在绑扎梁钢筋之前先行收缩准确。

3. 墙钢筋的绑扎

墙钢筋一般采用绑扎搭接,要求在搭接段的中心和两端都要用铁丝扎牢。为保证墙钢筋的准确,对墙的竖向钢筋,采用预先制作好的卡具(用油漆刷上标记以便与墙水平筋相区别)进行定位,在本层楼面上 1.2~1.5m 处(墙钢筋绑完毕后解除)和上层楼面上 100~150mm 处(顶板混凝土浇筑完毕后解除)各设置一道。对墙的水平钢筋,采用特制的"梯子筋"进行临时定位,梯子筋的间距为 1.5~2.0m,且每道墙不少于 2 组;为了防止绑扎好的墙筋网扭曲倾斜,还可采用增加与网片筋斜交的加固筋加固;绑扎完成后将梯子筋解除。

【参考图文】

【参考视频】

4．梁板钢筋的绑扎

一般应先绑扎好梁的钢筋，并安装入模后再扎板的钢筋。梁钢筋的绑扎要与模板安装之间做好协调，当梁的高度较小时，可待梁模板安装完成，将梁钢筋架空在梁模板上口绑扎，然后再落位；当梁的高度较大(不小于 1m)时，宜先装好梁的底模，然后扎梁的钢筋，最后安装梁的侧模板。

5．板的钢筋绑扎

先布置板的下层双向钢筋，随即绑扎；然后布置板的上层双向钢筋，再进行绑扎。梁和板钢筋绑扎时，应防止水电管线将钢筋抬起或压下而造成钢筋保护层变小甚至露筋。

4.4.4 钢筋施工的质量控制

钢筋工程是现浇钢筋混凝土结构施工中的一个关键性分项工程，其施工质量的好坏直接影响到结构的安全性、适用性、耐久性和经济性。施工中应对各个环节进行全过程的质量控制，包括原材料、钢筋翻样、钢筋加工(含连接)、钢筋安装和钢筋分项工程的检查验收。

1．钢筋原材料的质量控制

原材料的质量控制是钢筋质量控制的基础。了解进场钢筋的技术性能，正确使用合格的产品，是保证钢筋分项工程合格的先决条件。钢筋原材料质量控制的重点抓好采购、进场和存放 3 个环节。

1) 钢筋的采购

目前市场上的钢筋品牌五花八门，价格相差很大。设计图纸已提出对品种规格的要求，施工单位应按照设计要求，结合在当地的采购经验，择优选用能够保证品质的产品。

2) 钢筋的进场

钢筋进场时，施工单位应与监理单位一起，按照前述的"三步走"对进场钢材进行"全数复检"。三步都通过了这批进场钢筋才算合格，才能加工使用。

3) 钢筋的存放

钢筋存放场地应选择地势较高、土质坚实、场地平坦，有良好的排水，便于运输和装卸。直条钢筋以混凝土或型钢做台座，盘条钢筋放在混凝土场地上，按不同品种、规格码放整齐，挂上醒目的标识牌。还应有防雨、防锈蚀、防油污、防酸和防有害气体的措施。

2．钢筋翻样的质量控制

(1) 钢筋翻样是技术人员根据结构施工图、平法图集和规范要求，综合运用结构理论、数学和钢筋加工工艺等方面的知识，计算构件内每一种钢筋的长度、根数和质量，绘制钢筋加工简图，填写钢筋配料单，现场加工制作的一系列过程。

(2) 钢筋翻样的基本要求是全面准确、合理合规、经济适用、便于制作。钢筋翻样工作要有固定的流程，每个阶段都有严格和细致的复核，对于特别复杂的节点还要经过试放样核实，翻样结果要经过有丰富工作经验的技术人员认真审核、签认，才能发单下料加工。

3．钢筋加工的质量控制

(1) 目前钢筋加工的形式有在专门的加工厂内进行、在工地的工场进行两种。

(2) 对于由专门的加工厂加工的钢筋，加工厂要严格按照有关标准进行加工，对加工材料和加工后的质量全面负责，有出厂质量证明书。施工单位建立钢筋加工成品进场台账，并按进场批次再次进行见证取样检测，确认检查合格，办理进场验收手续后，才能投入使用。

(3) 对于在工地的工场进行加工的，其整个生产过程由施工单位实施质量控制和检查，对每一道工序都有检查核对，都有加工台账。加工成品在料场堆码整齐，挂好标志牌和责任牌，办理进场验收手续。

4. 钢筋安装的质量控制

(1) 钢筋加工成品运送到现场后，对照设计图纸，认真核对钢筋等级、规格、直径、形状、尺寸和数量，确保准确无误后，先办理交接手续才能进行安装。

(2) 钢筋安装位置宜采用专用的定位件固定，其间距、数量和固定方式应能保证钢筋位置偏差符合规定。还要采用可靠措施，防止钢筋受到模板表面的脱模剂污染。钢筋保护层的定位件常用塑料定位片，如图 4-41 所示，也可用带有绑扎铁丝的预制砂浆小垫块。

(a) 塑料垫块

(b) 塑料环圈

环栅　环孔　环壁　内环　外环　卡喉　卡腔　卡嘴

图 4-41　控制混凝土保护层用的塑料定位片

5. 钢筋分项工程的检查验收

(1) 钢筋分项工程除了在原材料、钢筋加工、连接和安装几方面的检查验收外，在浇筑混凝土前还应进行钢筋隐蔽工程的验收。钢筋隐蔽工程反映钢筋分项工程施工的综合质量，在浇筑混凝土前验收，是为了确保各类钢筋满足设计要求，能在结构中发挥其应有作用，是钢筋分项工程质量控制的最后把关的工作。

(2) 钢筋分项工程由监理工程师(建设单位技术负责人)组织施工单位项目专业质量(技术)负责人等进行验收。验收内容包括钢筋的品种、规格、数量、位置、间距，连接方式、接头位置、接头数量和接头面积百分率，预埋件数量、规格、位置等。

4.4.5 钢筋施工的质量标准

(1) 钢筋的品种、规格在进场时已按规范规定的方法进行检查且质量合格。

(2) 对钢筋的机械连接接头、焊接连接接头，已按规定进行了抽样检验，其结果符合规范规定。

(3) 钢筋调直后的断后伸长率、质量负偏差符合规范规定(表 4-14)。

表4-14　盘卷钢筋和直条钢筋调直后的断后伸长率、质量负偏差要求

钢筋牌号	断后伸长率 A/%	质量负偏差/%		
		直径 6～12mm	直径 14～20mm	直径 22～50mm
HPB300	≥21	≤10	—	—
HRB335、HRBF335	≥16	≤8	≤6	≤5
HRB400、HRBF400	≥15			
RRB400	≥13			
HRB500、HRBF500	≥14			

(4) 钢筋加工成品的外形尺寸符合设计要求,尺寸偏差符合规范规定(表4-15)。

表4-15　钢筋加工的允许偏差

项目	允许偏差/mm
受力钢筋顺长度方向全长的净尺寸	±10
弯起钢筋的弯折位置	±20
箍筋内的净尺寸	±5

(5) 钢筋的接头方式、接头位置、接头数量、接头面积百分率符合设计要求和规范规定。

(6) 钢筋在构件中的位置、数量、间距符合设计要求,其位置偏差符合规范规定(表4-16)。

(7) 钢筋网或钢筋骨架经检查绑扎牢固,绑扎方式符合规范规定。

(8) 预埋件的材料质量经检验合格,其规格、数量、位置符合设计要求,其位置偏差符合规范规定(表4-16)。

表4-16　钢筋安装位置的允许偏差和检验方法

项目			允许偏差/mm	检验方法
绑扎 钢筋网	长、宽		±10	钢尺检查
	网眼尺寸		±20	钢尺量连续三挡,取最大值
绑扎 钢筋骨架	长		±10	钢尺检查
	宽、高		±5	钢尺检查
受力钢筋	间距		±10	钢尺量两端、中间各一点,取最大值
	排距		±5	
	保护层 厚度	基础	±10	钢尺检查
		柱、梁	±5	钢尺检查
		板、墙、壳	±3	钢尺检查
绑扎箍筋、横向钢筋间距			±20	钢尺量连续三挡,取最大值
钢筋弯起点位置			20	钢尺检查

续表

	项目	允许偏差/mm	检验方法
预埋件	中心线位置	5	钢尺检查
	水平高差	+3, 0	钢尺和塞尺检查

4.4.6 钢筋施工的安全技术要点

(1) 钢筋加工应严格按照安全操作规程办，工作人员必须持证上岗，穿戴好安全防护用品，先检查机械设备和电路的安全，再开始工作；工作完毕应及时停机断电；短钢筋头严禁用机械切割。

(2) 成条状的钢筋宜用成捆、两端绑扎、塔吊吊运至施工作业面；不得用物料提升架运输；若用人力上下传递，必须有可靠的安全防护措施。箍筋经分批成捆装在手推车上，可经物料提升架或人货两用升降机运输。

(3) 在工作面上搬运钢筋时，需特别注意勿让钢筋碰触电线。

(4) 钢筋在模板上应分散堆放，让模板和支撑架受力尽量均匀；不要将钢筋放在脚手架上，以防滑脱伤人。

(5) 不得站在已绑扎或焊接好的箍筋上操作。

【任务实施】

实训任务：具体参观某项目钢筋工程的施工过程。

【技能训练】

(1) 通过实训认识钢筋的品种、规格、标志牌。

(2) 通过实训认识钢筋连接的方法、接头位置的安排。

(3) 通过实训认识交梁楼面混凝土板中各种钢筋的布置和绑扎方法。

(4) 通过实训认识交梁楼面中梁、柱各种钢筋的布置和绑扎方法，构件交接处钢筋避让是怎样安排的。

(5) 通过实训认识交梁楼面钢筋施工质量检查和验收的过程。

(6) 最后将考察情况简明扼要地用图文表达出来，写成课外作业。

【本项目总结】

项目 4	工作任务	能力目标	基本要求	主要支撑知识	任务成果
钢筋工程施工	钢筋进场验收	能识别钢筋，会验收	初步掌握	钢筋的识别、质量标准、验收程序和方法	钢筋验收报告；钢筋连接报告；施工翻样训练(必做)；钢筋绑扎安装与验收参观报告；选做两项
	钢筋连接加工	能选择连接方法，组织加工	初步掌握	连接的原理、方法、要求、适用性的知识	
	钢筋施工翻样与代换	看懂图纸，能翻样、代换计算	初步掌握	钢筋构造要求、加工过程长度的变化等知识	
	钢筋绑扎安装与验收	能按图组织施工和验收	初步掌握	钢筋绑扎程序、原理、避让原则	

复习与思考

1. 钢筋进场如何进行验收?

2. 什么叫做钢筋的冷拉? 现阶段冷拉的目的是什么?

3. 钢筋连接有哪些方法? 各有什么特点? 适用于什么场合?

4. 如何计算钢筋的下料长度? 需要考虑哪些问题?

5. 什么叫做钢筋的配料单? 它有什么作用?

6. 如何进行钢筋的代换? 代换时要注意哪些问题?

7. 钢筋的绑扎安装有哪些基本要求?

8. 混凝土板、交梁楼面钢筋安装时要注意哪些问题?

9. 某现浇混凝土楼板,设计标明受力钢筋是 HPB300 级、每米 6Φ12,但现场没有Φ12只有Φ10,应用每米多少根来代换?

10. 某混凝土梁,截面尺寸为 300mm × 600mm,下部受力钢筋设计标明为 5Φ20(HRB400 级),现拟用 HRB335 级钢筋进行代换,应当怎样代换? 已知: HRB335 级钢筋的 f_y = 310MPa,HRB400 级钢筋的 f_y = 360MPa。

11. 某混凝土框架梁,在室内干燥环境,混凝土强度为 C30,截面尺寸为 250mm × 600mm,净跨距为 8000mm,两端为 500mm × 500mm 的柱子,梁下部受力钢筋为 HRB400 级钢筋 3Φ20,试计算其每根受力钢筋的下料长度;箍筋Φ6@200,试计算其每个箍筋的下料长度和箍筋的总个数。

项目 5 钢筋混凝土——混凝土工程施工

本项目学习提示

混凝土工程施工这一分项，主要学习普通混凝土的施工特性，混凝土的配料、拌制、运输、浇筑、振捣和养护的工艺原理，混凝土泵送、施工缝、后浇带、大体积混凝土、冬期、高温和雨期施工等特种工艺，施工质量要求和施工质量评定方法等知识。

能力目标

- 能识读和分析混凝土工种的施工图纸。
- 能编制一般工程混凝土的施工方案。
- 能组织一般工程混凝土施工质量验收。
- 能进行常规的混凝土施工配料计算。

知识目标

- 掌握普通混凝土施工特性的知识。
- 掌握普通混凝土配料、搅拌、运输、浇筑、振捣和养护的工艺原理。
- 了解混凝土泵送、施工缝、后浇带、大体积混凝土、冬期、高温和雨期施工的工艺原理。
- 掌握混凝土施工质量要求和施工质量评定方法的知识。

工作任务 5.1 混凝土工程施工工艺

5.1.1 混凝土的出现和发展

Concretus(混凝土)，源于拉丁文，意为"共同生存"。古代建筑使用气硬性的石灰-火山灰胶结材料，耐久性好，凝结慢，早期强度低。1842 年人类发明了黏土经煅烧、磨细，加入石膏后制成的水硬性无机胶结材料，从此出现了现代意义的混凝土。170 多年来人类对混凝土进行了 4 次大的变革：1850 年建立理论基础，1928 年后出现预应力和干硬性混凝土，1937 年后出现流动性混凝土，20 世纪 80 年代后期出现了高强度和高性能混凝土。

近五十年世界经济发展很快，需要建造体型庞大、功能复杂的建筑物，对混凝土的要求越来越高，促进了混凝土技术的发展变化。现代混凝土技术已经涉及工程建设的各个方面，创造出高强高性能混凝土、防水抗渗混凝土、泵送混凝土、补偿收缩混凝土、防辐射混凝土、耐磨混凝土、水下不分散混凝土等品种，强度覆盖面广，从 C20 一直到 C100 都有需求。

混凝土是一种非匀质、多相的人造复合材料，有优良的抗压性能，但抗拉能力很差，配置钢筋后钢筋主要承受拉力，混凝土主要承受压力；砂石材料可就地取材造价便宜；较耐久，可制成各种形状；耐火，维护费用低；但自重大，容易开裂，开裂后影响混凝土结构的耐久性。

建造体型庞大、功能复杂的建筑物，在成形和使用过程中各部分必然会发生不相同的变形和位移，也不可避免地产生裂缝。混凝土破坏的根本原因是混凝土的裂缝。推广使用高性能混凝土的目的，就是为了提高混凝土的耐久性，混凝土的耐久性决定了建筑物的寿命。

现代混凝土已广泛使用商品供应的方式，从原料材料的质量控制，配合比计量控制，混凝土的搅拌运输、泵送浇筑的技术含量都有了空前的提高，注意了提高混凝土的密度，养护也做到尽善尽美，但混凝土的裂缝仍然不可避免，并成为混凝土质量的通病。混凝土裂缝产生的主要原因有冷热作用、干湿作用、荷载作用。人们通过摸索、实践，总结出修补混凝土裂缝的一些较好方法。高性能混凝土具有较好的工作性能，如体积的稳定性，较小的水化热，较好的防裂性，良好的耐久性，并且向绿色、低碳、环保、节能方向发展，高性能混凝土逐渐推广应用，成为我国建筑业推广应用的新技术之一。

混凝土结构是当今人类广泛使用的主要工程结构之一，大家要充分认识混凝土的特点，在施工中因势利导，扬长避短，建造优质的混凝土结构为人类服务。

5.1.2 混凝土的分类

1. 按骨料的重力密度

混凝土按骨料的重力密度分为特重混凝土(用钢屑或重晶石做骨料,重力密度大于 2700kg/m³),普通混凝土(以普通的砂石做骨料,重力密度 1900~2500kg/m³),轻混凝土(以普通的砂或人造砂做骨料,重力密度 1000~1900kg/m³),特轻混凝土(如泡沫混凝土、加气混凝土等,重力密度小于 1000kg/m³)。

2. 按使用的凝胶材料

混凝土按使用的凝胶材料分为水泥混凝土、石膏混凝土、碱矿渣混凝土、沥青混凝土、聚合物混凝土等。

3. 按施工工艺

混凝土按施工工艺分为普通浇筑混凝土、离心成型混凝土、喷射混凝土、泵送混凝土等。

4. 按拌合物的流动性

混凝土按拌合物的流动性分为干硬性混凝土、半干硬性混凝土、塑性混凝土、流动性混凝土、大流动性混凝土等。

5. 按配筋情况

混凝土按配筋情况分为素混凝土、钢筋混凝土、劲性钢筋混凝土、钢管混凝土、钢丝网水泥纤维混凝土、预应力混凝土等。

本项目只研究用普通水泥拌制和浇筑钢筋混凝土的施工。

5.1.3 混凝土的施工特性

1. 建筑结构对混凝土施工的要求

(1) 能造成设计的形状、位置和配筋构造要求。

(2) 达到设计要求的强度,且要求均匀、密实、不开裂。

2. 施工的工艺流程

配料→搅拌→运输→浇筑→养护→硬化→拆模→投入使用。

3. 施工过程不同阶段表现的特性

(1) 水泥自加水搅拌开始发生水化反应,同时产生水化热,这个过程时间较长,但主要发热时期是在终凝后的头几天。

(2) 水泥初凝时间不早于 45min(通常约 1h)。终凝时间:普通水泥不迟于 6.5h(通常约 5h),混合水泥不迟于 10h(通常约 8h)。

(3) 从浇筑成形到失去塑性,混凝土发生塑性收缩(沉缩)。

(4) 从终凝到产生强度,混凝土发生化学收缩(硬化)。

(5) 混凝土在空气中结硬体积收缩,在水中结硬体积略有膨胀。

5.1.4 混凝土的配制

1. 设计要求的混凝土强度等级

根据国家标准,设计要求的混凝土强度等级,就是混凝土立方体抗压强度标准值,有如下几条必备的条件。

(1) 统一的钢制试模尺寸(150mm×150mm×150mm 的立方体)。

(2) 统一取样和成型的方法。

(3) 统一养护条件:温度(20±2)℃,在相对湿度95%以上的蒸汽雾室环境;或温度(20±2)℃,在不流动的饱和石灰水溶液中;养护 28 天。

(4) 统一试验仪器、试验方法和加荷速度。

(5) 统一对试验抗压极限强度的取值方法,得出具有 95%以上保证率的强度等级值($f_{cu, k}$),用 C×× 表示,单位为 MPa。

2. 混凝土生产企业的混凝土强度标准差 σ

(1) 混凝土生产企业在生产同一品种混凝土时,按规定对每一批次都留有标准条件制作的立方体试块,经标准养护期满后对这些试块进行试压得出试件的抗压极限强度值,根据大量试件的抗压极限强度值,经过数理统计分析,可以得出"混凝土强度标准差 σ"这个数值,能反映这个企业生产管理水平的高低。

(2) 当混凝土生产企业已有近期同品种混凝土强度资料时,σ 按下式计算:

$$\sigma = [(\sum f_{cui}^2 - nm_{fcu}^2) \div (n-1)]^{1/2} \tag{5-1}$$

式中:f_{cui}——第 i 组的试件强度,MPa;

   m_{fcu}——n 组试件的强度平均值,MPa;

   n——试件组数,应≥45。

对计算结果的取值有下列规定。

① 当强度等级≤C30 时,若计算得到的 σ ≥3.0 MPa,就按计算结果取值;若计算得到的 σ <3.0 MPa,就按 σ =3.0 MPa 取值。

② 当 C30<强度等级<C60 时,若计算得到的 σ ≥4.0 MPa,就按计算结果取值;若计算得到的 σ <4.0 MPa,就按 σ =4.0 MPa 取值。

(3) 当混凝土生产企业没有近期同品种混凝土强度资料时,其混凝土强度标准差 σ 按表 5-1 取值。

表 5-1 混凝土强度标准差 σ 值   单位:MPa

混凝土强度等级	≤C20	C25~C45	C50~C55
σ	4.0	5.0	6.0

3. 混凝土施工时的配制强度

当设计强度等级<C60 时,配制强度应按下式计算:

$$f_{cu,o} \geq f_{cu,k} + 1.645\sigma \tag{5-2}$$

当设计强度等级≥C60 时,配制强度应按下式计算:

$$f_{\text{cu,o}} \geqslant 1.15 f_{\text{cu,k}} \tag{5-3}$$

式中：$f_{\text{cu,o}}$——混凝土施工时的配制强度，MPa；

$f_{\text{cu,k}}$——混凝土立方体抗压强度标准值，MPa；

σ——混凝土强度标准差，MPa，按式(5-1)计算。

4. 施工配制时的具体做法

根据上述公式计算结果，考虑构件截面的大小、配筋的多少，选定碎石的粗细配置，在实验室初步计算出一个配合比进行试配；当试配结果符合上述公式时，把实验室配合比换算成为施工配合比。

实验室配合比是干料质量比，施工现场的砂、石都含水，因此施工时要随时测定砂石中水的含量，对水的用量进行换算调整。

5. 混凝土的施工配合比换算例题

已知：某混凝土的实验室配制配合比为 1∶2.28∶4.42，水灰比 $W/C = 0.6$，每立方米混凝土的水泥用量为 280kg，现场测得含水率砂为 2.8%，石为 1.2%。

求：施工配合比和每立方米混凝土各种材料的用量。

解：实验室配合比为水泥∶干砂∶干石＝1∶X∶Y＝1∶2.28∶4.42，水灰比 $W/C = 0.6$，施工配合比为 1∶$X(1+W_x)$∶$Y(1+W_y)$＝1∶2.28(1+2.8%)∶4.42(1+1.2%)＝1∶2.34∶4.47

$W = 0.6 - 2.28 \times 2.8\% - 4.42 \times 1.2\% = 0.483$

每立方米混凝土各种材料的用量为：

水泥 280.0kg；

砂 $280 \times 2.34 = 655.2(\text{kg})$；

石 $280 \times 4.47 = 1251.6(\text{kg})$；

水 $0.6 \times 280 - 2.28 \times 280 \times 2.8\% - 4.42 \times 280 \times 1.2\% = 135.3(\text{kg})$。

5.1.5 混凝土的投料和搅拌

1. 投料的先后顺序

投料的先后顺序要与生产工艺、设备相适应，既要方便材料在搅拌中混合良好，还要符合环境保护等的要求。

(1) 对于专业的混凝土生产企业，在混凝土搅拌站、用散装水泥、强制搅拌机进行搅拌的生产条件，因为整个生产过程在密封的条件下，自动称量和进料，对投料的先后顺序没有严格规定，可以有多种投料方案，由混凝土生产企业根据各自的生产设备、生产经验自行确定。

(2) 对于在施工现场、用袋装水泥、普通自落式搅拌机进行搅拌的小批量的生产条件，应先往料斗里放入石子，然后把水泥放在石子面上，再放砂子将水泥盖住，往搅拌机里投料开始搅拌时才放水。这样做的目的是使水泥不会飞扬，不粘滚筒，方便搅拌均匀。

2. 搅拌的目的

混凝土配料进入搅拌机后要充分搅拌，其目的是使配料能充分混合，加水后形成一定的塑性，让水泥开始水化。

(1) 搅拌的时间：2～3min，以强制搅拌为好，混凝土搅拌的最短时间见表 5-2。

表 5-2　混凝土搅拌的最短时间　　　　　　　　　　　　单位：s

混凝土坍落度/mm	搅拌机机型	搅拌机出料量/L		
		<250	250～500	>500
≤40	强制式	60	90	120
>40，且<100	强制式	60	60	90
≥100	强制式	60		

注：搅拌时间是指从全部材料装入搅拌筒中起，到开始卸料时止的时间段。当掺有外加剂时，搅拌时间应适当延长。当采用自落式搅拌机时，搅拌时间宜延长 30s。

(2) 混凝土浇筑时要求的坍落度见表 5-3。

表 5-3　混凝土浇筑时要求的坍落度(用机械振捣)

项次	结构类型	坍落度/cm
1	基础或地面等的垫层，无筋厚大的挡土墙等大块体或配筋稀疏的结构	1～3
2	板、梁和大型及中型截面的柱子等	3～5
3	配筋密集的结构(薄壁、斗仓、筒仓、细柱等)	5～7
4	配筋特别密集的结构	7～9

(3) 搅拌的设备。

搅拌机有两类，一类为强制式(图 5-1)，质量好效率高适合大批量商业性混凝土的生产；另一类是自落式(图 5-2)，用于现场小批量的流动性混凝土生产。

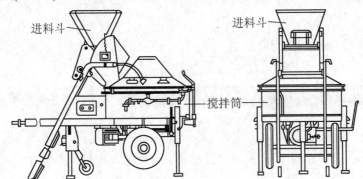

图 5-1　强制式混凝土搅拌机

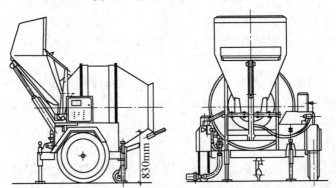

【参考图文】

图 5-2　自落式混凝土搅拌机

搅拌设备每次出料的容量为单机斗容量的 60%～70%，每台机生产率为每次出料量乘以每小时生产次数。大中型程控的搅拌站(图 5-3)，用散装水泥和自动计量，每盘水泥用量按搅拌机出料容量折算。用袋装水泥的小型单机，每盘以 1 包(50kg)或 1 包半(75kg)水泥为基数，折算出其余材料用量。

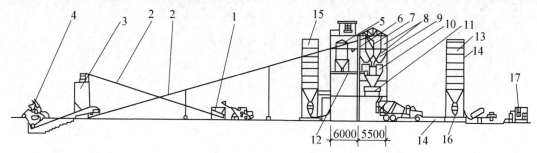

图 5-3　大型混凝土搅拌站

1—砂子上料斗；2—皮带机；3—砂子料仓；4—石子料坑；5—粉煤灰储料仓；
6—石子储料仓；7—砂石分料斗；8—水泥储料坑；9—砂子储料仓；
10—称量系统；11—搅拌机；12—粉煤灰螺旋输送机；13—水泥筒仓；
14—气力输送管；15—粉煤灰筒仓；16—单仓泵；17—空压机房

5.1.6 商品混凝土的生产供应

(1) 从 21 世纪开始，我国在县城以上的城镇全面推广使用商品混凝土，这是混凝土生产从传统的在工地拌制到混凝土工业化供应的一次大的变革，是建筑业走向现代化的一个重要标志。实践证明，商品混凝土具有独特的优势：有利于保证工程质量、加快施工进度；节约社会资源，降低建造成本；实现文明施工，保护周围环境。因此，提供商品混凝土是利国利民的举措。

(2) 建筑施工企业的工程项目部，应根据具体工程项目的施工进度计划，编制混凝土需要量计划，提前与当地供货的混凝土生产企业说明工程概况、结构形式、各批次混凝土的数量、质量要求、运输方式和距离、泵送高度、浇筑和振捣方式以及所处环境等条件，签订供货合同，并与其商定具体的协作细则。

(3) 混凝土生产企业应提供每批混凝土的配合比通知单、混凝土抗压强度报告、混凝土质量合格证书和混凝土运输单；若还需要其他资料时，供需双方应在合同中明确约定。建筑施工企业的工程项目部应把这些混凝土质量控制资料列入施工技术档案内妥善保管、按期归档。

5.1.7 混凝土的运输

1. 混凝土运输的要求

(1) 混凝土搅拌运输车(图 5-4)装车前应排空罐内存水，当罐内混凝土坍落度有损失而变硬时，严禁采用向罐内加水的方式来改善混凝土的和易性。

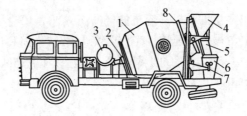

【参考视频】

图 5-4　混凝土搅拌运输车

1—搅拌筒；2—轴承座；3—水箱；4—进料斗；
5—卸料槽；6—引料槽；7—托轮；8—轮箍

(2) 由于混凝土组成材料的容重差别很大，如果运输过程中受到振动，出现分布不均匀，就容易产生离析，这就需要在运输过程中保持罐车不停地旋转，入模之前还要人为地再次搅拌均匀。

(3) 准确地掌握混凝土在运输过程中需要的时间，确保混凝土在初凝前入模，防止混凝土冷缝的产生。混凝土运输、输送入模的过程，应保证混凝土连续浇筑，从运输到输送入模的延续时间不宜超过表 5-4 规定，且不应超过表 5-5 规定。

表 5-4　从运输到输送入模的延续时间　　　　　　　　　　单位：min

条　件	气　温	
	≤25℃	>25℃
不掺外加剂	90	60
掺外加剂	150	120

表 5-5　运输、输送入模及其间歇总时间限值　　　　　　　单位：min

条　件	气　温	
	≤25℃	>25℃
不掺外加剂	180	150
掺外加剂	240	210

(4) 掺早强型减水剂、早强剂的混凝土，以及有特殊要求的混凝土，应根据设计及施工要求，通过试验确定允许时间。

2．场内运输方法的选择

(1) 混凝土柱、墙等垂直构件，通常可用料斗(图 5-5)装载混凝土后，用塔式起重机吊运至柱、墙顶上部浇筑；也可用混凝土泵加输送管和带布料杆的塔式起重机组合，将混凝土送到楼层施工点上部浇筑；当设备工作性能许可时，也可用布料杆泵车将混凝土直接泵送至柱、墙顶上部浇筑。

(2) 多层和高层建筑的楼面梁、板等水平构件，通常用混凝土泵加输送管和带布料杆的塔式起重机组合，将混凝土送到浇筑点浇筑；当设备工作性能许可时，也可用布料杆泵车将混凝土直接从接收点送至楼层浇筑点浇筑。

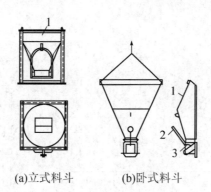

(a)立式料斗　　(b)卧式料斗

图 5-5　混凝土浇筑料斗

1—入料口；2—手柄；3—卸料口

(3) 对低层或多层建筑施工,通常用混凝土布料杆泵车直接从接收点送至楼层的浇筑点浇筑。

(4) 对小批量的低层或多层建筑的各类构件,也可用人力手推车和电动提升钢井架配合来进行输送。

【参考图文】

5.1.8　混凝土的浇筑

1. 做好浇筑前的各项准备工作

模板和支撑系统、钢筋等分项工程的验收和技术复核;对操作人员进行技术交底;根据施工方案中的技术要求,混凝土运输和浇筑用的机械设备、工用具已经到位并试运转正常;模板表面已经洒水湿润(但不得积水);经检查确认施工现场具备浇筑条件;混凝土施工单位填报浇筑申请单,并经监理单位签认。

2. 浇筑的要求

(1) 混凝土浇筑时的环境温度应控制在 5℃≤入模温度≤35℃的范围内。

(2) 在一个施工区段内,浇筑时由远而近,连续作业。

(3) 混凝土运输、输送、浇筑过程中严禁加水。

(4) 混凝土运输、输送、浇筑过程中散落的混凝土不得用于结构构件浇筑。

(5) 宜先浇筑竖向结构构件(柱、墙),后浇筑水平结构构件(梁、板);当浇筑区域结构平面有高低差时,宜先浇筑低区部分,再浇筑高区部分。

(6) 应采取措施使混凝土的布料尽量均匀,控制混凝土落下的高度和速度,以减缓混凝土布料时对模板的冲击力。

(7) 为了使柱、墙模板内的混凝土浇筑不发生离析,倾落高度应符合表 5-6 规定;当不能满足要求时,应加设串筒、溜管、溜槽等装置(图 5-6)。

表 5-6　柱、墙模板内混凝土浇筑倾落高度限值　　　　　单位：m

条件	浇筑倾落高度限值
粗骨料粒径＞25mm	≤3
粗骨料粒径≤25mm	≤6

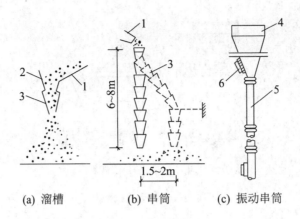

(a) 溜槽　　　　(b) 串筒　　　　(c) 振动串筒

图 5-6　溜槽与串筒

1—溜槽；2—挡板；3—串筒；4—漏斗；5—节管；6—振动器

(8) 当柱、墙混凝土设计强度等级高于梁、板混凝土设计强度等级时，按下述两种情况方法处理。

① 柱、墙混凝土设计强度比梁、板混凝土设计强度高一个等级时，柱、墙位置梁、板高度范围内的混凝土经设计单位确认，可采用与梁、板混凝土设计强度等级相同的混凝土进行浇筑。

② 柱、墙混凝土设计强度比梁、板混凝土设计强度高两个等级及以上时，应在交界区域采取分隔措施；分隔位置应在低强度等级的构件中，按如图 5-7 所示方式处理，且距高强度等级构件边缘应不小于 500mm。

③ 宜先浇筑强度等级高的混凝土，后浇筑强度等级低的混凝土。

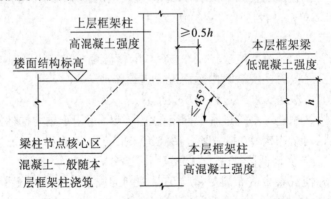

【参考视频】

图 5-7　柱、墙与楼面梁、板混凝土强度不同时的处理

5.1.9　混凝土的振捣

1. 振捣的基本要求

通过振捣使模板内的各个部位混凝土密实、均匀，不应漏振、欠振、过振；混凝土浇筑和振捣时应特别注意，防止模板、钢筋、钢构、预埋件及其定位件位移。混凝土的布料、浇筑和振捣期间，应对模板和支架进行观察和维护，发生异常情况应及时进行处理。

2．振捣使用的设备

混凝土振捣应根据混凝土构件的不同类型，对梁、柱等竖向构件可采用内部振动器(插入式振动棒)；对板等水平构件可采用表面振动器(平板振动器)；对墙可采用外部振动器(附着振动器)，必要时还可采用人工辅助振捣；对预制构件多采用振动台。四种振动机械如图 5-8 所示。

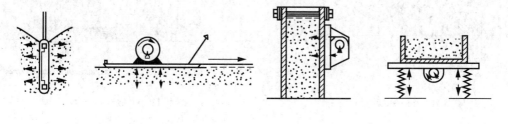

(a) 内部振动器   (b) 表面振动器   (c) 外部振动器   (d) 振动台

图 5-8　四种振动机械

3．用振动棒振捣

(1) 应按分层浇筑厚度分别进行振捣，振动棒(图 5-9)的前端应插入前一层混凝土中，插入深度不应小于 50mm。

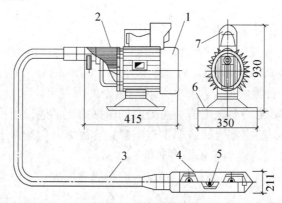

图 5-9　插入式振动棒

1—电动机；2—增速器；3—软轴；4—振动棒；5—振动子；6—底座；7—手把

(2) 振动棒应垂直于混凝土表面，并快插慢拔均匀振捣，当混凝土表面无明显塌陷、有水泥浆出现、不再冒气泡时，应结束振捣该部位。

(3) 振动棒与模板距离不应大于振动棒作用半径的 50%；振捣棒插点间距不应大于振动棒作用半径的 1.4 倍。振动棒插点分布如图 5-10 所示。

4．用平板振动器振捣

(1) 平板振动器(图 5-11)振捣应覆盖振捣平面边角。

(2) 平板振动器的移动应覆盖已振实部分混凝土边缘。

(3) 振捣倾斜表面时，应由低处向高处进行振捣。

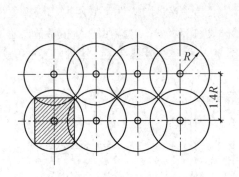

图 5-10　振动棒的插点分布

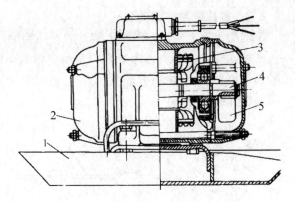

图 5-11　平板式振动器

1—底板；2—外壳；3—电动机定子；
4—转子轴；5—偏心振动子

5．用附着振动器振捣

(1) 附着振动器应与模板紧密连接，设置间距应通过试验确定。

(2) 附着振动器应根据混凝土浇筑高度和浇筑速度，依次从下往上振捣。

(3) 模板上同时使用多台附着振动器时，应使各振动器的频率一致，并应交错设置在相对面的模板上。

6．对特殊部位的加强振捣措施

(1) 对于 0.3m＜宽度≤0.8m 的预留洞底部区域，应在洞口两侧进行振捣，并适当延长振捣时间；对于宽度＞0.8m 的洞口，可在洞口下方一侧模板的中间加设临时下料斜口，帮助浇筑和振捣混凝土，拆模后再将多余的混凝土凿除。

【参考图文】

(2) 后浇带及施工缝边角处应加密振捣点，适当延长振捣时间。

(3) 钢筋密集区域或型钢与钢筋结合区域，应选择小型振动棒辅助振捣、加密振捣点，适当延长振捣时间。

(4) 基础大体积混凝土浇筑流淌形成的坡脚，不得漏振。

5.1.10　混凝土的养护

1．养护的目的

混凝土养护目的是：人为地创造一个适宜温度、湿度的环境，使新浇筑的混凝土能顺利地凝结硬化，逐渐达到设计的强度，而构件还不开裂。

2．养护的时间

(1) 采用硅酸盐水泥、普通硅酸盐水泥或矿渣硅酸盐水泥配制的混凝土，不应小于 7 天；采用其他品种水泥时，养护时间应根据水泥性能确定。

(2) 采用缓凝型外加剂、大掺量矿物掺合料配制的混凝土，不应小于 14 天。

(3) 抗渗混凝土、强度等级 C60 及以上的混凝土，不应小于 14 天。

(4) 后浇带混凝土的养护时间不应小于 14 天。

(5) 地下室底层墙、柱和上部结构首层墙、柱，宜适当增加养护时间。

3．养护的方式和做法

混凝土浇筑后应及时进行保湿养护，养护的方式有洒水养护、覆盖养护、喷涂养护剂养护等方式。养护方式应根据现场条件、环境温湿度、构件特点、技术要求、施工操作等因素确定。

1) 洒水养护

(1) 洒水养护宜在混凝土裸露表面覆盖麻袋或草帘后进行，也可采用直接洒水、蓄水等方式养护；洒水养护应保证混凝土表面处于湿润状态。

(2) 洒水养护的用水应符合现行的《混凝土用水标准》(JGJ 63—2006)的规定。

(3) 当日最低温度＜5℃时，不应采用洒水养护。

2) 覆盖养护

(1) 覆盖养护宜在混凝土裸露表面覆盖塑料薄膜、塑料薄膜加麻袋、塑料薄膜加草帘进行。

(2) 塑料薄膜应紧贴混凝土裸露表面，塑料薄膜内应保持有凝结水。

(3) 覆盖物应严密，覆盖物的层数应按施工方案确定。

3) 喷涂养护剂养护

(1) 应在混凝土裸露表面喷涂覆盖致密的养护剂进行养护。

【参考图文】

(2) 养护剂应均匀喷涂在结构构件表面，不得漏喷；养护剂应具有可靠的保湿效果，保湿效果可通过试验检验。

(3) 养护剂的使用方法应符合产品说明书的有关要求。

4) 对柱、墙混凝土的养护

(1) 地下室底层和上部结构首层柱、墙混凝土带模养护时间不应小于3天；带模养护结束后，可采用洒水养护方式继续养护，也可覆盖养护或喷涂养护方式继续养护。

(2) 其他部位柱、墙混凝土可采用洒水养护，也可采用覆盖养护或喷涂养护剂养护。

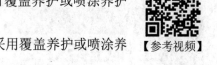
【参考视频】

4．养护的要求

混凝土的凝结硬化是水泥水化作用的结果，而水泥水化作用只有在适当的温度和湿度下才能顺利进行。在这段养护时间里，以保持混凝土构件处于适当的温度、湿度，保证其体形不变和构件表面湿润为目标。

5．养护的注意事项

(1) 混凝土强度达到 1.2MPa 前，不得在已振捣混凝土上踩踏、堆放物料、安装模板及支架。

(2) 同条件养护试件的养护条件应与实体结构部位养护条件相同，并应采取措施妥善保管现场这些试件不丢失、不损坏。

(3) 施工现场应具备混凝土标准试件制作条件，并应设置标准试件养护室或养护箱。标准试件养护应符合国家现行有关标准的规定。

5.1.11 混凝土施工安全技术

(1) 混凝土浇筑施工前必须先全面检查脚手架、模板、工作台、运送通道是否牢固、安全；使用的机械设备、电路，如混凝土泵、输送管道、布料杆、振动器等是否安装正常；相应的防护设施是否配置妥当；办理好模板和钢筋分项工程的验收手续。

(2) 所有上岗施工人员应有明确的分工；穿戴好防护用品；服从专人指挥，设专人负责安全监控。

(3) 泵送、吊斗送混凝土应均匀分布，不得集中在某一位置上，避免冲击荷载太大。

(4) 浇筑途中若发生机械故障，必须先切断电源，再进行检查修理。

(5) 夜间施工应有足够的灯光照明；在深坑和潮湿处施工，应使用 36V 以下的低压安全照明。

【任务实施】

实训任务：编制 A 学院第 13 号教师住宅楼(4 栋作为 1 个小区)混凝土浇筑施工方案。

【技能训练】

(1) 熟悉本项目的结构施工图纸，考察施工现场条件。

(2) 讨论确定混凝土的来源、运送方式、浇筑方式。

(3) 讨论确定以 1 个小区 4 栋同时施工的方法，安排流水作业。

(4) 讨论确定使用的施工机械设备及其布置位置。

(5) 讨论确定混凝土浇筑的施工安排。

(6) 由学生归纳后写成施工方案，作为课外作业。

工作任务 5.2   混凝土的特殊施工

5.2.1 泵送混凝土施工

1. 泵送混凝土的必要性

现代混凝土结构建筑，或是体量巨大，或是建筑的层数很多，这就要求能在短时间内连续完成每层(段)的混凝土浇筑，甚至是几十层上的楼面也一样能办到。泵送混凝土就是利用特制的混凝土泵、配套的输送管道和布料设施，将混凝土输送到浇筑地点，一次性完成地面的水平运输、垂直运输和楼面的水平运输。

2. 泵送混凝土的可能性

混凝土是由多种材料经过拌和而成的塑性混合体，当它在一定压力作用下在管道内运动时，由于其组成材料的不同特性，水泥砂浆趋向于管道壁形成流体的润滑层，容重最大的石子趋向于管道中间；只要这种状态能维持，混凝土就可以被泵输送到需要的地方。

3．泵送混凝土的优越性

泵送混凝土具有输送能力大、运送速度快、效率高、节省人力、能连续作业等优点，因此，混凝土输送宜首选泵送方式。经过 30 多年的发展，泵送混凝土无论机械设备、生产工艺都已经成熟，并成为施工现场输送混凝土的一种重要的方法。目前国内最大输送水平距离达 1000m，最大垂直输送高度达 500m。

4．泵送混凝土的主要设备

1）混凝土泵

(1) 混凝土泵是输送混凝土的专用设备，有液压活塞式(图 5-12)、挤压式(图 5-13)和气压式 3 种，其中以液压活塞式混凝土泵用得最多。将搅拌好的混凝土装入料斗，泵的吸入阀打开而排出阀关闭，活塞在液压作用下移动，将混凝土吸入缸内；然后将排出阀打开而吸入阀关闭，混凝土被压入管道中；如此轮番动作，不断将混凝土通过管道直接送到浇筑地点。

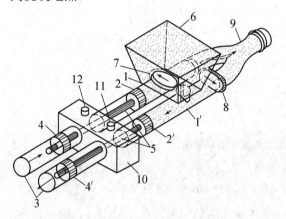

图 5-12　液压活塞式混凝土泵

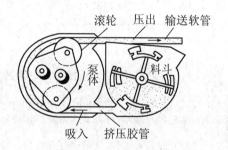

图 5-13　挤压式混凝土泵

1—混凝土缸；2—推压活塞；3—液压缸；4—活塞；
5—活塞；6—料斗；7—吸入阀；8—排水阀；
9—Y 形管；10—水箱；11—换向筒；12—冲洗水管

(2) 输送泵的选型应根据工程特点、混凝土的输送高度和距离、混凝土拌合物的工作性能等条件确定；输送泵的数量应根据混凝土的浇筑量、施工条件确定，必要时应设置备用泵；宜根据结构形状及尺寸、混凝土供应、混凝土浇筑设备、场地内外条件等划分每台输送泵的浇筑区域及浇筑顺序。

(3) 输送泵设置的位置应满足施工的要求，输送泵的作业范围内不得有障碍物。输送管道的布置要适应由远而近浇筑混凝土的需要；采用多根输送管同时浇筑时，其浇筑速度宜保持一致；应有防范高空坠物的设施，场地应平整、坚实，道路应畅通。

2）混凝土输送管和支架

(1) 混凝土输送管是输送混凝土的配套设备，如图 5-14 所示，包括直管、弯管、锥形过渡管和浇筑用软管，还有管道接头、截止阀等。除了浇筑用软管为橡胶管外，其余管道和管件都是用合金钢制成；管径为 100～150mm；直管标准段长为 4m，辅管段长为 0.5～3m；弯管的角度为 15°～90°；不同管径的连接用过渡管；管道的出口连接软管，以扩大布料的范围；所有管道段的连接都使用能快速装拆的专用接头。

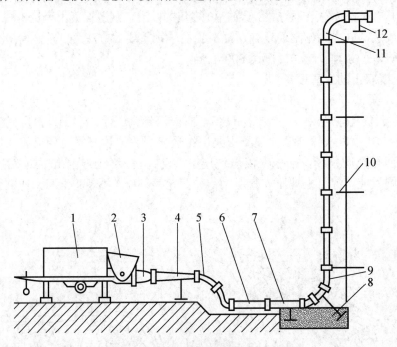

图 5-14　泵送混凝土管道安装示意图

1—混凝土泵；2—料斗；3—出料口；4—锥管；5—45°弯管；6—插管；7—直管；
8—基础；9—R＝1m 的 45°弯管；10—竖管支架；11—R＝1m 的 90°弯管；12—水平支架

(2) 输送管应根据混凝土泵的型号、拌合物性能、总输出量、单位输出量、输送距离、粗骨料的粒径等进行选择；混凝土粗骨料最大粒径≤25mm 时，可采用内径≥125mm 的管道；混凝土粗骨料最大粒径≤40mm 时，可采用内径≥150mm 的管道。

(3) 管道的安装连接应严密，管道的转向宜平缓；管道应采用支架固定，支架应与结构牢固连接，在管道的转向处支架应加密；支架应通过计算确定，设置位置上的结构应进行验算，必要时应采取加固措施。

(4) 向上输送混凝土时，地面水平输送管的直管和弯管总的折算长度，不宜小于竖向高度的 20%，且不应小于 15m；管道倾斜或垂直向下输送混凝土，且高差＞20m 时，应在倾斜或竖向管下端沿水平输送方向设置直管或弯管，直管或弯管总的折算长度不宜小于高差的 1.5 倍；输送高度＞100m 时，混凝土输送泵的出料口处的管道位置应设置截止阀。

(5) 混凝土输送管道和支架应经常进行检查和维护。

3) 布料设备

(1) 布料设备具有输送和铺摊的双重功能，将输送到工作层的混凝土，按照浇筑计划连续不断地直接分摊到要浇筑的模板内，再用振动器经过人为地振动，可一次性快速地完成一个区段的混凝土浇筑工作。布料设备有立柱式布料杆(图 5-15)和汽车式布料杆两类。

立柱式安装在支柱或塔架上,可随施工楼层的升高而升高,也有附属在塔式起重机上的布料杆;汽车式布料杆是将泵和布料杆都装在一台汽车上,称为布料杆泵车(图 5-16),它移动灵活,无须另铺设管道,特别适用于基础、地下室和多层建筑混凝土的浇筑。

(2) 布料设备的选择应与输送泵相匹配;混凝土输送管道的内径宜与输送泵管道内径相同;布料设备的数量、位置应根据布料设备工作半径、施工作业面大小以及施工要求确定。

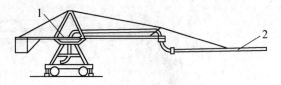

(a) 移动式

1—转盘;2—输送管

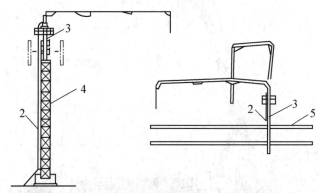

(b) 固定式

2—输送管;3—支柱;4—塔架;5—楼面

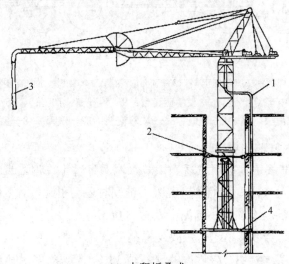

(c) 内爬折叠式

1—输送管;2—附着框;3—软管;4—支承横梁

图 5-15 布料杆的几种形式

(3) 布料设备应安装牢固，且应采取抗倾覆措施；布料设备安装位置处的结构或专用装置应进行验算，必要时应采取加固措施；布料设备范围不得有阻碍物，并应有防范高空坠物的设施。

(4) 应经常对布料设备的弯管壁厚进行检查，磨损较大的弯管应及时更换。

混凝土的管道、容器、溜槽不应吸水、漏浆，并应保证输送畅通。输送混凝土时，应根据工程所处环境条件采取保温、隔热、防雨等措施。

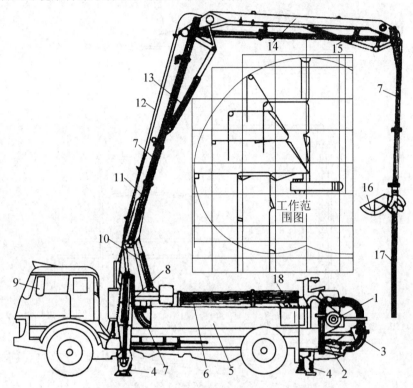

图 5-16　布料杆泵车

1—料斗和搅拌器；2—混凝土泵；3—Y 形出料管；4—液压外伸支腿；5—水箱；
6—备用管段；7—输送管道；8—支承旋转台；9—驾驶室；10、13、15—折叠臂油缸；
11、14—臂杆；12—油管；16—软管支架；17—软管；18—操纵柜

5．泵送混凝土对材料的要求

(1) 泵送混凝土要求水泥的用量适当。若水泥用量过少，混凝土的和易性差，泵送的阻力大；而水泥用量过大，既不经济，混凝土结硬时还会引起较大的收缩。所以施工规范规定，每立方米泵送混凝土的最小水泥用量为 300kg。

(2) 混凝土配合比要易于泵送，主要是提高砂率，限制石子的粒径，掺入减水剂和粉煤灰，增加坍落度。实践表明：含砂率要提高到 38%～45%；要限制石子的粒径(泵送高度在 50m 以内时，最大粒径与管内径之比，碎石应小于 1∶3，卵石应小于 1∶2.5；泵送高度在 100m 以内时，最大粒径与管内径之比应小于 1∶3～1∶4；泵送高度在 200m 以内时，最大粒径与管内径之比应小于 1∶4～1∶5)；且细骨料占比不应少于 15%～20%；要掺入减

水剂和粉煤灰；要限制坍落度(泵送高度在 50m 以内时，混凝土拌合物的坍落度宜控制在 140～160mm 的范围内；泵送高度在 100m 以内时，宜控制在 160～180mm 的范围内；泵送高度在 100m 以上时，宜控制在 180~200mm 的范围内；泵送高度超过 150m 时应按专项方案施工)。

6. 泵送混凝土注意事项

(1) 泵送前应先进行泵水检查，并应湿润输送泵的料斗、活塞等直接与混凝土接触的部位；泵水检查后，应清除输送泵内积水。

(2) 输送混凝土前，宜先输送水泥砂浆对泵和管道进行润滑，然后开始输送混凝土；输送混凝土应先慢后快，逐步加速，在系统运转顺利后再按正常速度输送；在输送过程中，应设置输送泵集料斗网罩，并应保证集料斗有足 【参考图文】 够的混凝土余量。若由于一时运输供应不上需要停泵时，应每隔几分钟开动一次；若预计间歇时间超过 45min，或混凝土出现离析需重新搅拌，应先用高压水冲洗管道。

(3) 若遇混凝土堵塞，可将混凝土泵的开关拨到"反转"位置，使泵反转 2～3 个冲程，再正转 2～3 个冲程，如此反复多次，可消除堵塞。若用此法也解决不了，就应查明堵塞的位置，拆开管道清除堵塞后再继续泵送。

(4) 泵送混凝土完成后，应先将料斗内的混凝土全部送完，排净泵内的混凝土，立即将泵和管道清洗干净，切断泵机电源；也可用压缩空气来清洗管道，这时管道末端应有安全盖，且管道末端不得站人。

5.2.2 混凝土的施工缝

1. 施工缝的含义

按设计要求或施工需要分段浇筑，先浇筑混凝土达到一定强度后继续浇筑混凝土所形成的接缝称为施工缝。

施工缝的位置应预先确定；施工缝宜留设在结构受剪力较小且便于施工的位置；受力复杂的结构构件或有防水抗渗要求的结构构件，施工缝留设位置应经设计单位确认。

2. 水平施工缝留设位置(图 5-17、图 5-18)

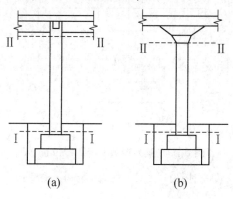

(a)   (b)

图 5-17　柱子施工缝的位置

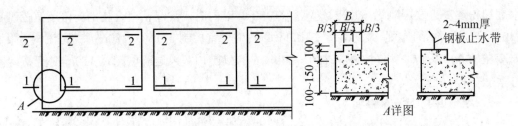

图 5-18　箱形地下室墙体施工缝的位置(1—1、2—2 为施工缝的适宜位置)

(1) 柱(根)、墙(根)施工缝可留设在基础、楼层结构顶面，柱(根)施工缝与结构上表面的距离宜为 0～100mm，墙(根)施工缝与结构上表面的距离宜为 0～300mm。

(2) 柱(顶)、墙(顶)施工缝也可留设在楼层结构底面，柱(顶)、墙(顶)施工缝与结构下表面的距离宜为 0～50mm；当板下有托梁时，可留设在梁托下 0～20mm。

(3) 高度较大的柱、墙、梁及厚度较大的基础，可根据施工需要在其中部留设水平施工缝；当因施工留设改变受力状态而需要调整构件配筋时，应经设计单位确认。

(4) 特殊结构部位留设水平施工缝应经设计单位确认。

3．竖向施工缝留设位置

(1) 有主次梁的楼板施工缝应留设在次梁跨中间 1/3 范围内(图 5-19)。

(2) 单向板施工缝应留设在与跨度方向平行的任何位置。

(3) 楼梯梯段施工缝宜设置在梯段板跨度端部 1/3 范围内。

(4) 墙的施工缝宜设置在门洞口过梁跨中 1/3 范围内，也可留设在纵横墙交接处。

(5) 特殊结构部位留设竖向施工缝应经设计单位确认。

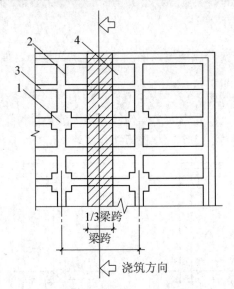

图 5-19　有梁楼板的施工缝位置

1—柱；2—主梁；3—次梁；4—楼板

4．施工缝处混凝土的浇筑

(1) 结合面应为粗糙面，并应清除浮浆、松动石子、软弱混凝土层。

(2) 结合面处应洒水湿润，但不得有积水。

(3) 施工缝处已浇筑混凝土的强度不应小于 1.2MPa，才能开始浇筑后浇的混凝土。

(4) 柱、墙水平施工缝水泥砂浆接浆层厚度不应大于 30mm，接浆层水泥砂浆应与混凝土浆液成分相同。

5.2.3 混凝土后浇带的施工

1. 后浇带的含义

为适应环境温度变化、混凝土收缩、结构不均匀沉降等因素影响，在梁、板(包括基础底板)、墙等结构中预留的具有一定宽度且经过一定时间后再浇筑的混凝土带，称为施工后浇带。后浇带的留设位置和后浇带的混凝土强度等级及性能由设计确定，当设计无具体要求时，后浇带混凝土强度等级宜比两侧混凝土提高一级，并宜采用减少收缩的技术措施。

2. 后浇带的位置和构造

后浇带的位置和构造由设计人员在施工图中确定(图 5-20)，缝宽 800～1000mm，接缝形式有平接式、企口式和台阶式，建筑上多采用平接式。后浇带竖缝模板宜采用快易收口网支设。

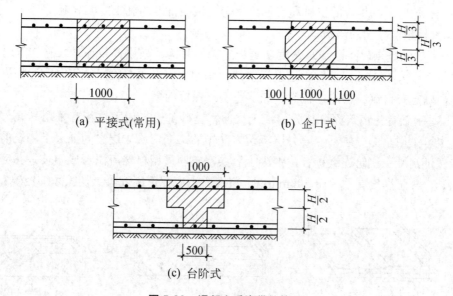

(a) 平接式(常用) (b) 企口式

(c) 台阶式

图 5-20 混凝土后浇带的构造

3. 后浇带混凝土的浇筑

后浇带的钢筋与带两侧结构的钢筋一起全部先绑扎好，后浇带的钢筋应采取防锈或阻锈等保护措施；带两侧结构的混凝土先行浇筑，两个月后再浇筑带内的混凝土(带内的混凝土应按设计要求用强度等级较高的微膨胀混凝土)；浇筑后浇带混凝土前，新旧混凝土交界面必须剔凿并清理干净。

4. 后浇带混凝土的养护

后浇带混凝土浇筑后应加强保湿养护，养护时间不应小于 14 天；后浇带及其两侧一定范围内的模板和支撑架，需待后浇带混凝土达到设计强度后才能拆除。

5.2.4 大体积混凝土的施工

1．大体积混凝土的含义

凡构件最小尺寸≥1000mm，最大长度超过了规范对设伸缩缝的最大间距要求(称为超长结构)，施工过程中预计水泥水化热使构件内外的温差>25℃，以上这3种情况之一都属于大体积混凝土，都需要按照大体积混凝土的施工要求去做。

2．大体积混凝土施工的主要矛盾

水泥在水化过程中会发热，混凝土构件在凝结硬化过程中，构件表面散热快而构件内部散热慢，于是产生了内外温差；大体积混凝土由于体积大，各部分温差应力加上混凝土本身的收缩等因素综合作用，容易产生危及结构安全的裂缝。大体积混凝土施工中面对的主要问题就是控制内外温差，防止混凝土开裂。

3．大体积混凝土的专项施工方案

为了避免大体积混凝土施工中引起裂缝，要根据具体工程情况，编制专门的施工方案，包括混凝土的原材料、施工配合比、温度变化预测、浇筑顺序和浇筑方法、温度监测和控制手段、养护方法、相应的机械和仪器设备等，按照批准的施工方案来施工。

4．大体积混凝土的浇筑

(1) 增加浇筑点，减慢浇筑速度，延长振捣的时间。采用多条输送泵管浇筑时，输送泵管间距不宜大于 10m，并宜由远及近浇筑；采用布料杆泵车输送浇筑时，应根据布料杆工作半径确定布料点数量，各布料点浇筑速度应保持均衡

(2) 对基础宜先浇筑深坑部分再浇筑大面积基础部分；厚大体积宜采用斜面分层浇筑方法，也可采用全面分层、分段分层浇筑方法(图 5-21)，层与层之间混凝土浇筑的间歇时间应能保证混凝土浇筑连续进行；混凝土分层浇筑应采用自然流淌形成斜坡，并应沿高度均匀上升，分层厚度宜不大于 500mm；上层混凝土应在下层混凝土初凝之前浇筑完毕。

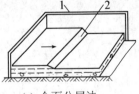
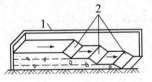
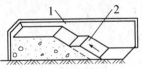

【参考图文】

(a) 全面分层法　　　　(b) 分段分层法　　　　(c) 斜面分层法

图 5-21　大体积混凝土浇筑方案

1—模板；2—混凝土

(3) 超长结构混凝土的浇筑。

① 可留设施工缝分仓浇筑，分仓浇筑的间隔时间不应小于 7 天。

② 当留设有后浇带时，后浇带的封闭时间应按设计要求，且不应小于 14 天。

③ 超长整体基础中，若设有调节沉降的后浇带时，应在差异沉降稳定后封闭后浇带，其混凝土封闭时间应通过沉降监测确定。

(4) 应及时排除积水或混凝土泌水。在混凝土浇筑后初凝前和终凝前，应分别对混凝土裸露表面进行多次抹面处理。

5．大体积混凝土的养护

大体积混凝土养护时间和养护方法应根据设计要求和专项施工方案确定，养护期内应加强混凝土养护。基础混凝土，确定混凝土强度时的龄期可取为 60 天(56 天)或 90 天；当柱、墙混凝土强度等级不低于 C80 时，确定混凝土强度时的龄期可取为 60 天(56 天)。

5.2.5 混凝土的冬期施工

【参考图文】

1．"冬期"的含义

根据当地气象部门提供的资料，当室外日平均气温≤5℃时(日平均气温：据每天 2 时、8 时、14 时、20 时测得，室外 1.5m 高处的百叶箱内温度，累加后的平均温度)，应采取冬期施工措施；当室外日平均气温连续 5 日大于 5℃时，可解除冬期施工措施。

2．冬期施工措施

广东的气候情况应尽量避免在这个时候浇筑和养护混凝土；确实要做的，宜在浇筑和养护期间，采用暖棚法对相应部位采取人工局部加温保暖的方法处理。

5.2.6 混凝土的雨期施工

1．"雨期"的含义

雨期包括雨季和下雨天两种情况，都应按雨期施工要求采取措施。

2．雨期施工措施

(1) 雨期施工期间，水泥和拌合料应采取防水、防潮措施。

(2) 应采用具有防雨水冲刷性能的模板脱模剂。

(3) 混凝土搅拌、运输设备和浇筑作业面应采取防雨措施，并应加强对施工机械检查维修及接地接零检测工作。

(4) 小雨、中雨天气不宜进行混凝土露天浇筑，且不应进行大面积混凝土露天浇筑；大雨、暴雨天气不应进行混凝土露天浇筑。

(5) 雨后应检查地基面的沉降，并应对模板及其支架进行检查。

(6) 应采取防止模板内积水的措施。当模板内和混凝土浇筑分层面出现积水时，应在排水后再浇筑混凝土。

(7) 混凝土浇筑过程中，因雨水冲刷致使水泥浆流失严重的部位，应采取补救措施后再继续施工。

(8) 雨天进行钢筋焊接时，应采取挡雨等安全措施。

(9) 混凝土浇筑完毕后，应及时采取覆盖塑料薄膜等防雨措施。

(10) 台风来临前，应对尚未浇筑混凝土的模板及支架采取临时加固措施；台风过后应检查模板及支架，已验收合格的模板及支架应重新办理验收手续。

5.2.7　混凝土的高温施工

1．高温施工的含义

当日平均气温≥30℃时，应按高温施工要求采取措施。

2．高温施工的措施

(1) 混凝土拌合物入模温度应小于35℃。混凝土输送管道应进行遮阳覆盖，并应洒水降温。

(2) 混凝土浇筑宜在早间或晚间进行，且应连续浇筑。当混凝土水分蒸发较快时，应在施工作业面采取挡风、遮阳、喷雾等措施。

(3) 混凝土浇筑前，施工作业面宜采取遮阳措施，并应对模板、钢筋和施工机具采取洒水等降温措施，但浇筑时模板内不得积水。

(4) 混凝土浇筑完成后，应及时进行保湿养护；侧模拆除前宜采用带模湿润养护。

5.2.8　混凝土的缺陷及处理

1．混凝土缺陷的分类

混凝土结构施工的缺陷分为一般缺陷和严重缺陷两类。一般缺陷，指尺寸偏差超出规定范围，还未对结构性能和使用功能构成影响；严重缺陷，指尺寸偏差超出规定范围，已对结构性能和使用功能构成影响。混凝土结构外观缺陷分类见表5-7。

表 5-7　混凝土结构外观缺陷分类

名称	现象	严重缺陷	一般缺陷
露筋	构件内钢筋未被混凝土包裹而外露	纵向受力钢筋有露筋	其他钢筋有少量露筋
蜂窝	混凝土表面缺少水泥砂浆而形成石子外露	构件主要受力部位有蜂窝	其他部位有少量蜂窝
孔洞	混凝土中孔穴深度和长度均超过保护层厚度	构件主要受力部位有孔洞	其他部位有少量孔洞
夹渣	混凝土中有杂物且深度超过保护层厚度	构件主要受力部位有夹渣	其他部位有少量夹渣
疏松	混凝土中局部不密实	构件主要受力部位有疏松	其他部位有少量疏松
裂缝	缝隙从混凝土表面延伸至混凝土内部	构件主要受力部位有影响结构性能或使用功能的裂缝	其他部位有少量不影响结构性能的裂缝
连接部位缺陷	构件连接处混凝土有缺陷及连接钢筋、连接件松动	连接部位有影响结构传力性能的缺陷	连接部位有基本不影响结构传力性能的缺陷

续表

名称	现　象	严重缺陷	一般缺陷
外形缺陷	缺棱掉角、棱角不直、翘曲不平、飞边凸肋等	清水混凝土构件有影响使用功能或装饰效果的外形缺陷	其他混凝土构件有不影响使用功能的外观缺陷
外表缺陷	构件表面麻面、掉皮、起砂、沾污等	具有重要装饰效果的清水混凝土构件有外表缺陷	其他混凝土构件有不影响使用功能的外表缺陷

2. 处理程序

施工过程中发现混凝土结构缺陷时，应认真分析缺陷产生的原因，对一般缺陷施工单位应报告监理单位，然后再进行修整；对严重缺陷施工单位应制定专项修整方案，方案论证审批后再实施，不得擅自处理。

3. 对混凝土外观一般性缺陷的处理

(1) 对于露筋、蜂窝、孔洞、夹渣、疏松、外表缺陷，应凿除胶结不牢固部分的混凝土，清理表面，洒水湿润后用 1∶2～1∶2.5 水泥砂浆抹平。

(2) 应封闭裂缝。

(3) 连接部位缺陷、外形缺陷可与面层装饰施工一并处理。

4. 对混凝土结构尺寸偏差的处理

(1) 一般缺陷，可结合装饰工程进行处理。

(2) 严重缺陷，应会同设计单位共同制定专项处理方案，结构处理后应重新检查验收。

5. 对混凝土外观严重缺陷的处理

(1) 露筋、蜂窝、孔洞、夹渣、疏松、外表缺陷，应凿除胶结不牢固部分的混凝土至密实部位，清理表面，支设模板，洒水湿润，涂抹混凝土界面处理剂，应采用比原混凝土强度等级高一级的细石混凝土浇筑密实，养护时间不少于 7 天。

(2) 开裂缺陷的处理。

① 民用建筑地下室、卫生间、屋面等接触水介质的构件，均应注浆封闭处理。民用建筑不接触水介质的构件，可采用注浆封闭、聚合物砂浆粉刷或其他表面封闭材料进行封闭。

② 无腐蚀介质工业建筑的地下室、屋面、卫生间等接触水介质的构件，以及有腐蚀介质的所有构件，均应注浆封闭处理。无腐蚀介质工业建筑不接触水介质的构件，可采用注浆封闭、聚合物砂浆粉刷或其他表面封闭材料进行封闭。

【附注】压力灌浆修补方法：对于影响结构承载力、影响结构耐久性或有防水防渗要求的裂缝，为了恢复结构的整体性，可以用压力灌浆的方法来修补。一般上对宽度较大(≥0.5mm)的裂缝，宜用压力灌水泥浆；对宽度较小(<0.5mm)的裂缝，宜用压力灌环氧树脂浆液密封。在裂缝两端留压浆的出入口，将其余裂缝表面密封，用专门的压力灌浆器将浆液灌入(图 5-22)。

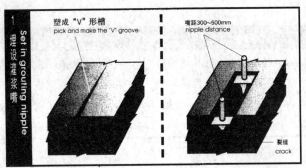
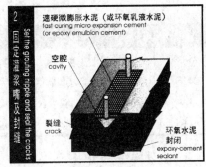
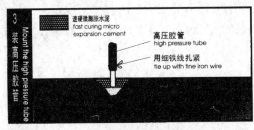
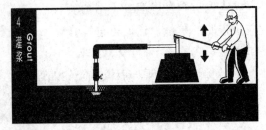

图 5-22　压力灌浆法修补裂缝

1—埋设灌浆嘴；2—固定灌浆嘴及封缝；
3—装高压胶管；4—灌浆；5—浆液固化；6—补平抹光

5.2.9　废弃混凝土的回收利用

建筑工地的废弃混凝土有两个来源：拆除旧建筑物产生，在输送和使用新供应混凝土的过程中产生。为了达到充分利用资源和节能环保这两个要求，应做好这两部分废弃混凝土的回收利用。

对于拆除旧建筑物产生的废弃混凝土，形态是已经硬化的混凝土块体，部分或带有钢筋。要注意令这些块体与杂物、土方、砖石砌体分离开，然后单独对混凝土结构物或块体进行解体，清除出钢筋后，经破碎分级成为再生粗细骨料，可先集中起来备用。对于在输送和使用新供应混凝土的过程中产生的废弃混凝土，其形态是不均匀的混凝土或砂浆浆料，要及时将这些浆料收集起来，按其组成短缺什么则加入什么，用现场拌制的方法重新配制成 C20 及以下的混凝土使用。

上述两类废弃混凝土，经过重新配制后，都可以用于基础垫层、底板、地面垫层、填充墙和非结构构件等部位。

【任务实施】

实训任务：某工程泵送混凝土的施工考察。

【技能训练】

(1) 选择某项实际泵送混凝土工程的施工过程作为考察的对象。

(2) 学生通过现场实地考察某工程泵送混凝土的施工过程，注意收集：工程概况、工程特点、使用设备及其布置情况、泵送工艺、人力组织、施工效率等资料。

(3) 以小组为单位开展讨论。

(4) 由学生整理成考察报告，作为课外作业。

工作任务 5.3　混凝土工程施工质量评定

5.3.1 数理统计的基本概念

1. 随机变量

有若干个同样配合比的混凝土立方体试件，经试验后可知，各试件的极限强度并不相同。这说明试件的强度是变量，且有随机性。某一参数的取值是随机的，要经过试验后才能定量，则该参数是随机变量。随机变量的取值事先只能以概率保证。工程设计中的荷载效应、材料强度、结构的尺寸其实都是随机变量。经过大量的数据分析可知，每个随机变量的变化虽然有偶然性，但从总体上看，它的变化是有一定规律的。

2. 数据是质量控制的基础

"一切用数据说话"是质量控制的原则。要将收集的数据变成有用的质量信息，就要对数据进行整理，经过分析，找出其规律，才能进行质量评定。

3. 数据收集的方法

数据收集应能反映总体的全貌，也就是人们常说的"样本要具代表性"，就是要"随机"抽样。常用的方法有以下几种。

(1) 单纯的随机法——用于对原材料、配件的进货检验，对分项工程、分部工程和单位工程的检验。

(2) 系统抽样法——每隔一定时间或空间抽取一个样本进行检验，主要用于工序间的检验。

(3) 二次抽样法——当总体很大时，先将总体分为若干批，从这些批中随机抽几批，再从抽出的批中抽取样品，如检验标准砖、钢筋等。

(4) 分层抽样法——先将检验批分为若干层，然后从每层中抽取样品。例如，对砂、石、水泥的检验。

4．样本的统计特征

样本的统计特征就是用统计学的方法来处理检验数据，找出这些随机变量的规律，然后来判断总体的质量状况，如图 5-23 和图 5-24 所示。

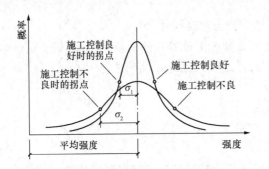

图 5-23　施工控制好坏的两条强度分布曲线　　　　图 5-24　强度保证率示意

(1) 平均值：设样本数为 N，每个样本的值为 X_i，则所有样本的算术平均数为

$$\mu = (\sum X_i) \div N \tag{5-4}$$

(2) 中位数：所有样本中，处于中间的一个数(当样本为奇数时，取中间的一个数；当样本为偶数时，取中间两数的平均数)，表示数据的集中位置。

(3) 极值：包括最大值 X_{max} 和最小值 X_{min}。

(4) 极差：最大值与最小值之差的绝对值，永远为正，表示数据的分散程度。

$$R_i = |X_{max} - X_{min}| \tag{5-5}$$

(5) 标准差：反映数据与平均值之间的偏离、分散程度。当样本数 $N \geqslant 10$ 时：

$$\sigma = [(\sum X_i^2 - N\mu^2) \div (N-1)]^{1/2} \tag{5-6}$$

(6) 变异系数：表示数据相对偏离程度。

$$\delta = \sigma \div \mu \tag{5-7}$$

(7) 概率密度函数：用图形表示的数据分布状况，直方图或曲线图。

5.3.2　混凝土施工质量的评定方法

1．混凝土的原材料质量检验

(1) 水泥，检查其品种、等级、出厂时间、强度和稳定性。

(2) 砂、石，检查其品种、规格、含泥量。

(3) 外加剂，检查其品种、成分、出厂时间、质量。

2．构件的外观质量检验

(1) 构件的位置、截面尺寸要准确，偏差要符合施工质量验收规范的规定。

(2) 外观要均匀密实，无蜂窝、孔洞、麻面。

3．混凝土拌合物质量检验

(1) 检查施工配合比的原始资料。

(2) 用施工现场使用的混凝土拌合料，用标准方法制作试件，按标准条件养护 28 天后，检验其标准养护强度，要等于或大于设计强度等级才合格。

4．构件实体混凝土强度的评定

1）混凝土试件的制作、养护条件规定

在施工现场某类构件旁，取样制作试件，试件组数按施工质量验收规范规定(不宜少于 10 组，且不应少于 3 组)，脱模后放在同类构件现场，采用与构件相同的养护条件养护 28 天后，检验其抗压强度，按《混凝土强度检验评定标准》(GB/T 50107—2010)规定的方法和公式来评定。

2）混凝土试件组的构成和强度取值规定

每组混凝土试件由 3 个立方体试件组成，每组试件的强度按 3 个试件强度的算术平均值来确定。当一组内 3 个试件中强度的最大值或最小值与中间值之差超过中间值的 15%时，取中间值作为该组试件的强度代表值；当一组试件强度最大值和最小值与中间值之差均超过中间值的 15%时，该组试件不作为强度评定依据。

3）采用统计方法评定的条件和合格标准

设：设计的混凝土强度为 $f_{cu,k}$，同批混凝土试件的组数为 n，试件的立方体强度为 f_{cui}，同批混凝土试件立方体强度的最小值为 $f_{cui,min}$，同批混凝土试件立方体强度的平均值为 $m_{f_{cu}}$ $= \sum f_{cui} \div n$。

当同批混凝土试件组数 $n \geq 10$ 时，可采用统计方法评定。

试件立方体强度的标准差按式(5-8)计算：

$$S_{f_{cu}} = [(\sum f_{cui}^2 - nm_{f_{cui}}^2) \div (n-1)]^{1/2} \tag{5-8}$$

同批混凝土试件立方体强度应同时满足式(5-9)和式(5-10)才算合格：

$$m_{f_{cu}} \geq f_{cu,k} + \lambda_1 S_{f_{cu}} \tag{5-9}$$

$$f_{cui,min} \geq \lambda_2 f_{cu,k} \tag{5-10}$$

式中的合格评定系数 λ_1 和 λ_2 的取值见表 5-8。

表 5-8　合格评定系数 λ_1 和 λ_2

试件组数 n	10～14	15～19	≥20
λ_1	1.15	1.05	0.95
λ_2	0.90	0.85	

4）采用非统计方法评定的条件和合格标准

当同批混凝土试件组数 $n < 10$ 时，按非统计方法评定。

同批混凝土试件立方体强度应同时满足式(5-11)的式(5-12)才算合格：

$$m_{f_{cu}} \geq \lambda_3 f_{cu,k} \tag{5-11}$$

$$f_{cui,min} \geq \lambda_4 f_{cu,k} \tag{5-12}$$

式中的合格评定系数 λ_3 和 λ_4 的取值见表 5-9。

表 5-9　合格评定系数 λ_3 和 λ_4

混凝土强度等级	<C60	≥C60
λ_3	1.15	1.10
λ_4	0.95	

5) 同条件养护与标准养护的差异及其处理方法

由于同条件养护要比标准养护的环境差，试件养护后的强度也比标准养护的强度差，《混凝土结构工程施工质量验收规范》(GB 50204—2015)规定，应将同条件养护试件的试压值除以 0.88 后，再按上述方法和公式来评定。

6) 混凝土成熟度与养护时间的关系

由于我国地域辽阔，各地气候条件差异很大，施工规范中对 28 天养护期的规定，是为了便于施工现场实际操作而定的大致时间。大量试验数据统计研究，得到一个较为准确的标准，称为"混凝土成熟度"：把养护期内每天的平均温度××℃累加至 600℃时，所测定的混凝土试件强度，就与标准养护条件下龄期 28 天的强度基本相同。(注意，平均温度为 0℃及以下的天数不计算，不应小于 14 天，不宜大于 60 天)。因此《混凝土结构工程施工质量验收规范》建议，还可按"混凝土成熟度"累计达到 600℃·d 时所对应的龄期作为等效的养护时间。

7) 附则

由于粉煤灰混凝土比普通混凝土初凝后强度增长缓慢得多，对于掺有粉煤灰的预拌混凝土，其试件的龄期不能按照普通混凝土的 28 天，而应按《粉煤灰混凝土应用技术规范》(GB/T 50146—2014)规定，地上结构 60 天龄期，地下结构 90 天龄期来测定其强度。

【混凝土试件试验结果的强度评定案例】

已知：某混凝土分项工程，设计要求使用 C30 混凝土，施工单位提供了该分项工程某检验批同条件养护 50 组试件的抗压强度实测值(已换算成标准养护条件下的数值)见表 5-10。

请按《混凝土强度检验评定标准》(GB/T 50107—2010)的规定进行质量评定。

表 5-10　试件组抗压强度数据整理结果　　　　　　　　　单位：N/mm²

序号	试件抗压强度样本数据 f_{cui}				
1	39.8	37.7	33.8	31.5	36.1
2	37.2	38.0	33.1	39.0	36.0
3	35.8	35.2	31.8	37.1	34.0
4	39.9	34.3	33.2	40.4	41.2
5	39.2	35.4	34.4	38.1	40.3
6	42.3	37.5	35.5	39.3	37.3
7	35.9	42.4	41.8	36.3	36.2
8	46.2	37.6	38.3	39.7	38.0
9	36.4	38.3	43.4	38.2	38.0
10	44.4	42.0	37.9	38.4	39.5
$\sum f_{cui}$					1893.3

1. 计算质量评定的基本数据

(1) 同批混凝土试件组数 $n=50$，试件组立方体强度的最大值 $f_{cui,\ max}=46.2\text{N/mm}^2$，试

件组立方体强度的最小值 $f_{cui,\ min}=31.5\text{N/mm}^2>0.90f_{cu,\ k}=0.90\times30=27(\text{N/mm}^2)$，所有数据符合规范要求，全部有效。

试件组立方体强度的总和 $\sum f_{cui}=1893.3\text{N/mm}^2$，试件组立方体强度的平均值 $m_{fcu}=1893.3\div50=37.87(\text{N/mm}^2)$。

(2) 试件组立方体强度的平方值和平方和值见表 5-11。

表 5-11　试件组立方体强度的平方值和平方和值

序号	样本数据的平方值 m_{fcui}^2				
1	1584.0	1421.3	1142.4	992.3	1303.2
2	1383.8	1444.0	1095.6	1521.0	1296.0
3	1281.6	1239.0	1011.2	1376.4	1156.0
4	1592.0	1176.5	1102.2	1632.2	1697.4
5	1536.6	1253.2	1183.4	1451.6	1624.1
6	1789.3	1406.3	1260.3	1544.5	1391.3
7	1288.8	1797.8	1747.2	1317.7	1310.4
8	2134.4	1413.8	1466.9	1576.1	1444.0
9	1325.0	1466.9	1883.6	1459.2	1444.0
10	1971.4	1764.0	1436.4	1474.6	1560.3
$\sum f_{cui}^2$					72171.2

(3) 计算试件组立方体强度的标准差，为

$$nm_{fcu}^2=50\times(37.87)^2=71706.8$$

据式(5-8)：$S_{fcu}=[(\sum f_{cui}^2-nm_{fcui}^2)\div(n-1)]^{1/2}$

$$=[(72171.2-71706.8)\div(50-1)]^{1/2}$$

$$=(464.4\div49)^{1/2}$$

$$=3.08(\text{N/mm}^2)>2.50\ \text{N/mm}^2，有效。$$

2．合格标准判别

(1) 按式(5-9)判别如下。

$$m_{fcui}=37.87\text{N/mm}^2，f_{cu,\ k}=30\text{N/mm}^2，\lambda_1=0.95，S_{fcu}=3.08$$

$$f_{cu,\ k}+\lambda_1 S_{fcu}=30+0.95\times3.08$$

$$=32.93<m_{fcui}=37.87，判定为合格。$$

(2) 按式(5-10)判别如下。

$$f_{cui,\ min}=31.5\text{N/mm}^2，\lambda_2=0.85$$

$\lambda_2 f_{cui,\ min}=0.85\times30=25.5<f_{cui,\ min}=31.5$，也判定为合格。

3．判别结论

根据上述两处判定，此检验批的混凝土强度合格。

【任务实施】

实训任务：根据某工程混凝土试验数据，分析判断此分项工程是否合格？

【技能训练】

教师提供某分项工程混凝土试块的试验数据，由学生根据规范标准，分析判断此分项工程是否合格，写成分析报告，作为课外作业。

【本项目总结】

项目5	工作任务	能力目标	基本要求	主要支撑知识	任务成果
混凝土分项工程施工	混凝土施工配合比换算	能确定配制强度、进行施工配合比换算	初步掌握	设计强度与施工配制强度、配合比换算的知识	(1) 施工配合比换算练习 (2) 混凝土楼面施工方案编制 (3) 混凝土施工质量验收评定练习
	混凝土施工机械选择运用	能选择适当施工机械	初步掌握	混凝土机械的种类、特点、适用性的知识	
	混凝土楼面施工方案编制	能编制混凝土楼面施工方案	初步掌握	混凝土的工艺过程、施工顺序、施工方法知识	
	混凝土施工质量验收	能进行混凝土施工质量验收	初步掌握	混凝土施工质量验收的理论	

复习与思考

1. 混凝土在施工过程各不同阶段有哪些不同的特性？了解这些特性对施工生产有什么用？

2. 什么叫做混凝土的实验室配合比、施工配合比？两者有什么相同点和不同点？

3. 用自落式混凝土搅拌机拌制混凝土时，投料的先后顺序是什么？为什么？

4. 对新拌制混凝土运输有什么要求？

5. 施工现场混凝土输送有哪些方式？需要用到哪些设备？

6. 交梁楼面当柱、梁和板设计混凝土强度等级不同时，应如何施工？

7. 新浇筑的混凝土为什么要养护？有哪些养护方法？各用在什么地方？

8. 什么是混凝土的标准强度、同条件养护强度、等效养护强度？

9. 什么是施工缝？施工缝留设有什么原则？

10. 什么是后浇带？后浇带的留设和封闭有什么要求？

11. 常用混凝土振捣器有哪些种类？各适用于什么范围？

12. 什么叫做大体积混凝土？它有哪些特点？施工时要注意哪些问题？

13. 如何确定某一混凝土构件强度是否合格？

14. 混凝土质量检查包括哪些内容？

15. 试述混凝土施工过程中要注意哪些安全方面的问题。

16. 某结构采用 C20 混凝土，实验室的配合比为 $1:2.12:4.37:0.62$，施工现场实测砂的含水率为 3%，石的含水率为 1%，其施工配合比是多少？若采用出料容量为 400L 的搅拌机拌制，每立方米混凝土的水泥用量为 270kg,则每拌混凝土各种材料的用量是多少？

项目 6 预应力混凝土工程施工

本项目学习提示

为了解决普通混凝土结构存在的一些难于解决的问题，近几十年人们开发和应用了预应力混凝土结构。与普通混凝土相比，预应力混凝土抗裂性好、刚度大、材料省、自重轻、结构寿命长，为建造大跨度结构创造了条件。从单个预应力构件发展到整体的预应力混凝土结构，不但在房屋建筑中应用，还广泛用于各类工程结构物当中。预应力混凝土现在已经成为一门新技术，还在不断发展中，其中涉及的设计理论、施工方法、使用材料和机械设备都比较复杂。本项目学习预应力混凝土的基本原理、主要施工工艺。

能力目标

● 能认识预应力混凝土使用的材料。

● 能认识预应力混凝土施工用的机械设备和生产设施。

● 能理解先张法、后张法预应力混凝土施工的生产工艺。

● 能理解后张无黏结预应力混凝土施工新工艺过程。

知识目标

● 了解为什么要开发利用预应力混凝土。

● 了解施加预应力的作用和目的。

● 了解先张法、后张法实现预应力的基本原理。

● 了解后张无黏结预应力混凝土施工新工艺的基本原理。

工作任务 6.1 预应力混凝土基础知识

6.1.1 开发预应力混凝土的必要性

混凝土最大的缺点是过早开裂，构件带裂缝工作，因而影响到构件的耐久性；另一个缺点是自重大，使构件的跨度受到限制。预应力混凝土是针对普通混凝土的缺点研究开发的新品种，若给混凝土的受拉区预先施加上压应力，使构件在工作时，首先抵消这个预压应力，然后才有可能开裂，就可以提高构件的抗裂性能(图 6-1、图 6-2)；若构件使用高强钢丝和高等级混凝土来制作，就可以减少构件的截面，减少结构自重，增加结构的跨度。我们祖先用木板和箍箍造水桶，就是利用箍箍给拼接起来的木板施加预压应力，使其成为能装水的木桶。现代预应力技术，已经发展成为一门实用技术。

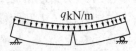 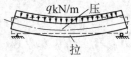 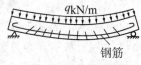

(a) 无筋混凝土梁承载力很小　(b) 受拉区加入钢筋承载力增加　(c) 但受拉区仍然容易开裂

图 6-1　混凝土梁的 3 种不同状况

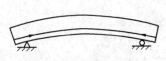 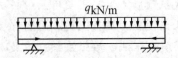

(a)在梁的受拉区施加预压应力　　(b)梁受荷后承载力增加还不容易开裂

图 6-2　预应力混凝土梁的实际工况

6.1.2 预应力混凝土的分类

1. 按施加预应力的方法

预应力混凝土按施加预应力的方法分为先张法预应力混凝土(先张拉预应力钢筋，后浇筑混凝土)与后张法预应力混凝土(先浇筑混凝土，后张拉预应力钢筋)。

2. 按施加预应力的手段

预应力混凝土按施加预应力的手段分为机械张拉法(常用)与电热张拉法(现已不常用)。

3. 按预应力钢筋与混凝土之间有无黏结

预应力混凝土按预应力钢筋与混凝土之间有无黏结分为有黏结预应力混凝土与无黏结预应力混凝土。

4．按施加预应力的程度

预应力混凝土按施加预应力的程度分为全预应力混凝土和部分预应力混凝土。

6.1.3 预应力混凝土的优缺点

1．优点

(1) 能有效利用高强度钢丝和高等级混凝土的优良性能。

(2) 能有效提高构件的抗裂性、刚度和耐久性。

(3) 能减少构件截面，相应减轻结构的自重，从而节约材料。

(4) 适用于大跨度、大柱网、大型的结构构件。

2．缺点

(1) 与普通混凝土结构相比，施工难度大，需要使用专门的施工设备和工具。

(2) 预应力混凝土的技术含量高，设计和施工的要求高，需要有专门的理论和工艺指导。

(3) 预应力混凝土构件遇到火灾时，由于构件受热伸长，施加的预应力会降低甚至消失，从而造成结构或构件失效，所以要特别重视防火。

6.1.4 预应力混凝土常用的材料

1．钢材

(1) 预应力钢绞线(图 6-3)，1×3、1×7，符号 ϕ^s，抗拉强度标准值 $f_{ptk} = 1570 \sim 1860 \text{N/mm}^2$。

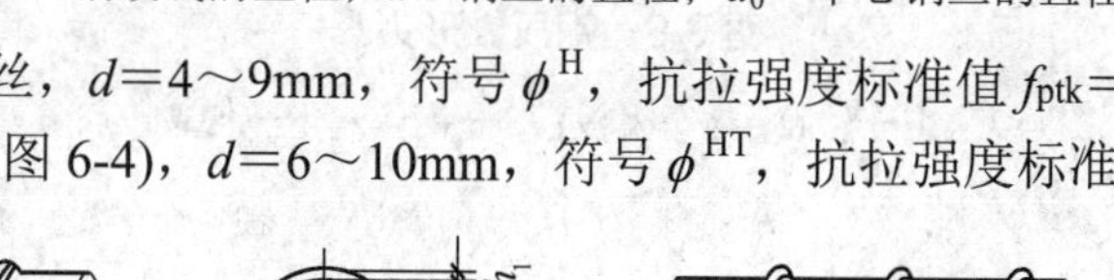

图 6-3　预应力钢绞线

D—钢绞线的直径；d—钢丝的直径；d_0—中心钢丝的直径

(2) 消除应力钢丝，$d = 4 \sim 9 \text{mm}$，符号 ϕ^H，抗拉强度标准值 $f_{ptk} = 1570 \sim 1770 \text{N/mm}^2$。

(3) 热处理钢筋(图 6-4)，$d = 6 \sim 10 \text{mm}$，符号 ϕ^{HT}，抗拉强度标准值 $f_{ptk} = 1470 \text{N/mm}^2$。

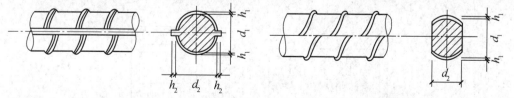

　　(a) 带纵肋的热处理钢筋　　　　　　　　(b) 无纵肋的热处理钢筋

图 6-4　预应力用热处理钢筋

2．混凝土

(1) 对预应力钢绞线和消除应力钢丝，应用 C40 及以上等级的混凝土。

(2) 对于热处理钢筋，应用 C30 及以上等级的混凝土。

6.1.5 预应力混凝土的生产设备

【参考图文】

1．锚具或夹具(图 6-5～图 6-10)

锚具用在固定端，夹具用在张拉端。这两者在预应力技术中地位都很重要，因为它们是预应力技术的关键部件，必须严格把好进场验收关，确保质量。不同的锚具和夹具如图 6-5～图 6-10 所示。

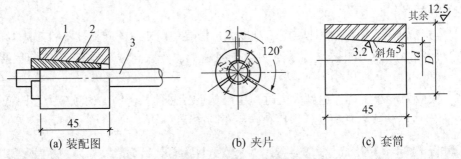

(a) 装配图　　(b) 夹片　　(c) 套筒

图 6-5　圆套筒三片式夹具

1—套筒；2—夹片；3—预应力钢筋

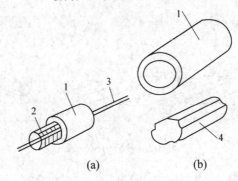

(a)　　　　(b)

图 6-6　钢质锥形夹具

1—套筒；2—齿板；3—钢丝；4—锥塞

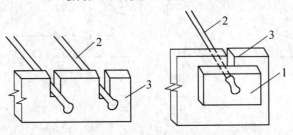

图 6-7　固定端镦头颈夹具

1—垫片；2—镦头钢丝；3—承力板

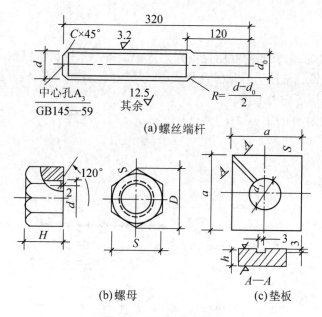

(a) 螺丝端杆

(b) 螺母　　　　(c) 垫板

图 6-8　螺丝端杆锚具

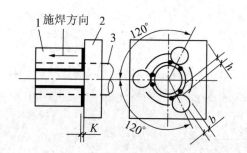

图 6-9　帮条锚具

1—帮条；2—衬板；3—主筋

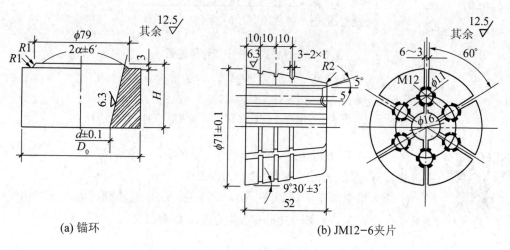

(a) 锚环　　　　　　　　(b) JM12−6夹片

图 6-10　JM 型锚具

2. 张拉设备

(1) 用来张拉预应力钢筋的专用设备称为张拉设备。张拉设备包括电动螺杆张拉机、穿心液压千斤顶、锥锚液压千斤顶等几种类型。不论哪一种张拉机械，都要定期检测校验它的计量准确度，保证施力准确。

(2) 电动螺杆张拉机(图 6-11)，用于先张法，只能拉单筋、单丝，行程 800mm，最大张拉力 600kN。

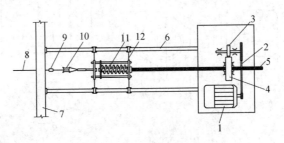

图 6-11　电动螺杆张拉机

1—电动机；2—皮带；3—齿轮；4—螺母；
5—螺杆；6—顶杆；7—台座横梁；8—钢丝；
9—锚固夹具；10—测力计；11—推进螺纹；12—拉力架

(3) YL 拉杆液压千斤顶(图 6-12)，先张法、后张法都可以用，只能拉单筋，螺锚(螺丝端杆锚固)，行程 150mm，最大张拉力 600kN。

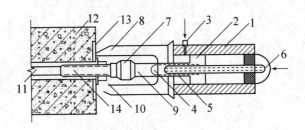

图 6-12　拉杆式千斤顶工作原理图

1—主缸；2—主缸活塞；3—主缸进油孔；4—副缸；5—副缸活塞；
6—副缸进油孔；7—连接器；8—传力架；9—拉杆；10—螺母；
11—预应力钢筋；12—混凝土构件；13—预埋钢板；14—螺丝端杆

【参考图文】

(4) YC 穿心液压千斤顶(图 6-13)，先张法、后张法都可以用，对单筋可拉可锚，行程 150mm，最大张拉力 600kN。

(5) YZ 锥锚液压千斤顶(图 6-14)，先张法、后张法都可以用，对钢绞线、钢丝束可拉可锚，行程 250mm，最大张拉力 850kN。

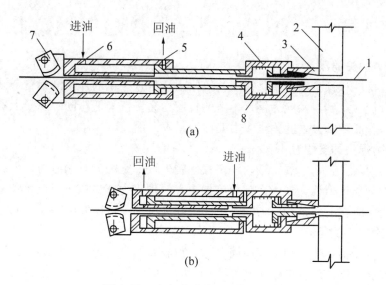

图 6-13　穿心式千斤顶工作原理图

1—钢筋；2—台座；3—穿心夹具；4—弹性顶压头；5、6—油嘴；7—偏心夹具；8—弹簧

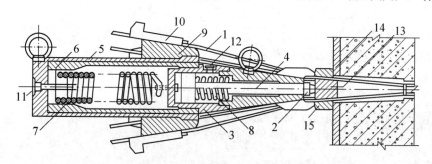

图 6-14　YZ 型锥锚液压千斤顶构造

1—预应力筋；2—顶压头；3—副缸；4—副缸活塞；5—主缸；
6—主缸活塞；7—主缸拉力弹簧；8—副缸压力弹簧；9—锥形卡环；
10—楔块；11—主缸油嘴；12—副缸油嘴；13—锚塞；14—构件；15—锚环

3. 台座

先张法才需要台座(图 6-15)，台座要有足够的强度、刚度、稳定性，制作时要能承受全部的张拉力，要方便钢筋张拉、混凝土的浇筑和养护，便于构件的起吊、运输。

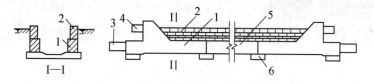

图 6-15　槽式台座

1—钢筋混凝土墙和柱；2—砖墙；3—下横梁；
4—上横梁；5—传力柱；6—柱垫

【参考图文】

6.1.6 预应力损失

1. 预应力损失的概念

因材料的特性和预应力施工张拉工艺等原因，从张拉钢筋开始，到整个预应力构件使用过程中，人们注意到，预应力钢筋本身的拉应力会慢慢降低，同时混凝土受到的预压应力也随之逐渐降低，所失去的预压应力就称为预应力损失。

2. 预应力损失的重要性

在预应力混凝土技术发展初期，许多次研制失败都是因为对预应力损失认识不足造成的。若对预应力损失值估计过大，就要施加更大的预应力，材料不一定承受得了；若估计过小，构件使用时将会失去预应力的作用。所以，对预应力损失值要有一个恰当的估计。

3. 预应力损失的种类

σ_{l1}——张拉端锚具变形和钢筋内缩引起的预应力损失，无论先张法、后张法都有。

σ_{l2}——预应力钢筋与管道壁之间摩擦引起的预应力损失，无论先张法、后张法都有。

σ_{l3}——混凝土蒸汽养护时由温差引起的预应力损失，只有先张法有。

σ_{l4}——钢筋的应力松弛引起的预应力损失，无论先张法、后张法都有。

σ_{l5}——混凝土收缩、徐变引起的预应力损失，无论先张法、后张法都有。

σ_{l6}——弧形钢筋由于混凝土与钢筋的挤压而引起的预应力损失，只有后张法才有。

4. 施工各个阶段预应力损失的组合

(1) 先张法，混凝土预压前预应力损失的组合，$\sigma_{lI} = \sigma_{l1} + \sigma_{l3} + \sigma_{l4}$；

混凝土预压后预应力损失的组合，$\sigma_{lII} = \sigma_{l5}$。

(2) 后张法，混凝土预压前预应力损失的组合，$\sigma_{lI} = \sigma_{l1} + \sigma_{l2}$；

混凝土预压后预应力损失的组合，$\sigma_{lII} = \sigma_{l4} + \sigma_{l5} + \sigma_{l6}$。

【任务实施】

实训任务：认识预应力混凝土生产所使用的材料、生产用的机械设备和配件。

【技能训练】

(1) 实地参观预应力混凝土生产所使用的材料。

(2) 实地参观预应力混凝土生产所使用的机械设备和配件，了解它们的特性。

工作任务 6.2 先张法预应力混凝土施工

6.2.1 先张法预应力混凝土施工的工艺流程

先张法预应力混凝土施工的工艺流程如图 6-16 所示，其生产示意如图 6-17 所示。

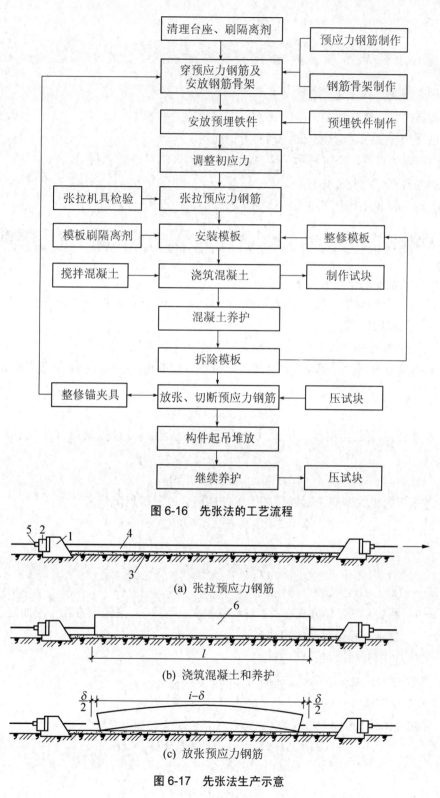

图 6-16 先张法的工艺流程

(a) 张拉预应力钢筋

(b) 浇筑混凝土和养护

(c) 放张预应力钢筋

图 6-17 先张法生产示意

1—台座；2—横梁；3—台面；4—预应力筋；5—夹具；6—构件

6.2.2 先张法的设备

(1) 固定器具，详见工作任务 6.1。

① 夹具：安放在张拉端，临时夹紧、固定预应力钢筋用。

② 锚具：安放在固定端，固定预应力钢筋用。

③ 固定器具只在生产过程中使用，不留在构件内，可以重复利用。

(2) 张拉设备，详见工作任务 6.1。

(3) 台座，详见工作任务 6.1。

6.2.3 先张法的生产工艺

1. 预应力钢筋的下料长度 L

L＝台座内的长度 L_0＋固定端的锚固长度 a＋张拉端的夹紧长度 b

2. 张拉数据的确定

(1) 张拉控制应力(σ_{con})应由设计确定，且应在下式范围内。

(2) 对消除应力钢丝、钢绞线，因此类钢材没有屈服点，以极限抗拉强度的标准值(f_{ptk})来控制。

$$0.4f_{ptk} \leqslant \sigma_{con} \leqslant 0.80f_{ptk} \tag{6-1}$$

(3) 对中强度预应力钢丝，因此类钢材没有屈服点，以极限抗拉强度的标准值(f_{ptk})来控制。

$$0.4f_{ptk} \leqslant \sigma_{con} \leqslant 0.75f_{ptk} \tag{6-2}$$

(4) 对预应力螺纹钢筋，则以预应力钢筋屈服强度标准值(f_{pyk})来控制。

$$0.4f_{pyk} \leqslant \sigma_{con} \leqslant 0.90f_{pyk} \tag{6-3}$$

(5) 张拉力由式(6-4)确定。

$$F = m \times \sigma_{con} \times A_p \tag{6-4}$$

式中：A_p——预应力筋的截面面积；

m——系数，与张拉方式有关，$m=1.05$ 或 $m=1.03$，据张拉方式不同而定，是为补偿钢筋松弛引起的损失。

(6) 张拉方式有两种。

第一种张拉方式 $0 \rightarrow 1.05\sigma_{con} \rightarrow$ 持荷 2min $\rightarrow \sigma_{con}$

第二种张拉方式 $0 \text{------------------------} \rightarrow 1.03\sigma_{con}$

(7) 张拉端的伸长值 ΔL，因为

$$\varepsilon = \Delta L \div L = \sigma \div E_s = F_p \div (A_p \times E_s) \tag{6-5}$$

所以，

$$\Delta L = (F_p \times L) \div (A_p \times E_s) \tag{6-6}$$

式中：ε——预应力钢筋应变值；

σ——张拉应力；

F_p——张拉力；

E_s——预应力钢筋的弹性模量。

3. 混凝土的浇筑

混凝土浇筑的施工要求与普通混凝土相同，可以用自然养护，也可以用蒸汽养护；但不同的养护条件预应力损失值是不一样的。

4. 预应力钢筋的放张

(1) 放张的目的：施工时施加的预应力原来是由台座来承担的，现在通过放张把它转移到构件上，使混凝土构件真正受到预压应力。

(2) 放张的时间：混凝土强度要达到设计强度的 75% 及以上。

(3) 放张的要求：要让混凝土构件逐步、均衡受力。要有放张的方案，按照一定的顺序来进行。对中心受压构件，可以同时放张；对于偏心受压构件，要先放张受力较小的，后放张受力较大的，由一端向另一端，分段、对称、交错地进行放张。

6.2.4 先张法的适用性

先张法适用于在混凝土预制构件厂生产中小型预应力混凝土预制构件。

【参考图文】

【任务实施】

实训任务：实地参观先张法预应力混凝土构件的生产过程。

【技能训练】

(1) 实地参观先张法预应力混凝土构件的生产过程。

(2) 了解先张法预应力混凝土构件的生产工艺要求。

(3) 了解先张法生产预应力混凝土构件的适用性。

工作任务 6.3 后张法预应力混凝土施工

6.3.1 后张法预应力混凝土施工的工艺流程

后张法预应力混凝土施工的工艺流程如图 6-18 所示，其生产示意如图 6-19 所示。

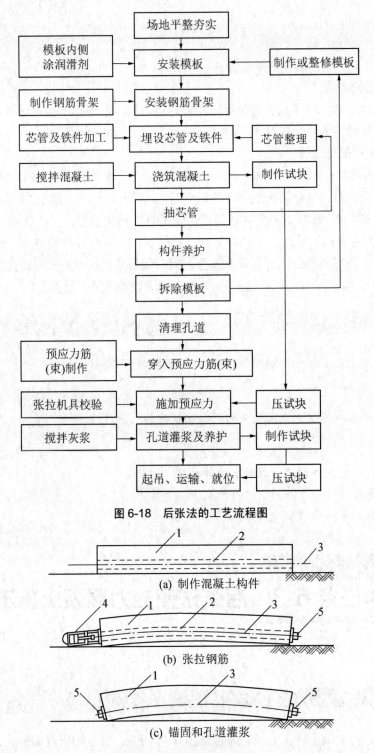

图 6-18 后张法的工艺流程图

(a) 制作混凝土构件

(b) 张拉钢筋

(c) 锚固和孔道灌浆

图 6-19 后张法生产示意

1—混凝土构件；2—预留孔道；3—预应力钢筋；4—千斤顶；5—锚具

6.3.2 后张法的设备

1. 固定器具

制作时已留在混凝土构件内，因而不可重复使用，详见工作任务 6.1。

(1) 螺丝端杆锚具，适于单根钢筋，张拉端使用，代号 LM。

(2) 帮条锚具，适于单根钢筋，固定端使用。

(3) 墩头锚具，适于单根或多根钢筋，固定端使用。

(4) JM12 型锚具，适于多根钢筋或钢绞线，张拉端使用。

2. 张拉设备

详见工作任务 6.1。

6.3.3 后张法的生产工艺

1. 孔道留设方法

(1) 用钢管预埋，混凝土浇筑后 3～5h 内把钢管抽出从而形成孔道。

(2) 用胶管充气或充水预埋，混凝土浇筑后 3～5h 内先将气或水放掉，然后再把胶管抽出从而形成孔道。

(3) 预埋金属波纹管，浇筑混凝土后将金属波纹管固定在混凝土内，从而形成孔道，这个方法现在用得最多。

【参考视频】

2. 预应力钢筋的制作

(1) 对预应力钢丝束或钢绞线，因为是成盘供应，只需开盘、张拉、下料即可，但要注意不允许有接头。

下料长度

$$L = l + a + b \tag{6-7}$$

式中：a、b——两个端头的长度；

l——构件的长度。

(2) 对预应力钢筋，要考虑因焊接、冷拉和回缩对下料长度的影响。

下料长度

$$L = [(l + a + b) \div (1 + 冷拉率 \delta - 回缩率 \delta_1)] + 接头数 n \times 每焊头损失 d \tag{6-8}$$

3. 预应力钢筋的穿孔工艺

预应力钢筋穿入孔道内的穿束工艺分为先穿束和后穿束两种工艺。因为预应力钢筋可能锈蚀，后张法预应力钢筋穿入孔道时间不宜太长。在混凝土浇筑前先将预应力钢筋穿入管道内的工艺方法称为"先穿束"，而待混凝土浇筑完毕后再将预应力钢筋穿入孔道的工艺方法称为"后穿束"。在一般情况下，先穿束会占用工期，而且预应力钢筋穿入孔道后至张拉并灌浆的时间间隔较长，在环境湿度较大的南方地区或雨季容易造成预应力钢筋的锈蚀，进而影响孔道摩擦，甚至影响预应力钢筋的力学性能；而后穿束时预应力钢筋穿入孔道后至张拉灌浆的时间较短，可有效防止预应力钢筋锈蚀，同时不占用结构施工工期，有利于加快施工进度,是较好的工艺方法。对一端为锚固端,另一端为张拉端的预应力钢筋,只能采用先穿束工艺;而两端张拉的预应力钢筋,最好采用后穿束工艺。这主要是考虑预应力筋在施工阶段的锈蚀问题,至于有关时间限制是根据国内外相关标准及我国工程实践经验提出的。

4. 混凝土的浇筑

同先张法。

5. 张拉控制应力和张拉力

(1) 张拉控制应力:

对消除应力钢丝、钢绞线 $0.4f_{ptk} \leqslant \sigma_{con} \leqslant 0.80f_{ptk}$;

对中强度预应力钢丝 $0.4f_{ptk} \leqslant \sigma_{con} \leqslant 0.75f_{ptk}$;

对预应力螺纹钢筋 $0.4f_{pyk} \leqslant \sigma_{con} \leqslant 0.90f_{pyk}$。

(2) 张拉力和张拉伸长值的计算同前先张法的生产工艺。

(3) 张拉的程序与先张法相同;不同之处是,当分批张拉时,后张拉的预应力钢筋对混凝土施压时,会引起前一批已经张拉且已锚好的预应力钢筋因压缩变形而应力下降,为了避免这种损失,对先行张拉批的钢筋,应补偿一个应力,其值为

$$\Delta\sigma = \alpha_E \times \sigma_{pc} = [(\sigma_{con} - \sigma_{l1})A_p \div A_n](E_s \div E_c) \tag{6-9}$$

式中:α_E——预应力钢筋弹性模量与混凝土弹性模量的比值,$\alpha_E = E_s \div E_c$;

σ_{pc}——前一批已经张拉且锚好预应力钢筋因后一批张拉引起的压缩变形产生的应力下降值,$\sigma_{pc} = (\sigma_{con} - \sigma_{l1})A_p \div A_n$。

6. 孔道灌浆

为了防止预应力钢筋生锈,增强预应力钢筋与结构的整体性和耐久性,要对孔道进行灌浆。用 M20、水灰比为 0.4 的水泥砂浆,可掺入不含氯的减水剂;用压力灌浆器往孔道内灌浆,为保证密实,分为两次灌;可以从一端灌,也可以从两端同时灌,但要增加通气孔,灌完要塞孔。

6.3.4 后张法的适用性

与先张法比,后张法工序多、工艺复杂,锚具留在结构内,不可重复使用。此法适用于大型、大跨度预应力混凝土构件的生产。

【任务实施】

实训任务:实地参观后张法预应力混凝土构件的生产过程。

【参考图文】

【技能训练】

(1) 实地参观后张法预应力混凝土构件的生产过程。

(2) 了解后张法预应力混凝土构件的生产工艺要求。

(3) 了解后张法生产预应力混凝土构件的适用性。

工作任务 6.4 后张自锚无黏结预应力混凝土新技术

6.4.1 无黏结预应力混凝土概述

在后张法预应力混凝土中，预应力可分为有黏结和无黏结两种。预应力钢筋张拉后，对预留孔道进行压力灌浆，使预应力钢筋与构件混凝土紧密黏结，称为有黏结预应力；若预应力钢筋张拉后，不对预留孔道进行压力灌浆，预应力钢筋与其周围的混凝土没有黏结力，可以发生相对滑动，称为无黏结预应力。

后张自锚无黏结预应力混凝土，是近年发展起来的一项新技术。其技术关键：先在预应力钢绞线外刷涂油脂，加塑料或薄钢波纹管外套制成商品(图6-20)，然后像铺设普通钢筋那样，将其铺在支好的模板内，再浇筑混凝土；待混凝土达到一定强度后，进行预应力钢筋张拉和锚固。这种方法属于后张法，无须预留灌浆孔，只靠两端的锚具来传递预应力；施工过程比有黏结预应力简便，预应力钢筋可以沿受拉区弯成多个波浪形的曲线，适宜于大柱网、大跨度的现浇结构；但对锚具和张拉技术要求较高，对两个锚固端要进行密封处理。

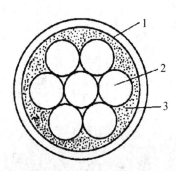

图 6-20 无黏结预应力钢绞线断面
1—塑料套；2—钢绞线；3—防腐润滑油脂

6.4.2 无黏结预应力混凝土施工的工艺流程

安装梁或楼板的模板→放线→非预应力钢筋笼的绑扎→铺设无黏结预应力钢筋→绑扎定位→固定端和张拉端就位→绑扎定位→隐蔽工程检查验收→浇筑构件混凝土→养护→拆除模板→清理张拉端→张拉无黏结预应力钢筋→锚固→切除超长部分的预应力钢筋→封闭张拉端。

6.4.3 施工操作要点

1．现场制作

(1) 下料。无黏结钢筋的下料长度应按设计位置经放样计算后确定，每根钢筋应连续配料，中间不得有接头，下料时应用砂轮锯切割。

(2) 在特制的张拉器上制作固定端的挤压锚头,必须使钢绞线的轴线与垫块的承压面保持垂直状态。

(3) 备齐张拉端配件、张拉端预留孔模块。

2. 构件的模板和普通钢筋安装

构件的底模板如在建筑物的周边时宜外挑,以便能早拆侧模。侧模应便于可靠地固定锚具和垫板。普通混凝土钢筋先就位。

3. 无黏结预应力钢筋就位

(1) 在普通混凝土钢筋安装后,对预应力钢筋进行放线定位。

(2) 当构件的无黏结预应力钢筋设计位置比较复杂,应事先研究制定铺放的顺序。

(3) 穿入无黏结预应力钢筋,调整好各部分的位置后,用专设的架立钢筋固定好整条预应力钢筋的位置。

4. 端部节点安装

(1) 固定端挤压式锚具(图 6-21)的承压垫块,应与锚固头紧贴并固定牢固。

(2) 张拉端的承压板固定在预留孔模块的内侧,无黏结预应力钢筋外露一段。

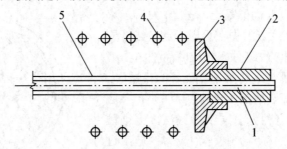

图 6-21 嵌入式夹片锚具固定端构造

1—钢绞线;2—夹片;3—承压垫块;4—螺旋筋;5—塑料套

5. 浇筑构件混凝土

混凝土浇筑时,应严禁踏压撞碰无黏结预应力钢筋及它们的支撑架和端部的预埋件。对两端部的混凝土尤应注意振捣密实。

6. 张拉预应力钢筋

(1) 清理张拉端预留孔模块,应设法使张拉端垫块的承压面与钢绞线的轴线保持垂直状态。

(2) 张拉前应办理隐蔽工程的验收手续。

(3) 检查各种机械设备、仪表,进行校核标定。

(4) 按设计要求的张拉顺序,张拉值和伸长值来进行施工控制。

(5) 填写张拉记录表,办理签认手续。

7. 端部处理

(1) 用液压切筋器切除多余的预应力钢筋。

(2) 用微膨胀细石混凝土或高强度等级的水泥砂浆封堵张拉端预留孔。

(3) 封堵后养护。

应用实例

1. 某预应力混凝土吊车梁的构造(图 6-22)

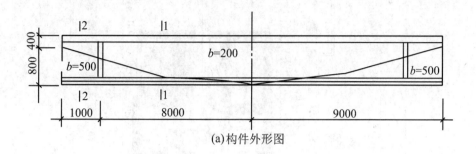

(a)构件外形图

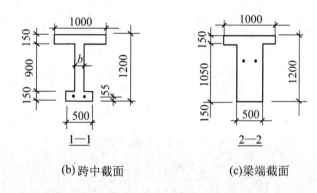

(b)跨中截面   (c)梁端截面

图 6-22   预应力混凝土吊车梁

2. 某预应力混凝土连续梁无黏结预应力钢筋的布置(图 6-23)

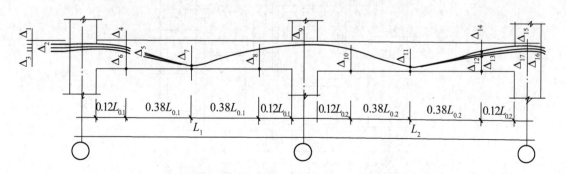

图 6-23   预应力混凝土连续梁无黏结预应力钢筋的布置

3．广东国际大厦标准层楼面(图 6-24～图 6-26)

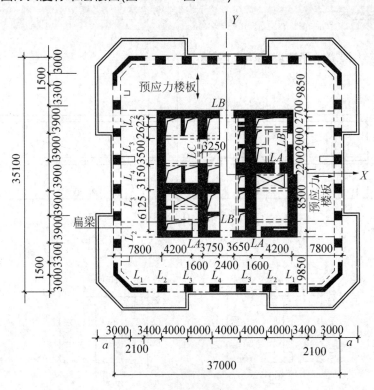

图 6-24　标准层结构平面图

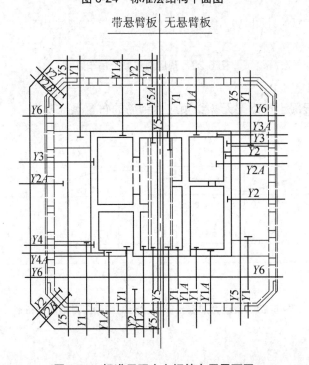

图 6-25　标准层预应力钢筋布置平面图

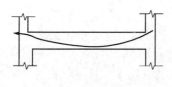 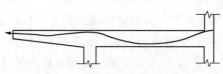

   (a) 单跨板的预应力配筋   (b) 带悬臂板的预应力配筋

图 6-26   楼面曲线配预应力钢筋示意图

【参考图文】

【任务实施】

  实训任务：实地参观后张法预应力混凝土构件的生产过程。

【技能训练】

  (1) 实地参观后张自锚预应力混凝土构件的生产过程。

  (2) 了解后张自锚预应力混凝土构件的生产工艺要求。

  (3) 了解后张自锚生产预应力混凝土构件的适用性。

【本项目总结】

项目 6	工作任务	能力目标	基本要求	主要支撑知识	任务成果
预应力混凝土工程施工	预应力混凝土的基础知识	认识预加应力的必要性，使用的材料和设备	初步认识	预应力的原理、作用，对材料和生产设备的要求	对本项目的内容只要求初步认识相关的基本概念、生产原理、使用的材料和施工设备
	先张法的生产工艺	认识先张法的生产工艺	初步认识	先张法生产预应力构件的原理	
	后张法的生产工艺	认识后张法的生产工艺	初步认识	后张法生产预应力构件的原理	
	后张自锚无黏结预应力新技术	认识后张无黏结预应力的工艺	初步认识	后张无黏结预应力新工艺的原理	

《 复习与思考 》

  1. 什么叫做预应力混凝土？

  2. 预应力混凝土构件对预应力钢筋和混凝土各有什么要求？

  3. 什么叫做锚具？什么叫做夹具？各用在什么地方？有什么要求？

  4. 对混凝土施加预应力的方法有几种？其预应力是如何建立和传递的？

  5. 什么叫先张法？什么叫后张法？请比较它们的异同点。

  6. 预应力钢筋的张拉和钢筋的冷拉有什么不同？

  7. 什么是"先穿束"工艺？什么是"后穿束"工艺？你认为哪种工艺较好？为什么？

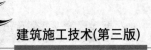

8. 什么情况下只能采用先穿束工艺？什么情况下最好采用后穿束工艺？

9. 后张法为什么要预留孔道？预留孔道有几种方法？各适用于什么情况？

10. 预应力钢筋张拉后为什么要及时进行孔道灌浆？

11. 有黏结预应力与无黏结预应力的施工工艺有什么区别？

12. 对无黏结预应力钢筋有什么要求？

项目 **7** 结构安装工程施工

本项目学习提示

　　结构安装工程就是利用各种类型的起重机械，将预先在工厂或施工工地制作的结构构件，包括混凝土结构、钢结构建筑物，按照设计图纸的要求在施工现场进行组装，以构成一栋完整的建(构)筑物的施工过程。

　　结构安装前，应拟定结构安装的施工方案，必要时，专业施工单位要根据设计文件进行深化设计，还要根据设计要求和施工方案进行必要的施工验算。主要是根据房屋的平面尺寸、跨度、结构特点、构件类型、质量、安装高度和现场条件，合理选择起重机械，确定构件的吊装工艺、安装方法，起重机的开行路线，构件在现场平面上的布置等。目的是保证安全生产和工程质量，缩短工期，降低施工成本。

　　预制装配式建筑，是建筑业的发展方向。现在一般的混凝土单层和多层工业厂房、钢结构的单层、多层和高层建筑、轻钢结构建筑都大量使用预制装配的方法建造，已经分别成为专门的学科。本项目只学习其基本原理和主要的施工方法。

能力目标

- 能初步看懂装配式房屋建筑结构的施工图纸。
- 能根据装配式建筑结构的组成，选择安装机械。
- 能根据装配式建筑结构的特点，编制较简单的施工方案。
- 能根据装配式建筑结构的特点，组织现场施工。

知识目标

- 了解结构安装用起重机械和附属机具的种类、作用和基本性能。
- 了解混凝土装配式单层工业厂房和多层建筑的构造特点。
- 了解钢结构单层工业厂房、多层和高层建筑的结构特点。
- 了解单层轻钢房屋的结构特点。

工作任务 7.1　结构安装工程基础知识

7.1.1　预制装配式建筑是建筑业的发展方向

现浇混凝土结构现场湿作业多，难以实现工业化施工；结构自重大，适应范围受到限制。人们一直在研究采用另一种方式，通过工厂预制现场装配的办法来解决上述问题。工厂预制现场装配可以实现工业化，不但可以提高建造质量，加快建设进度，还可适应大空间、大跨度结构的需要；既可以是混凝土结构，也可以是钢结构。工厂预制现场装配需要解决结构体系和构件的划分、构件的构造和制作方法、安装的机械设备、相应的施工方法等问题。

7.1.2　结构体系、构件划分和制作方法

1. 钢筋混凝土结构建筑

1) 单层钢筋混凝土结构工业厂房

单层钢筋混凝土结构工业厂房常为标准设计，开间一般为 6m，跨度为 18m、21m、24m、27m 等，高度为 9m、12m、15m 等，内有吊车或无吊车，用装配式的铰接排架结构；大多采用现场浇筑杯形基础，厂房的柱子、屋架，吊车梁等，视具体条件，可工厂预制也可在现场制作，屋面板一般在工厂制作，然后运到现场安装，屋面板安装后用细石混凝土填缝，再做柔性屋面防水层、砖砌外墙、大型墙板和连系梁现场安装，如图 7-1 所示。

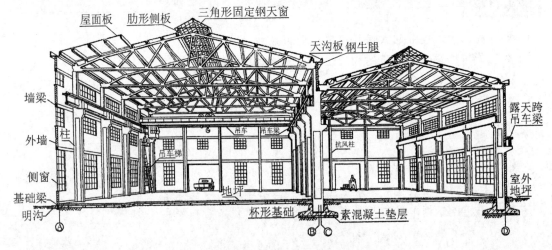

图 7-1　混凝土单层工业厂房构造示意图

2) 多层钢筋混凝土结构建筑

多层钢筋混凝土结构建筑，结构体系为多层框架或板柱体系；现场浇筑杯形基础，工厂预制梁和柱，现场安装预应力空心楼板或组合楼板，砖砌体或轻型墙板，柔性屋面防水。

2. 钢结构建筑

1) 普通钢结构单层工业厂房、多层或高层建筑

普通钢结构单层工业厂房的构造与混凝土结构单层工业厂房相似，如图 7-2 所示；多层或高层建筑大多采用框架、框剪和各类筒体结构体系，现浇混凝土柱基，型钢或钢管混凝土柱、型钢梁，压型钢板加现浇混凝土层的组合楼、屋面板，轻型墙体。

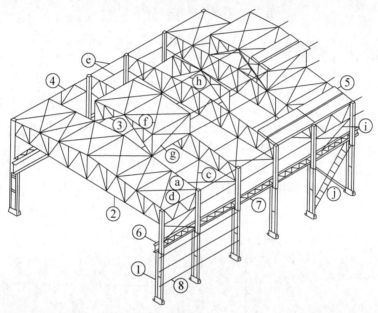

1—柱；2—屋架；3—天窗架；4—托架；5—屋面板；6—吊车梁；7—吊车制动桁架；8—墙架梁；
a～e—屋架支撑(上弦横向、下弦横向、下弦纵向、垂直支撑、系杆)；f～h—天窗架支撑
(上弦横向、垂直支撑、系杆)；i～j—柱间支撑(上柱柱间、下柱柱间)

图 7-2 单层钢结构工业厂房构造示意图

2) 轻型钢结构建筑

轻型钢结构建筑是我国近三十年来引进的另一种新型刚架结构体系，现浇混凝土柱子基础，变截面 H 型钢组合梁、柱，C 形檩条，塑钢异型墙板和屋面板。结构轻巧，造型美观，建设速度快，造价低廉，抗震性能好，用途广泛，适用于各种跨度的单层厂房、低层活动板房、低层或多层住宅等，如图 7-3 所示。

3) 其他钢结构建筑

其他钢结构建筑采用各种形式的空间钢结构，适用于体育馆、飞机场、车站等公共建筑。大部分在工厂里制作，运到现场安装，安装的方法也多种多样。

采用轻型钢结构的低层或多层住宅，全部在工厂里制作，运到现场安装，安装的方法较为简单。

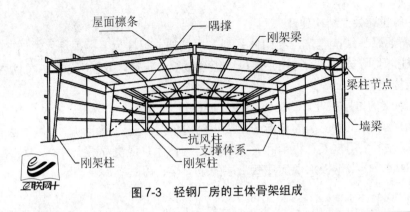

图 7-3　轻钢厂房的主体骨架组成

7.1.3　安装常用的机械设备

1. 起重机械

结构安装工程使用的起重机械，常用的有自行式起重机和塔式起重机两类。

(1) 自行杆式起重机——由起重臂、机身、行走机构和回转机构组成。

① 履带式起重机：是结构安装最常用的起重机之一，其 3 个主要技术指标 Q(起重量，t)、H(起重高度，m)、R(起重臂的回转半径，m)可以按需要选择，对地基要求较低，机动灵活，可负载行驶，但稳定性较差；常用于单层厂房各种构件吊装，如图 7-4 所示。

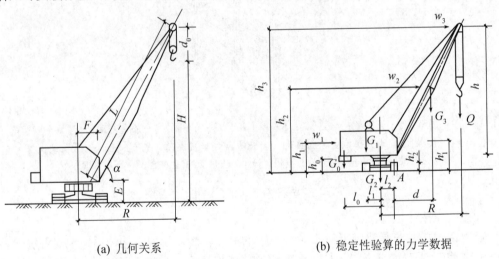

(a) 几何关系　　　　　　　　　　(b) 稳定性验算的力学数据

图 7-4　履带式起重机

② 汽车式起重机：移动速度快，车身长，转弯半径大，不能负载行驶，作业稳定性较差；用于单层厂房中小构件吊装或塔式起重机现场安装，如图 7-5 所示。

③ 轮胎式起重机：可自行，全回转，稳定性比汽车式好，车身短，转弯半径小，移动比汽车慢，对路面要求较高；用于单层厂房中小构件吊装，如图 7-6 所示。

(2) 塔式起重机——由起重臂、机身、行走机构、回转机构和爬升机构组成，塔式起重机在现场的安装过程如图 7-7 所示。

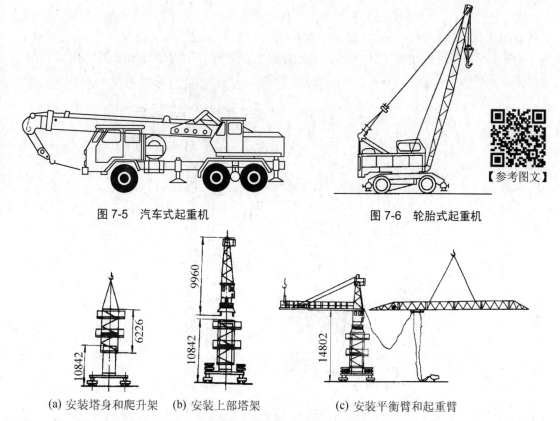

图 7-5 汽车式起重机

图 7-6 轮胎式起重机

【参考图文】

(a) 安装塔身和爬升架　(b) 安装上部塔架　　　　(c) 安装平衡臂和起重臂

图 7-7 塔式起重机的安装过程

① 轨道塔式起重机：带有固定在地面的行走轨道，工作空间大，但装拆、费时(图 7-8)；用于多层建筑的吊装。

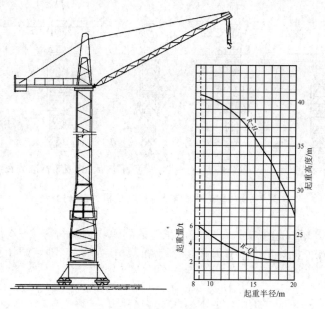

图 7-8 轨道塔式起重机

② 固定附着自升塔式起重机：要专用基座，靠液压顶升机构爬高或降低，每隔一段需与相邻的主体结构相连，稳定性好，工作空间大；用于多层、高层建筑的施工；外形如图 7-9 所示，自升过程如图 7-10 所示，基础如图 7-11 所示，附着装置如图 7-12 所示。

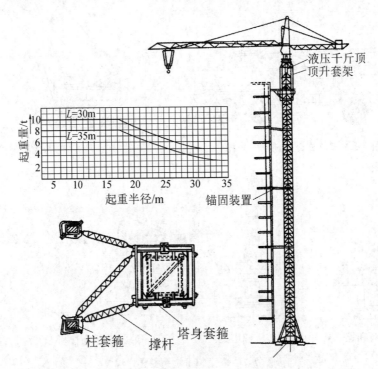

图 7-9　固定附着自升塔式起重机

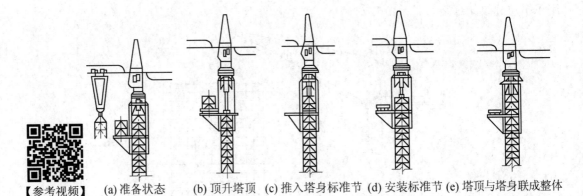

(a) 准备状态　(b) 顶升塔顶　(c) 推入塔身标准节　(d) 安装标准节　(e) 塔顶与塔身联成整体

【参考视频】

图 7-10　固定附着自升塔式起重机的自升过程

③ 固定内爬升塔式起重机：可安装在在建的建筑物内，每隔 2～4 层爬升一次，不占外围空间，工作的活动空间大；要专用设备装卸；用于多层、高层和超高层建筑的施工，如图 7-13 所示。

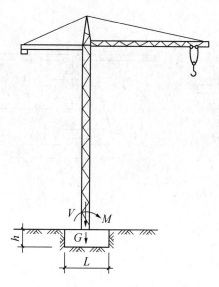

图 7-11 固定塔式起重机的基础

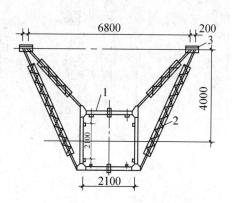

图 7-12 固定塔式起重机的附着装置

1—塔身套箍；2—撑杆

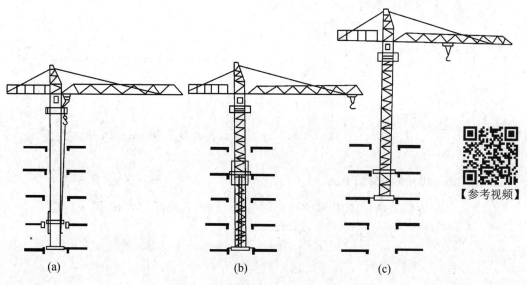

图 7-13 固定内爬升塔式起重机

2．附属设备

(1) 卷扬机。

用于起重吊装、钢筋张拉、钢提升架的动力设备。种类有单筒快速、双筒快速、双筒慢速；手动(图 7-14、图 7-15)、电动等。主要技术指标有额定牵引力、钢丝绳容量、电动机功率和固定方式。

(2) 滑轮组。

动滑轮是为了省力，但不省功；定滑轮是为了改变力的方向。

(3) 钢丝绳。

① 结构形式：6×19+1-170，表示 1 芯、6 股，每股 19 丝。

② 钢丝抗拉强度标准值为 1700MPa。

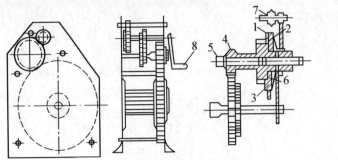

图 7-14 手动卷扬机

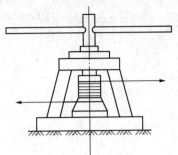

图 7-15 手动绞盘

1—转轮；2、3—制动盘；4—传动齿轮；5—制动轴；
6—螺母；7—卡爪；8—手柄

(4) 吊具：吊装所必需的辅助工具。

① 卡环：供吊索之间的连接用(图 7-16)。

② 吊索：绑扎构件和起吊用(图 7-17)。

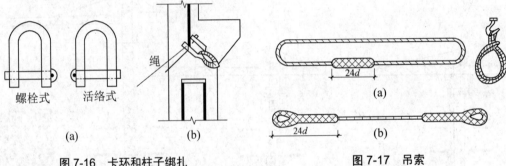

图 7-16 卡环和柱子绑扎　　　　　　　**图 7-17 吊索**

③ 横吊梁：对一些较长的构件需要加横吊梁才便于吊装(图 7-18、图 7-19)。

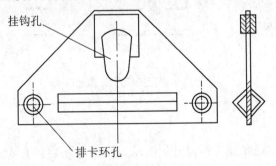

图 7-18 钢板横吊梁

(5) 千斤顶(图 7-20、图 7-21)、链条葫芦。

【任务实施】

实训任务：考察附着自升塔式起重机的安装、拆卸过程，对照设备产品说明书核对其工作性能曲线。

【技能训练】

通过实地考察，了解附着自升塔式起重机的工作性能、装拆过程。

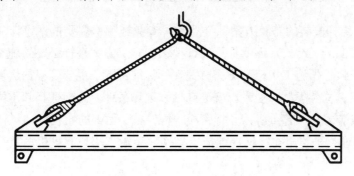

图 7-19　钢管横吊梁

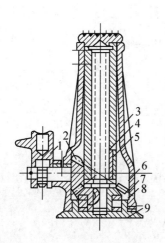

图 7-20　手动螺旋千斤顶

1—棘轮组；2—小伞齿轮；3—升降套筒；
4—锯齿形螺杆；5—铜螺母；6—大伞齿轮；
7—单向推力球轴承；8—主架；9—底座

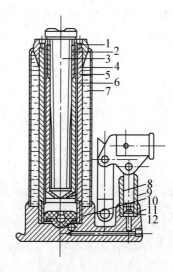

图 7-21　液压千斤顶

1—顶帽；2—螺母；3—调整丝杆；4—外套；
5—活塞缸；6—活塞；7—工作液，8—油泵心子；
9—油泵套筒；10—皮碗；11—油泵皮碗；12—底座

工作任务 7.2　混凝土结构建筑的安装

7.2.1　混凝土结构安装需要解决的问题

混凝土结构安装需要解决施工前的准备工作、各种构件如何吊装、制定安装方案、选择起重机机型、设计施工平面图、确定起重机的开行路线等几个问题。

7.2.2 施工前的准备工作

(1) 应拟定结构安装的施工方案,必要时,专业施工单位要根据设计文件进行深化设计,对于装配式混凝土结构,还要根据设计要求和施工方案进行必要的施工验算。深化设计和施工验算应该根据施工规范和国家有关现行标准进行。主要是根据房屋的平面尺寸、跨度、结构特点、构件类型、质量、安装高度和现场条件,合理选择起重机械,确定构件的吊装工艺、安装方法,起重机的开行路线,构件在平面上的布置等。

(2) 场地清理、平整压实;使场地能承受构件运输车辆和起重机吊装行走的荷载;做好场地的排水工作。

(3) 检查杯形基础的位置、尺寸、杯底标高。

(4) 构件运输进场,按照设计施工平面图确定的位置堆放。

(5) 检查构件的数量、质量、外形尺寸、预埋件;对构件进行弹线和编号(图 7-22)。

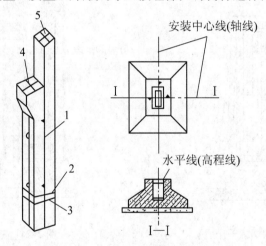

图 7-22　柱子和杯形基础弹线

1—柱身对位线;2—地坪标高线;3—基础顶面线;4—吊车梁对位线;5—柱顶中心线

(6) 准备好钢丝绳、吊具、吊索、滑车、电焊机、电焊条;配备竹梯、挂梯,垫铁、木楔等。

7.2.3 单层混凝土工业厂房安装

1. 构件的安装方法

(1) 混凝土柱:单层混凝土工业厂房柱(图 7-23)的特点是构件长,质量大,起吊不高,只需插入杯口内即可。当自重在 130kN 及以内时,用一点绑扎(图 7-24);当自重超过 130kN 时,用两点绑扎(图 7-25);用旋转法吊装,绑扎点、柱脚和杯口三点要共圆(图 7-26);用滑行法吊装,绑扎点与杯口两点要共圆(图 7-27)。

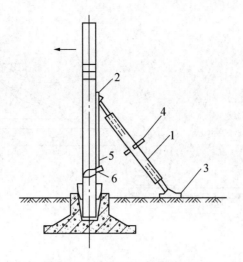

图 7-23 柱子就位校正后固定

1—钢管；2—头部摩擦板；3—底板；4—转动手柄；5—钢丝绳；6—卡环

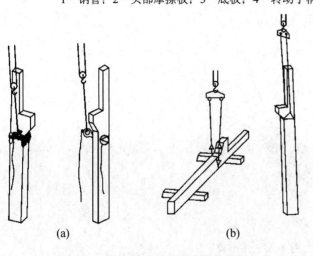

(a)　　　　　　　(b)

图 7-24 轻型较短柱子一点绑扎起吊

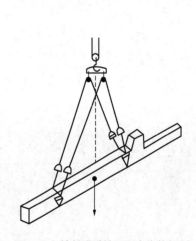

图 7-25 较长或重柱子两点绑扎起吊

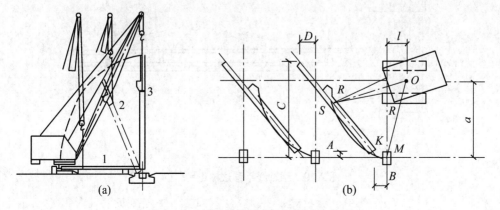

(a)　　　　　　　(b)

图 7-26 柱子旋转吊装法要求三点共圆

1—平放时的柱；2—柱起吊途中；3—柱吊至直立；M—杯基础中心点；K—柱下端；R—柱吊装点

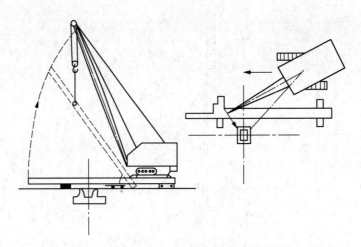

图 7-27　柱子滑行吊装法工作过程和平面布置

(2) 吊车梁：采用两点绑扎，构件起吊要保持水平(图 7-28)，就位后要做临时固定，然后经过校正，再行固定(图 7-29、图 7-30)。

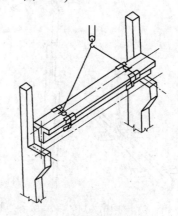

图 7-28　吊车梁吊装

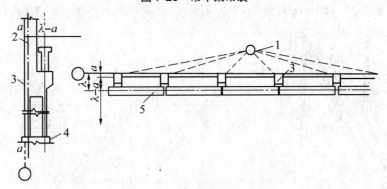

图 7-29　用轴线平移法校正吊车梁

1—经纬仪；2—标志；3—柱；4—柱基础；5—吊车梁

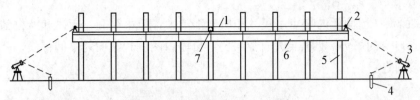

图 7-30 用通线法校正吊车梁

1—通线；2—支架；3—经纬仪；4—木桩；5—柱；6—吊车梁；7—圆钢

(3) 屋架：屋架的特点是体形薄而长，侧向稳定差；质量不很大，但吊得较高；起吊和临时固定有一定难度。通常跨度在 18m 及以内时，可直接用两点或四点绑扎起吊；当跨度在 18m 以上时，需加横吊梁四点绑扎才能起吊(图 7-31)。不论是什么跨度，屋架制作时是平躺在那里的，先要扶正(图 7-32)、画线、加固，随后起吊就位、临时固定、校正，然后才能最终固定(图 7-33)。屋架起重高度计算如图 7-34 所示。

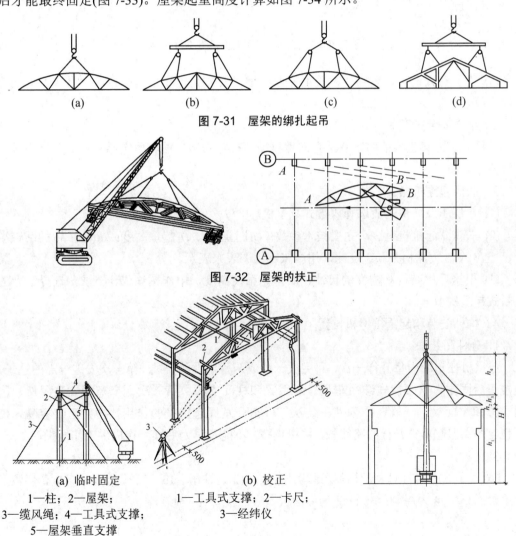

图 7-31 屋架的绑扎起吊

图 7-32 屋架的扶正

(a) 临时固定　　(b) 校正

1—柱；2—屋架；　　　1—工具式支撑；2—卡尺；
3—缆风绳；4—工具式支撑；　　3—经纬仪
5—屋架垂直支撑

图 7-33 屋架的临时固定与校正　　　**图 7-34 屋架起重高度计算**

(4) 屋面板：屋面板的特点是尺寸和质量都不大，但吊得高，起吊和就位都得平放。通常利用它自身的吊环，四点起吊(图 7-35)。自檐口两侧轮流向跨中间铺设，就位后立即调平，焊接固定。

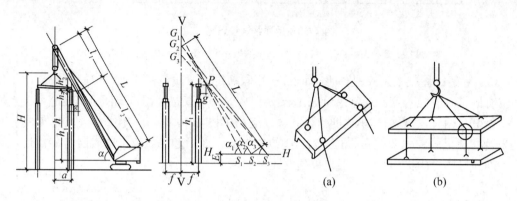

图 7-35　屋面板吊装和起重机最小臂长

(5) 如果有天窗架，需待其两侧的屋面板都已安装完毕才吊装，最后才吊装天窗架上的屋面板。

2. 结构安装方案

结构安装方案包括的内容有选择起重机械、确定安装方法、确定起重机的开行路线、设计施工平面图。

3. 选择起重机械

(1) 单层工业厂房一般选择履带式起重机。

(2) 履带式起重机有 3 个主要技术参数：Q(起重量)、H(起重高度)、R(起重臂的回转半径)；这 3 个参数互相关联、变化，用一张特性图表来表示。

(3) 根据厂房结构和构件的尺寸、质量、吊装高度，用作图法或计算法，选择适合的履带式起重机型号。

4. 构件安装和起重机停机位置

1) 分件吊装法

起重机在车间内每开行一次，只完成一种或两种构件的安装。第一次安装全部的柱子，经校正后固定；第二次安装吊车梁、联系梁和柱间支撑；第三次逐个节间安装屋架、屋面支撑和屋面板。一般选择分件吊装法，可充分发挥起重机的作用，构件组装容易，校正也容易；但起重机开行的路线长，停机点多，不能及早为后续工作提供工作面(图 7-36~图 7-38)。

【附注】图中的号码表示构件吊装顺序：1~12 为柱子；13~32 奇数为吊车梁，偶数为连系梁；33、34 为屋架；35~42 为屋面板。

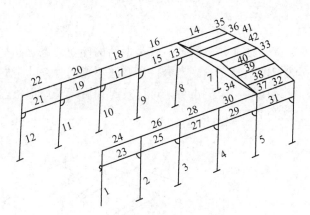

图 7-36　分件吊装法的构件吊装顺序

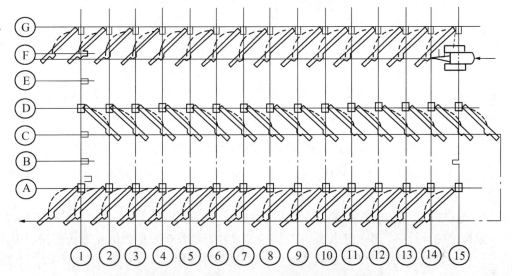

图 7-37　分件吊装法的柱子平面布置和吊车行走路线图

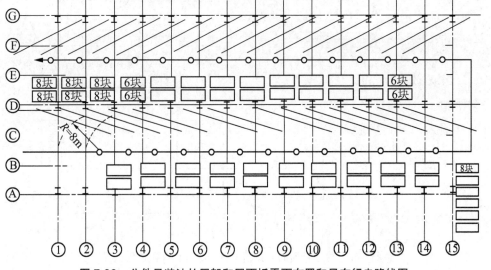

图 7-38　分件吊装法的屋架和屋面板平面布置和吊车行走路线图

2) 综合吊装法

起重机在车间内一次开行,分节间把所有类型的构件安装完。起重机每停一次位置,要把一个开间内所有的构件吊装完毕。当分件吊装法不宜用时,才考虑用综合吊装法。其特点是:起重机的开行路线短,停机点少,可以及时为后续工作提供工作面;但吊装工作复杂多变,校正较困难(图 7-39)。

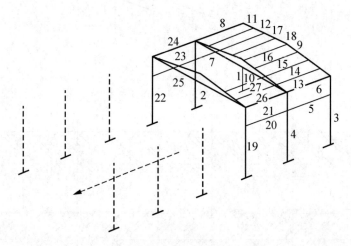

图 7-39 综合吊装法的构件吊装顺序

【附注】图中的号码表示构件吊装顺序:1~4 为第一跨柱子,5、7 为第一跨吊车梁,6、8 为第一跨连系梁,9、10 为第一跨两屋架,11~18 为第一跨屋面板。

3) 起重机的停机位置

起重机的开行路线和停机位置,与构件的尺寸、构件在平面上的布置等有关。用作图法或计算法,在选择履带式起重机型号时一并考虑(图 7-40)。

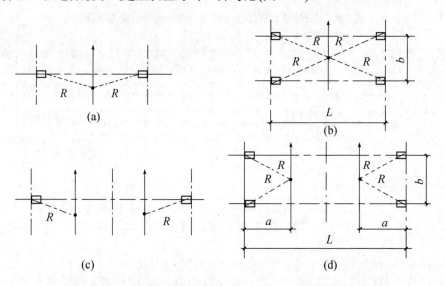

图 7-40 柱子吊装时起重机的开行路线和停机位置选择

5. 吊装施工总平面

施工平面图是整个安装方案在建筑场地平面上的综合反映。它表明车间的杯形基础位置，各种构件在现场预制时的位置，扶正准备吊装时的摆放位置，场外制作构件进场摆放位置，吊装时起重机的停机位置和行走方向等(图7-41)。

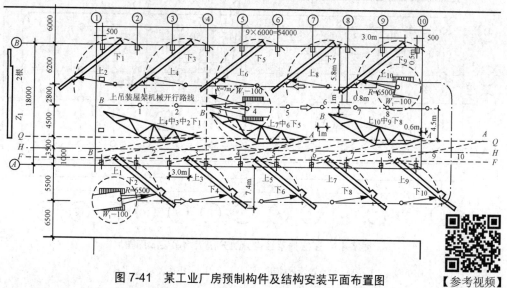

图 7-41 某工业厂房预制构件及结构安装平面布置图

【参考视频】

7.2.4 混凝土多层装配式建筑安装

1. 多层装配式建筑安装特点

(1) 混凝土装配式多层建筑多采用框架结构。

(2) 需要解决的问题与单层厂房基本相同：施工前的准备工作、各种构件如何吊装、制定安装方案、选择起重机机型、确定起重机位置、设计施工平面图等几个问题。

(3) 与单层厂房安装所不同的有两点：一是节点构造不一样；二是它的施工除了向水平方向展开外，主要是向上发展。

2. 起重机的选择

(1) 根据厂房的平面、立剖面形状，确定起重机的安装高度和工作半径。

(2) 根据主要构件的质量、最边远的位置，选定起重力矩和最大起重高度。

(3) 通过作图或计算，综合选定起重机的型号、臂长、安装高度和安装位置等参数，如图7-42所示。

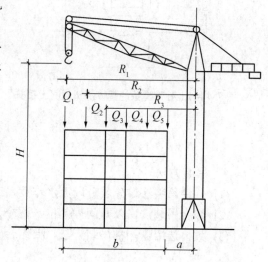

图 7-42 轨道塔式起重机的工作参数示意图

(4) 起重机的安装位置有无轨固定式、轨道式，沿轨道单侧行走、沿轨道外双侧行走等。

3. 构件在施工总平面上的布置

以方便构件运输和吊装为原则，常布置在建筑物的某一侧，如图 7-43～图 7-45 所示。

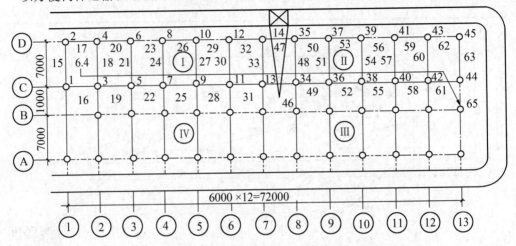

图 7-43 多层框架结构分层分段流水吊装顺序图

注：1、2、3 等表示吊装顺序，Ⅰ、Ⅱ、Ⅲ等表示施工段。

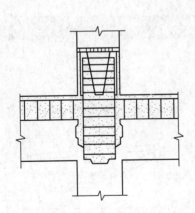

图 7-44 上柱带榫头的整体浇筑混凝土接头

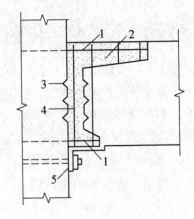

图 7-45 齿槽式梁柱接头

1—钢筋坡口焊接；2—后浇细石混凝土；
3—齿槽；4—附加钢筋；5—临时牛腿

4. 吊装方法

(1) 分件吊装法，分层分段流水作业，或一段式的大流水(图 7-43)。

(2) 综合吊装法，以开间为单位，逐个开间一次性把所有构件吊完。

(3) 具体选用哪一种吊装方法，要结合实际情况经过分析后确定。

5．节点构造

(1) 柱与柱的竖向节点(图 7-44)。

(2) 柱与梁的水平节点(图 7-45)。

(3) 梁、柱、板的水平节点。

6．安装方法

梁和板是水平起吊，柱是竖直起吊，先临时固定，经过校正后才能最后固定(图 7-46～图 7-49)。

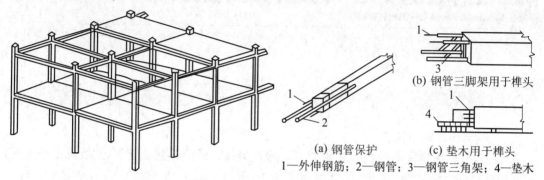

图 7-46　多层装配式结构单元

(a) 钢管保护　　(c) 垫木用于榫头
(b) 钢管三脚架用于榫头

1—外伸钢筋；2—钢管；3—钢管三角架；4—垫木

图 7-47　预制柱脚外伸钢筋加保护

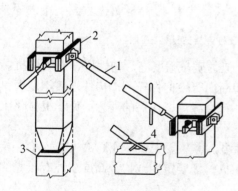

图 7-48　中柱安装临时固定

1—管式支撑；2—夹箍；
3—预埋钢板和焊点；4—预埋件

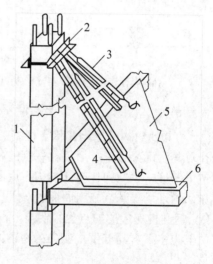

图 7-49　角柱安装临时固定

1—柱；2—角钢夹板；3—钢管拉杆；
4—支撑；5—楼板；6—梁

【任务实施】

实训任务：现场参观混凝土单层工业厂房的吊装工程。

【技能训练】

(1) 实地考察混凝土单层工业厂房各种构件的吊装方法。

(2) 实地考察混凝土单层工业厂房安装中的分件吊装法或综合吊装法。

(3) 实地考察履带式起重机在吊装中的工作过程和行走路线。

(4) 编制某混凝土单层工业厂房安装方案。

工作任务 7.3　钢结构建筑的安装

7.3.1　钢结构建筑施工概述

1．钢结构建筑的特点

(1) 钢结构房屋是用钢板或各种型钢，通过焊接、螺栓连接或铆钉连接(现已不常用)组装成房屋的结构骨架。3 种连接方法如图 7-50 所示。

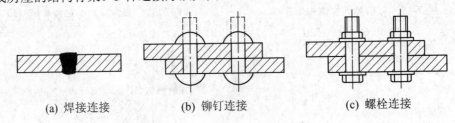

(a) 焊接连接　　　　(b) 铆钉连接　　　　(c) 螺栓连接

图 7-50　钢构件的 3 种连接方法

(2) 与其他结构房屋相比优点很多：钢材近似匀质，强度高、韧性好，有利于抗震，理论计算与实际最接近；用钢材轧制的各种理想断面可使构件轻巧；构件连接构造简单，可建造大跨度、大空间建筑；结构占用面积小；符合绿色、环保的理念；便于机械化工厂化制作，再现场安装，施工周期短，质量较高。

(3) 钢结构房屋的缺点也很明显，薄壁杆件多，容易发生整体或局部失稳；构件相互连接的节点多，容易产生次应力；易锈蚀，不耐火，需要定期维护；高层立柱有较大的压缩变形。

(4) 国际上早已推广使用钢结构，我国过去在经济短缺时期的政策是节约用钢，所以发展缓慢；20 世纪 90 年代后，随着经济实力增强，我国钢的年产量已能满足建设需要，现在的用钢政策已改为"合理用钢"，钢结构发展前景很好。

2．钢结构建筑的材料

(1) 型材：要求强度高，有明显的屈服点，可焊，大量用 Q235 普通碳素结构钢和 Q345 普通低合金高强度结构钢，有 H 型钢、宽翼缘工字钢、角钢、槽钢、钢板和各种薄壁型钢等(图 7-51、图 7-52)。

(2) 附材：适用于手工焊的 E43 和 E50 焊条，适用于自动焊的焊丝和焊剂；普通螺栓、高强螺栓和锚栓等。

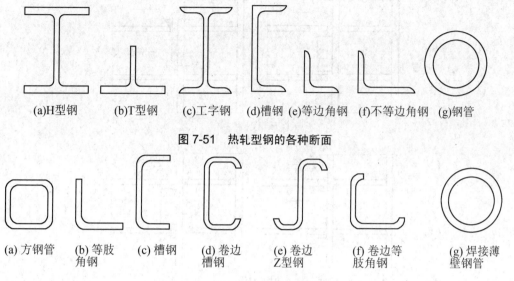

(a)H型钢
(b)T型钢
(c)工字钢
(d)槽钢
(e)等边角钢
(f)不等边角钢
(g)钢管

图 7-51　热轧型钢的各种断面

(a) 方钢管
(b) 等肢角钢
(c) 槽钢
(d) 卷边槽钢
(e) 卷边Z型钢
(f) 卷边等肢角钢
(g) 焊接薄壁钢管

图 7-52　冷弯薄壁型钢的各种断面

(3) 其他配套材料：压型钢板(图 7-53)、轻质墙板、各种幕墙等。

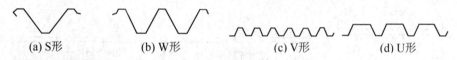

(a) S形
(b) W形
(c) V形
(d) U形

图 7-53　各种形状的压型钢板

3. 钢构件的节点构造

(1) 埋入式的柱脚，连接方式如图 7-54 所示。

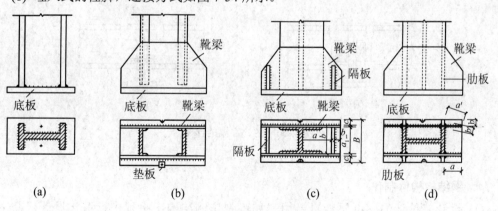

底板
靴梁
底板
靴梁
垫板
靴梁
隔板
底板
靴梁
隔板
靴梁
肋板
底板
肋板
(a)
(b)
(c)
(d)

图 7-54　钢柱脚的几种连接方式

(2) 梁柱节点的焊接连接、螺栓连接和混合连接(图 7-55、图 7-56)。

(3) 由梁柱和斜撑组合的剪力墙。

(4) 楼承板加现浇层的组合楼板。

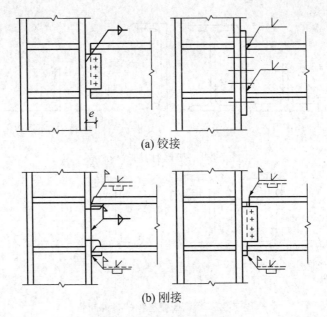

(a) 铰接

(b) 刚接

图 7-55　框架梁柱的连接

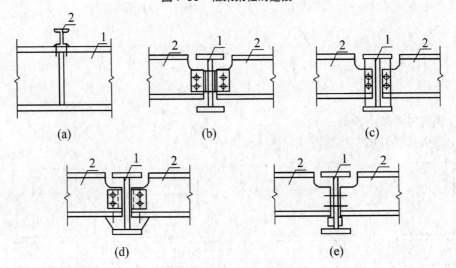

(a)　　　　　　　(b)　　　　　　　(c)

(d)　　　　　　　(e)

图 7-56　主、次梁的连接

1—主梁；2—次梁

4. 钢结构构件制作

(1) 设计院设计的图纸不能直接用来加工制作钢结构，必须进行深化设计，需由加工厂根据加工工艺，考虑加工余量、公差配合等因素，绘制施工详图，交原设计工程师签认。

(2) 钢结构制作和安装的精度要求较高，加工制作、安装、监理、验收和土建施工等单位，都要使用经过检测具有同一精度的钢尺，构件的长度需用足尺丈量然后再局部细分，不得分段丈量累加。

(3) 下料，薄钢板用剪板机，中厚板用气割；板件组合，中厚板用自动埋弧焊，薄板用高频焊；制孔，薄板用冲孔法，其余一般用钻孔法，孔径较大的用火焰成孔。

【参考图文】

(4) 钢结构构件在工厂里加工制作完成，经矫正、表面处理，出厂前还要进行预拼装，然后刷保护漆、包装，办理出厂验收手续。

(5) 钢结构构件出厂运输，要编制运输方案，保证在装车、运输和卸车过程中构件不受损坏或变形，运到工地后安装前还要再做一次详细的检查验收。

(6) 整个制作的工艺流程如图 7-57 所示，其中钢构件制作变形的校正方法如图 7-58 所示。

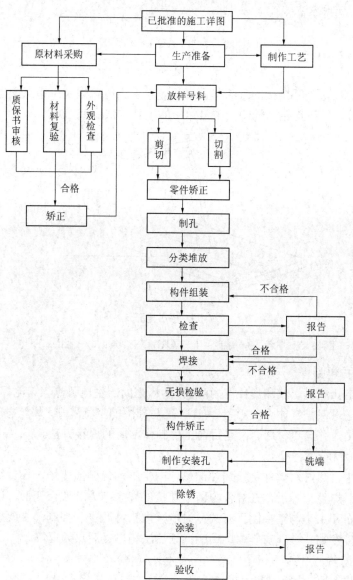

图 7-57 钢结构制作的工艺流程

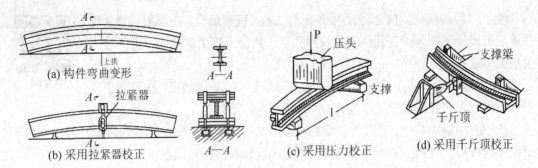

(a) 构件弯曲变形

(b) 采用拉紧器校正

(c) 采用压力校正

(d) 采用千斤顶校正

图 7-58　钢构件制作变形的校正方法

7.3.2　钢构件的连接

1. 焊接连接

1) 手工电弧焊

依靠电弧的热量进行焊接的方法称为电弧焊。手工电弧焊是用手工操作焊条，利用电弧过程进行焊接，是工地钢结构焊接中最常用的一种方法(图 7-59)。

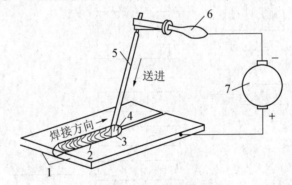

图 7-59　手工电弧焊

1—工件；2—焊缝；3—熔池；4—电弧；5—焊条；6—焊钳；7—电焊机

2) 气体保护电弧焊

气体保护电弧焊以焊丝和焊件作为两极，两极之间产生电弧热来熔化焊丝和焊件母材，同时向焊接区送入保护气体(如 CO_2)，使焊接区与周围的空气隔开，焊丝自动送进，在电弧作用下不断熔化，并与母材熔合，是目前工厂制作常用的焊接方法。

3) 焊接应力和焊接变形

焊接过程中，热源对焊件进行局部加热，产生不均匀的温度场，导致材料各部分的热胀冷缩不均匀；焊件冷却后，在焊件内留下焊接的残余应力和残余变形。这种现象是很难避免的，其分布和大小与诸多因素有关；只能采取措施减少和控制，主要措施有合理选择焊接方法和焊接参数、合理安排焊接顺序、预热法和焊接后热处理等。

4) 焊接质量检验

(1) 焊接前检查：焊接材料、焊接设备、焊接方法、焊接人员。

(2) 焊接中检查：焊接设备运行和工艺执行情况。

(3) 焊接后检查：焊缝清理干净后，先进行外观检验；然后进行致密性(液体、气体渗漏)检验，无损探伤检验(超声波等)；必要时进行破坏性检验。

2．螺栓连接

(1) 普通螺栓连接，对螺栓的紧固力没有明确要求，凭操作工的手感和连接的接触面能紧密贴合，无明显间隙。

(2) 高强螺栓连接要求严格，接触面须先经处理，扭力扳手经过检测标定，所有高强螺栓需经初拧、复拧和终拧 3 遍；高强螺栓连接的安装如图 7-60 所示。

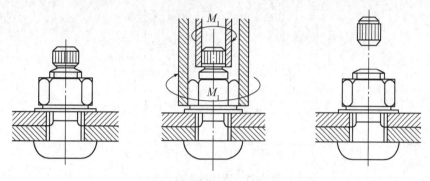

图 7-60 扭剪型高强螺栓连接的安装

(3) 螺栓连接质量检验。

3．混合连接

混合连接就是部分用焊接连接，部分用螺栓连接。

7.3.3 钢结构的涂装

1．钢结构防腐涂装

(1) 无特殊要求的钢构件都要做防腐涂装，最常用的是刷防锈漆，以使其能与外界环境隔离开。但地脚螺栓和底板，高强螺栓的结合面，与混凝土紧密连接处等部位严禁涂漆。

(2) 首先对成型后的钢构件进行表面处理，清除油污、旧漆层，除锈。

(3) 施工准备，包括打开油漆桶、双组分配比、搅拌、熟化、过滤。

(4) 要求施工环境清洁、干燥，温度、湿度适宜，通风但风力不大。

(5) 用手工或空气喷涂方法涂装，涂底漆，充分干燥，检查修补，再涂面漆。

2．钢结构防火涂装

(1) 一般的钢结构建筑，在设计要求需要做防火涂装的部位，按要求的材料和厚度施工；多层和高层建筑防火涂装有严格的要求。

(2) 防火涂装前先对构件表面做防腐涂装，涂装施工的环境要求与防腐处理相同。

(3) 防火涂装应分多层多次完成，可用喷涂、抹涂、刮涂等方法。当要求涂层较厚时，需加设钢丝网。

(4) 涂层厚度由测厚计测定。

7.3.4 单层钢结构厂房的安装

(1) 单层钢结构厂房由混凝土基础、钢柱、柱间支撑、吊车梁、屋架、上下弦支撑、檩条、屋面板和墙体骨架等组成，如图 7-61～图 7-64 所示。

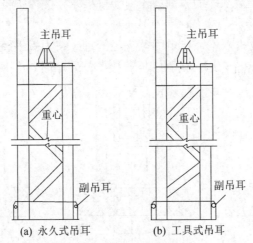

(a) 永久式吊耳　　(b) 工具式吊耳

图 7-61　钢柱吊耳的设置

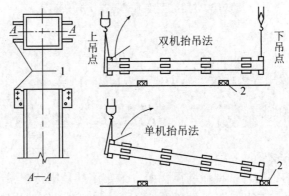

图 7-62　钢柱的吊装

1—吊耳；2—垫木

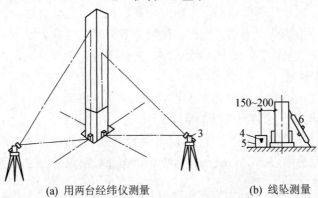

(a) 用两台经纬仪测量　　　　(b) 线坠测量

图 7-63　柱子的校正方法

3—经纬仪；4—线坠；5—木桶；6—可调螺杆千斤顶

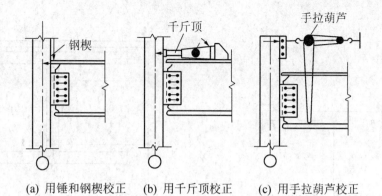

(a) 用锤和钢楔校正　　(b) 用千斤顶校正　　(c) 用手拉葫芦校正

图 7-64　框架体垂直度的校正

(2) 安装前的准备工作大体同混凝土单层厂房。由于钢构件尺寸大而长，但截面薄，为了保证在安装过程中的稳定，常需增设临时支撑；柱脚与混凝土基础大多用地脚螺栓连接，需要先对连接件和连接面进行全面检查预处理，如图 7-65 所示。

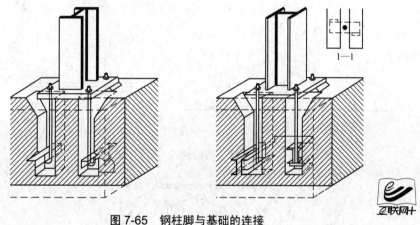

图 7-65　钢柱脚与基础的连接

(3) 柱子安装。先吊装就位，检查调整，初步螺栓固定；待吊车梁和屋架安装后，进行总体检查调整，然后拧紧螺栓，灌入无收缩细石混凝土作最后固定；柱间支撑应在柱子校正后进行安装。

(4) 吊车梁安装。应在柱子第一次校正后进行，从柱间支撑的那个跨间开始，就位后先做临时固定，待屋面系统安装完毕，再对吊车梁进行校正、焊接固定，如图 7-66、图 7-67 所示。

(5) 屋面系统的安装。屋架安装应在柱子校正后进行，第一、第二榀屋架及连接件先形成结构单元，作为后续结构安装的基准(图 7-68～图 7-70)；垂直、水平支撑和檩条应在屋架校正后进行。屋面板和天沟的安装，除注意连接牢固外，尤应注意保证屋面平整符合坡度要求；保证天沟纵向排水坡度。

(6) 维护结构的安装。应在主体结构安装和调整完成后进行。

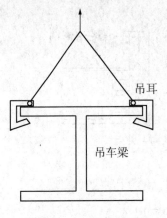

图 7-66 吊车梁的吊装

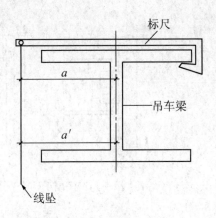

图 7-67 吊车梁的校正

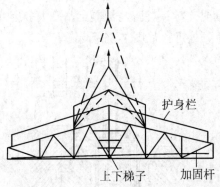

图 7-68 钢屋架的吊装和校正

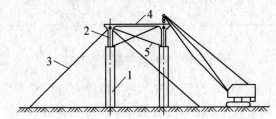

图 7-69 钢屋架的临时固定

1—柱子；2—屋架；3—临时稳定拉绳；4—屋架工具式支撑；5—屋架垂直支撑

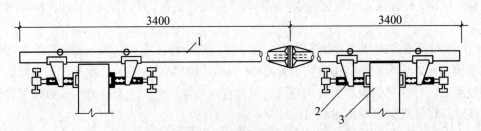

图 7-70 屋架工具式支撑的构造

7.3.5 多层和高层钢结构的安装

(1) 多层和高层钢结构安装的关键：定位轴线和标高的传递和控制，选择起重机械和吊装方法，做好构件间的连接。定位轴线和标高的传递应逐层进行，多次互相复核。

(2) 起重机械多选择附着自升塔式起重机或内爬塔式起重机；要求有足够的起重能力，吊臂长度应能覆盖全部工作面，钢丝绳长度要满足最大起吊高度的要求，若多台机作业则需错开高度、限制每台机的摆动范围，保证运转安全。

(3) 吊装方法多采用综合吊装法，从中间某个节间开始，以一个节间的柱网作为一个吊装单元，先吊柱，后吊梁，然后往四周发展(图 7-71)；垂直方向自下而上，组成稳定的结构后，分层次安装楼板等次要构件；一节间一节间钢架、一层楼一层楼安装完成；这样有利于消除安装误差和焊接变形(图 7-72)。

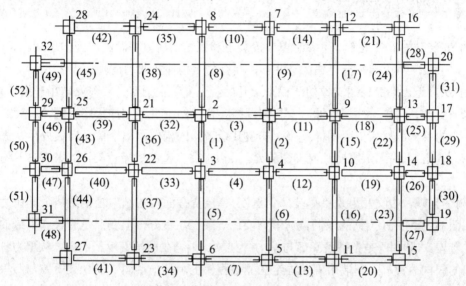

图 7-71 钢结构柱、主梁的安装顺序

注：1、2、3 等为钢柱安装顺序，(1)、(2)、(3)等为钢梁安装顺序。

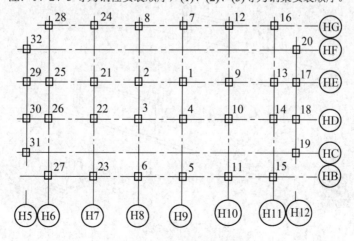

图 7-72 钢结构的焊接顺序

(4) 柱子多为 3～4 层一个吊装节间，吊装前将操作用的爬梯、挂篮固定在柱子边上；首节柱吊装前应对基础面上的地脚螺栓加保护套防碰撞，柱子就位应缓慢进行，就位后先进行初校，安装临时螺栓，在第一节框架就位后校正、调整，紧固螺栓，柱底清理灌浆固定，养护。如此逐节向上发展。

【参考图文】

(5) 钢梁吊装前检查柱牛腿标高和柱子间距，主梁吊装就位，先安装一侧螺栓，后安装另一侧螺栓，检查、校正、调整，拧紧螺栓，节点焊接，最后进行质量检验。

(6) 主骨架完成后，安装楼层柱间支撑、楼承板，楼板配钢筋，浇筑楼面混凝土和养护。主体结构完成。

7.3.6 轻型钢结构的安装

(1) 安装前的准备工作，可参照单层混凝土和钢结构房屋的做法，因构件细、长、轻，安装过程中很容易引起弯折、失稳、变形，要有防止构件扭曲的措施。

(2) 从靠近山墙有柱间支撑的两榀刚架开始，先安装主刚架，接着安装吊车梁、檩条、横向水平支撑、隅撑、柱间支撑，检查和调整各构件的垂直度，拧紧连接螺栓，使之成为几何不变的单元；然后依照同样顺序，安装其余节间的构件，每个单元安装好后，先检查调整，后拧紧连接螺栓，发展几何不变单元，最后形成完整的房屋骨架，如图 7-73～图 7-77 所示。

【附注】隅，中文意思是"尽端、角落"。单层变截面门式刚架轻钢结构，其承力骨架为变截面 H 型钢；H 型钢的双向抗弯能力要比一般工字钢好，但弱点是腹板和翼缘的局部稳定性较差。"隅撑"是指檩条端部与承力骨架相交处，在檩条腹板平面内，从承力骨架下弦伸出的斜向短撑杆，一端用螺栓固定在檩条腹板上，另一端固定在骨架下弦与腹板的连接处，用以加强檩条的刚度，并且增强刚架结构体系的纵向稳定性；通常布置在屋面檩条或连梁、吊车梁的两端。

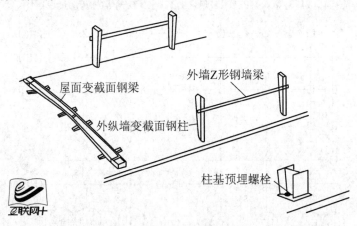

图 7-73　吊装顺序一

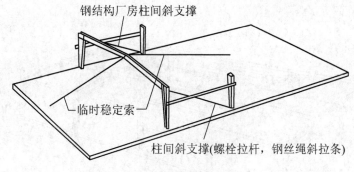

钢结构厂房柱间斜支撑

临时稳定索

柱间斜支撑(螺栓拉杆，钢丝绳斜拉条)

图 7-74 吊装顺序二

屋面支撑(斜拉条)

临时稳定索

柱间斜支撑

屋面Z形钢檩条

隔撑角钢

① 屋面钢梁

图 7-75 吊装顺序三

柱间斜支撑

线锤及吊挂线

图 7-76 吊装顺序四

(3) 立刚架柱，调整柱底螺栓，加缆风绳和撑杆，校正垂直度和标高；在地面上组装好刚架梁、隔撑，起吊就位，与柱子连接；吊装刚架横梁，与刚架柱之间的连接端板，插入高强螺栓，加入楔片垫使端板接触面平直，拧紧高强螺栓，形成完整刚架，如图 7-78所示。

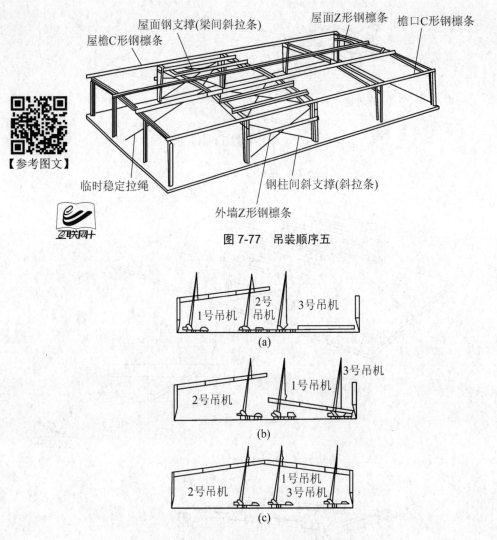

图 7-77 吊装顺序五

图 7-78 轻钢厂房主刚架的吊装过程

(4) 检查牛腿标高，弹出定位基准线，安装吊车梁，用挂线和经纬仪测量、校正，焊接固定。

(5) 安装檩条和墙梁，因为它们是冷弯薄壁构件，就位时应加临时木撑防止弯曲变形，与焊接在刚架梁上的檩托板对位，穿入螺栓，校正、初拧，安装拉条、张紧螺母，拧紧檩条螺栓。

(6) 屋面板和围护板安装。先装屋面板，自下而上，逆主导风向自一边至另一边，让屋面板就位，用自攻螺钉在波峰上直接与檩条固定。再装檐口板，然后是墙面板，直装至地面的矮墙上。注意做好屋脊线、檐口线、窗口线处的泛水和包边，用防水抽芯拉铆钉固定，如图 7-79~图 7-85 所示。

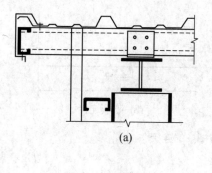
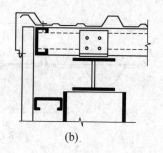

(a) (b)

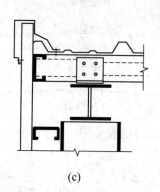
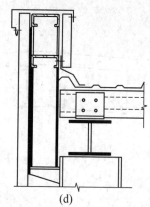

(c) (d)

图 7-79 山墙与屋面交接处的构造

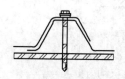
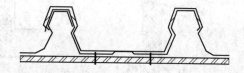

(a) 自攻螺钉连接 (b) 压板隐蔽式连接

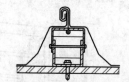
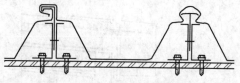

(c) 圆形咬合连接（隐蔽式） (d) 360°咬边连接（隐蔽式） (e) 180°咬边连接（隐蔽式）

图 7-80 屋面压型钢板的连接和固定

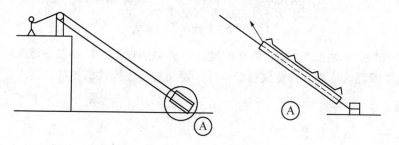

图 7-81 屋面压型钢板的滑升就位

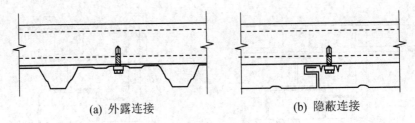

(a) 外露连接　　　　　　　　　　(b) 隐蔽连接

图 7-82　外墙板与檩条的连接

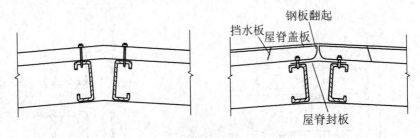

图 7-83　屋脊处压型钢板的连接

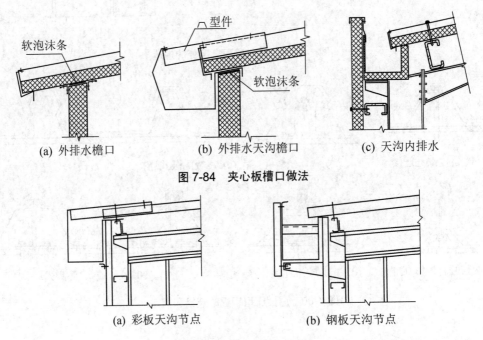

(a) 外排水檐口　　　(b) 外排水天沟檐口　　　(c) 天沟内排水

图 7-84　夹心板槽口做法

(a) 彩板天沟节点　　　　　　　　(b) 钢板天沟节点

图 7-85　外排水天沟做法

(7) 安装过程中凡用过火焰、焊接的地方，必须清理干净，补刷油漆防腐；全面清扫屋面，尤其要清理天沟内各种金属屑和垃圾，避免对房屋构件的损坏。

【工程案例】

广州远洋商务大厦位于广州市区庄立交的远洋宾馆旁，楼高 30 层，总高 103m，采用钢-混凝土混合结构，钢框架主要承受垂直荷载，水平力基本上由钢骨混凝土剪力墙承受；

扩大了框架的柱距，减少了柱子，提高了楼层的实用率。它的节点构造是：当柱和梁是刚性连接时，翼缘用剖口焊接、腹板用高强螺栓连接；当柱和梁是铰接时，腹板用高强螺栓与柱连接；墙内的钢骨柱与主梁均用铰接。钢结构主框架的用钢量为 1480t，平均为 70.5kg/m²。

【任务实施】

实训任务：实地考察单层轻钢结构厂房的构造和施工过程。

【技能训练】

(1) 实地考察单层轻钢结构厂房使用的各类材料。

(2) 实地考察单层轻钢结构厂房使用的结构和构造。

(3) 实地考察单层轻钢结构厂房的施工安装过程。

(4) 编制某单层轻钢结构厂房的施工安装方案。

【本项目总结】

项目7	工作任务	能力目标	基本要求	主要支撑知识	任务成果
结构安装工程施工	结构安装工程概述	了解起重机械的特性，能选择运用	初步了解	结构安装用起重机械的性能、选择和运用的知识	(1) 初步选择起重设备 (2) 编制混凝土厂房的安装方案 (3) 编制轻钢厂房的安装方案
	混凝土结构安装	了解单层厂房安装过程，能编制吊装方案	初步了解	分件吊装法和综合吊装法的原理	
	钢结构建筑安装	了解轻钢厂房安装过程，能编制吊装方案	初步了解	轻钢厂房的组成和组装的原理	

复习与思考

1. 对比现浇混凝土结构，预制装配式建筑有什么特点？预制装配式结构需要解决哪些问题？

2. 请简述单层混凝土结构装配式工业厂房常用哪些结构体系。各类构件怎样划分？构件如何制作？

3. 请简述多层混凝土结构建筑常用哪些结构体系。各类构件怎样划分？构件如何制作？

4. 请简述单层钢结构厂房常用哪些结构体系。各类构件怎样划分？构件如何制作？

5. 请简述多层和高层钢结构建筑常用哪些结构体系。各类构件怎样划分？构件如何制作？

6. 请简述单层轻钢结构工业厂房常用哪些结构体系。各类构件怎样划分？构件如何制作？

7. 本项目涉及的几种装配式结构，怎样根据其不同的特点选择起重机械的类型？

8. 装配式结构安装施工前要做好哪些准备工作？

9. 装配式结构安装施工方案应包括哪些内容？怎样拟定结构安装施工方案？

10. 混凝土单层工业厂房有哪些构件？各自应用什么方法安装？

11. 什么叫分件吊装法、综合吊装法？各有什么特点？各适用于什么情况？

12. 多层混凝土框架结构怎样进行安装施工的？

13. 钢结构房屋有什么特点？为什么有很好的发展前景？

14. 请简述单层钢结构厂房的安装过程。

15. 请简述多层和高层钢结构房屋的安装过程。

16. 请简述单层轻钢结构厂房的安装过程。

项目8 砌筑工程施工

本项目学习提示

砌筑工程是利用砌筑砂浆将砖、石、砌块等块状材料组砌成设计要求的墙或柱，作为建筑结构或分隔墙。砌体结构是一种古老的传统结构，从古到今一直被广泛使用。这种结构就地取材，施工简便，造价较低，防火隔热；但自重大，抗震能力较差，全靠手工操作，劳动强度大，难以工业化施工；黏土砖与农业争地，烧制过程不环保。改革开放后，广东已逐渐淘汰砖混结构，大量使用混凝土框架或框架-剪力墙结构，砌体作用从结构承重改变成围护分隔，出现了混凝土空心小砌块、蒸压灰砂砖、粉煤灰砖、泡沫混凝土砌块和轻质内墙板等多种新型墙体材料。由于这些新型墙体材料与传统的黏土实心砖在材料性能、砌筑工艺上有许多不同，施工时尤要注意，才能保证工程质量。

本项目主要讲述材料、砌筑工艺，新型墙体材料应用和墙体防裂措施等几个方面的问题。

能力目标

- 能识别各类墙体材料。
- 能编制常用墙体砌筑的施工方案。
- 能组织墙体、圈梁和构造柱的施工。
- 能进行墙体砌筑工程的质量验收和安全管理。

知识目标

- 了解各种墙体材料的特点和基本性能。
- 掌握各类墙体的组砌工艺原理。
- 了解墙体裂缝产生原因和防治的知识。
- 掌握砌筑工程质量标准的知识。

工作任务 8.1 砌筑工程基础知识

8.1.1 砌体的作用

对砖混结构来说,墙既是承重构件,又是围护和分隔构件;对混凝土框架结构、框架-剪力墙结构来说,墙只是围护和分隔构件。理论研究和实际试验都证明,砖混结构自重大,整体性、延性较差,抗震能力较弱,容易出现各种墙体裂缝;加设混凝土圈梁、构造柱后整体性、延性和抗裂性都有所提高,但建筑高度仍受到限制。改革开放后,各地大量建造多层和高层建筑,使用混凝土结构,已经形成逐渐淘汰砖混结构之势,砌体作用从结构承重改变成围护分隔;烧结黏土砖已经限制使用,全国都在推广使用各种新型墙体材料。

8.1.2 砌体结构的特点

(1) 砖砌体抗压性能好,施工中平缝较容易密实,要充分利用这一点;抗拉、抗弯性能很差,头缝质量不能保证,要注意尽量使头缝密实。

(2) 砖砌体的温度反应比混凝土差(混凝土的线膨胀系数约为 $1×10^{-5}/℃$,是砖砌体的 2 倍),如遇温度变化,砖砌体与混凝土两者变形不协调,接合处容易开裂,需要用结构措施来防止开裂。

(3) 因头缝质量不保证,抗剪能力差,墙体容易出现阶梯形的裂缝,需要用结构措施来预防。

(4) 砌筑时,因砖自身含水量变化和水平灰缝因压实而收缩,都会产生水平裂缝。要通过控制砖的含水量、限制每天砌筑的高度来避免出现水平裂缝。

(5) 砌体的力学性能与砌筑质量有很大关系,砌体的砌筑靠人的手工操作,因此要特别强调遵守工艺规程,确保施工质量。

8.1.3 砌体按组成材料分类

(1) 毛石墙、块石(石砖、石条)墙,主要用在山区的低层建筑或挡土墙。

(2) 黏土砖墙、灰砂砖墙,包括实心砖墙、空心砖墙;城镇现在都禁用烧结黏土砖,主要使用蒸压灰砂实心砖。我国标准砖块的尺寸为 240mm×115mm×53mm;当砌体块体主规格的长度、宽度或高度中有一项以上分别大于 365mm、240mm 或 115mm 时称为砌块;主规格的高度大于 115mm 而又小于 380mm 的砌块称为小砌块;主规格高度为 380～980mm 的砌块称为中砌块;主规格高度大于 980mm 的砌块称大中砌块。

【参考图文】

(3) 目前广泛推广使用小型混凝土砌块，包括普通混凝土、轻集料混凝土和蒸压加气混凝土三类小砌块；墙板，主要发展内隔墙用的轻质墙板。

8.1.4 砌筑砂浆

1．砌筑砂浆主要作用

砌筑砂浆主要作用是胶结墙体材料和传递压力，是墙体的一部分，起粘接、保温、隔热的作用。

2．砌筑砂浆的基本要求

砌筑砂浆的基本要求是施工时要有良好的塑性、保水，结硬后能与墙体材料牢固黏合，具有一定的强度。

(1) 塑性指标是"稠度(cm)"，表示砂浆的流动性，用标准锥体沉入刚拌制的砂浆内，以其沉入的深度来表示。

(2) 砌筑砂浆按 28 天抗压强度(MPa)划分为 M2.5、M5.0、M7.5、M10、M15、M20 这 6 个等级。

(3) 据现行国家建设行业标准《建筑砂浆基本性能试验方法标准》(JGJ/T 70—2009)，砂浆的强度等级，就是砂浆立方体抗压强度的标准值。

标准值就是在下列标准条件下做试验得出的数值。

① 统一的钢试模尺寸(70.7mm×70.7mm×70.7mm 的立方体)。

② 统一取样和成型的方法。

③ 统一养护条件(温度 20℃±2℃，相对湿度 90%以上的标准养护室中；从搅拌加水开始计时，标准养护龄期为 28 天)。

④ 统一试验仪器、试验方法和加荷速度。

⑤ 统一对试压极限抗压强度的取值方法，得出具有 95%以上保证率的强度等级值 ($f_{cu,k}$)，用 M××(MPa)表示。

3．砌筑砂浆的原材料

(1) 水泥，要求质量合格，在 3 个月有效期内。常用品种的水泥均可以制备砂浆。水泥的强度等级可以根据设计要求的砂浆强度进行选择，水泥砂浆所用水泥的强度等级不宜超过 32.5 级，混合砂浆所用水泥的强度等级不宜超过 42.5 级。

(2) 石灰膏，用块状生石灰熟化期不小于 7 天，经过筛网过滤，不含未熟化的颗粒和其他杂质；也可用经充分熟化的磨细生石灰粉配制。

(3) 洁净的中、粗砂，含泥量应小于 5%。

(4) 不含有害物质的洁净水。

(5) 塑化剂，按设计要求选配和使用。

(6) 过去有些地方在拌制砂浆时掺入黏土，因为黏土与水泥、石灰都不发生化学反应，砂浆中掺入黏土只能作为填充材料、增加砌筑时的黏性，但使用中容易吸收水分变软，对砌体强度不利，对与抹灰层的粘接不利。故从 20 世纪 90 年代起，行业内已经明确规定，不允许在砂浆中掺入黏土。

4. 砌筑砂浆常用的品种

(1) 水泥砂浆：用于地下砌体、毛石砌体。

(2) 水泥石灰混合砂浆：用于地上各种砌体。

(3) 石灰砂浆：用于地上砖砌体。

(4) 掺入其他塑化剂的水泥砂浆、水泥石灰混合砂浆：用于有特殊要求的砌体。

5. 砌筑砂浆的要求

(1) 砂浆品种和强度等级按设计要求，经试配和试验确定。

(2) 施工时要按质量配合比，宜用机械搅拌，拌和时间不得小于 1.5min；拌制后应尽快运到使用地点，一般应在 2～3h 内用完。

(3) 为节约材料、有利于环保，提倡使用预拌(干混)砂浆，成袋供应，在工地直接加水搅拌后使用。

【任务实施】

实训任务：认识各种砖、石、砌块等墙体材料的品种、规格、尺寸和已经组砌成的墙体。

【技能训练】

组织在实训场或建筑工地实地参观考察，为后续课程做准备。

工作任务 8.2 砖石砌体施工

8.2.1 毛石砌体的施工

1. 毛石砌体的特点

(1) 用不规则的石块和半干硬性的水泥砂浆，按照一定的操作规程组砌而成。

(2) 就地取材，经久耐用，造价便宜，有一定的可靠性。

(3) 构造上要充分利用其抗压好的优点，避免出现拉、弯、剪的受力状态。

2. 原材料要求

(1) 毛石要选择石质坚硬的，以花岗岩、玄武岩为最好。

(2) 用于房屋建筑的石材，进场前应进行放射性检验，应据检验结果按规范规定等级和适用场合使用。

(3) 块体大小以人手能搬动为准，大中小配套混用。

(4) 要用半干硬性的水泥砂浆。

3. 砌筑技巧和基本要求

(1) 分层卧砌(每层约 30cm 高)，竖缝错开，顶顺交替，内外搭砌，每砌筑一层应先铺砂浆，摆放石块，然后用小石子填塞平稳，如图 8-1 所示。

(2) 混凝土压梁、沉降缝按设计要求。

(3) 每天只允许砌 1.2m 高。

(4) 适用于低层建筑的基础，高差不大的护坡式挡土墙或重力式挡土墙。

(5) 石砖(如粤西的雷州半岛)、条石(如粤东的潮汕地区)的砌筑与毛石砌筑基本相同，但要比毛石砌体可靠。

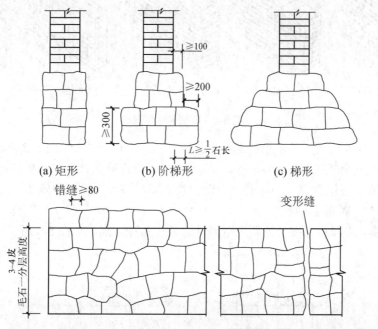

(a) 矩形　　(b) 阶梯形　　(c) 梯形

图 8-1　毛石砌体砖墙基础和挡土墙

【参考图文】

8.2.2 标准砖砌体的施工

1. 标准砖砌体的特点

(1) 标准砖砌体咬合力强，施工方便，可组砌成各种形状的墙体或柱子，抗压性能较好，有一定的抗弯和抗剪能力。

(2) 标准砖砌体容重大，消耗黏土，与农争地；用煤烧制，污染环境；手工操作，工序烦琐，工业化程度低，质量差异大。现在已禁止使用烧结黏土砖，许多地方改用同样规格的蒸压灰砂砖或蒸压粉煤灰砖。

2. 标准砖砌体使用的材料

(1) 标准砖规格 240mm×115mm×53mm，强度等级有 MU7.5、MU10、MU15 等；要特别注意，现在市面上有些砖不符合标准规格，尺寸要比标准小，使用时要进行体积折算，灰缝和砂浆的使用量都会大些。

(2) 砂浆，地面以上砌体用水泥石灰混合砂浆，地面以下砌体用水泥砂浆。

3. 组砌方法

(1) 按砖块组成砌体的稳定和强度综合考虑，需上下错缝，左右搭接；按施工速度考虑,顺砌(平行于墙体方向砌筑)速度快,丁砌(也叫顶砌,垂直于墙体方向砌筑)速度慢;两者结合就派生了多种组砌法,如图8-2所示。

(2) 推广使用"三一砌砖法",即一铲灰、一块砖、一挤揉,顺势将挤出的多余砂浆刮去,完成一块砖的砌筑,整套动作干净利索,没有任何多余动作。

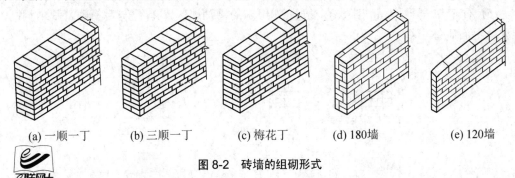

(a) 一顺一丁　　　(b) 三顺一丁　　　(c) 梅花丁　　　(d) 180墙　　　(e) 120墙

图 8-2　砖墙的组砌形式

(3) 240mm 厚的实心承重墙普遍使用一顺一丁到三顺一丁的砌法;240mm 厚的填充墙可用五顺一丁或空斗的砌法;180mm、120mm 厚的墙没有丁砖,只有顺砖;砖柱,每皮砖不允许出现有上下位置完全相同的半截砖的独立填芯块。不论何种砌法,门窗洞口和步级的最上一皮砖,都要用丁砖。

(4) 砖墙大放脚基础按设计要求组砌,通常有两种方式,如图8-3所示。

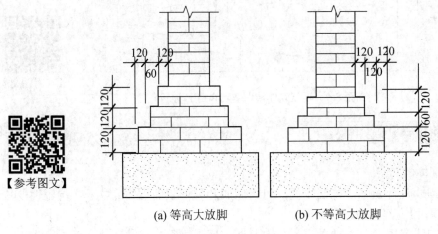

(a) 等高大放脚　　　　　　　(b) 不等高大放脚

图 8-3　标准砖砌体砖墙基础

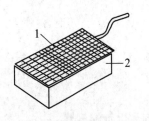

图 8-4　用百格网检查灰浆饱满度

1—百格网;2—砖

4. 施工工艺

(1) 找平→弹线→放样→立皮数杆→铺灰→砌筑→清理,如图8-4~图8-8所示。

(2) 各楼层由轴线和标高控制,按设计位置留洞口。

(3) 注意至少应保证一面墙面平整,另一面墙面尽量做到平整。

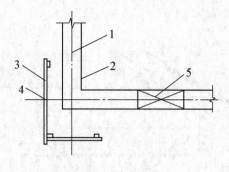

图 8-5　墙身弹线

1—墙轴线；2—墙边线；3—龙门板；
4—墙轴线标志；5—门洞位置标志

图 8-6　盘角挂线

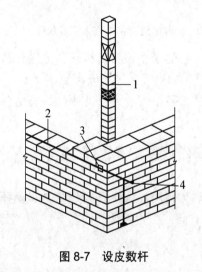

图 8-7　设皮数杆

1—皮数杆；2—准线；3—竹片；4—圆钉

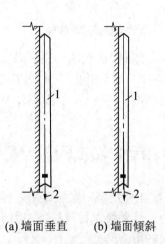

(a) 墙面垂直　　(b) 墙面倾斜

图 8-8　用托尺检查垂直度

1—托线板；2—线锤

5．质量要求

(1) 横平竖直，灰缝饱满，错缝搭接，接槎可靠。横平，就是要将每块砖摆平，每皮砖保持在同一水平面上；竖直，就是要使墙面垂直平整；灰缝饱满，用百格网(图 8-4)检查，水平缝和头缝的饱满度均应在 80% 及以上，缝厚度应在 8～12mm 范围内；错缝搭接，是指应使上下皮砖的竖缝相互错开至少 1/4 的砖长，不得出现通缝；接槎可靠，指墙体转角或纵横墙交接处应同时砌筑，使砖块容易相互咬合牢固；当需要施工停顿留下接口时，不得留上下垂直的连接口(称为直槎)，要留一级一级逐步向下的连接口(称为斜槎)，如图 8-9 所示，以便于后续施工时，直接在斜槎口上砌筑。

(2) 砖要提前 1～2 天浇水湿润，让水分渗入砖内 10mm 左右为宜，砌筑时应表面干、内部湿；太干燥的砖会吸收砂浆中的水分而影响砂浆的黏结力；太湿的砖不好操作，会使砌好的墙体走样或滑动。

(3) 为了保证每天新砌筑的墙体能自立稳定，每天只允许砌 1.8m 高以内。

建筑施工技术(第三版)

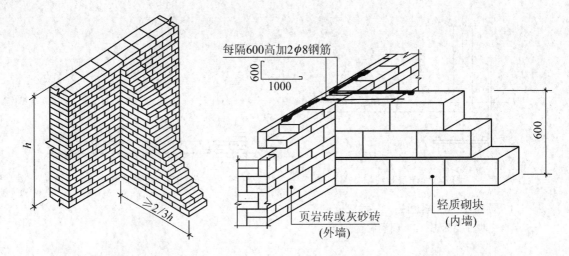

图 8-9　砖墙交接处应留斜槎　　　　图 8-10　两种墙材交接处嵌入钢筋加强

(4) 对于框架填充墙，要注意做好与混凝土梁、柱的紧密连接。框架住宅内一块不到 3m 高的墙体，通常需分三次完成，第一天约砌一个人的高度，第二天砌至梁下约 200mm 高，然后间歇 14 天，待下部砌体充分结硬后，再用立砖斜砌顶紧，并用砂浆将缝隙封堵密实。

8.2.3　蒸压灰砂砖、蒸压粉煤灰砖砌体的施工

(1) 禁止使用烧制黏土砖后，代之为新型节能墙体材料，如蒸压粉煤灰砖、蒸压灰砂砖等。由于这些块体材料与烧制黏土砖的生产工艺不同，工程性质也有差异，因此施工工艺上也应有所不同。

(2) 蒸压粉煤灰砖、蒸压灰砂砖的特点。

① 干缩率为 0.3~0.6mm/m，比烧制黏土砖大得多，干缩主要发生在出窑后的头 30 天内。

② 抗剪强度只有烧制黏土砖的 80%，且受含水率的影响较大，干燥($W \le 3\%$)时较低(抗剪强度为 0.09MPa)，自然状态($W \approx 7.25\%$)时较高(为 0.14MPa)，饱和状态($W \approx 16.2\%$)时又会降低(为 0.12MPa)。

③ 耐候性、耐久性和表面抗氧化性都比烧制黏土砖差。

④ 砖的表面光滑，不利于与抹灰层粘接。

⑤ 若不了解上述特点，使用中便会出现问题，主要是墙体裂缝、抹灰空鼓剥落。

(3) 应采取相应的技术措施。

① 因非烧结砖成型后早期收缩量大，28 天以后体型才逐步趋于稳定，故产品出窑后应停放 1 个月，待干缩稳定后再出厂；运至工地后，最好再存放 7 天才能砌墙。

② 砌筑前 1~2 天应浇水洇砖，砌筑砂浆强度不应低于 M5，用"三一砌砖法"，注意保证平缝和头缝饱满，砌筑时要随时注意墙面的垂直平整，砌筑后不能用敲击的方法来纠正偏差。

③ 不能用于长期高温、急冷急热交替、有酸碱介质的部位。对于基础互有干湿交替的

部位，应用 MU15 以上的一等砖，并在表面抹上水泥砂浆保护。

④ 砌筑墙体后不能马上抹灰，应有不少于 7 天的干缩和落载期。墙面先清理干净，然后用 108 环保建筑胶加水泥的浆体，对所有要抹灰的墙柱梁表面刮糙，并待其完全干燥后再行抹灰；每层抹灰的厚度宜薄，间隔时间不得少于 1 天。

⑤ 其余做法和要求与黏土烧结实心砖砌体基本相同。

【任务实施】

实训任务：实地考察砖砌体的施工工艺。

【技能训练】

(1) 考察 240mm 厚标准砖墙三顺一丁或五顺一丁的实操工艺过程。

(2) 考察 240mm 厚标准砖墙直拐角、丁字形拐角和留槎的实操工艺过程。

(3) 考察 240mm 厚标准砖墙上留窗洞口的做法。

(4) 考察砖砌步级的实操工艺过程。

工作任务 8.3 混凝土小砌块砌体施工

8.3.1 混凝土空心小砌块

1. 混凝土空心小砌块的材料

材料可以为细石混凝土、陶粒混凝土、煤渣混凝土等，为了减少干缩变形量，砌块须达到 28 天龄期后才可以正式使用。

2. 混凝土空心小砌块的强度等级

砌块强度等级有 MU20、MU15、MU10、MU7.5，对应使用混凝土的强度等级为 C25、C20、C15、C10。

3. 混凝土空心小砌块的规格(表 8-1)

表 8-1 混凝土空心小砌块的规格

类 型	规 格/mm			使用地点
	长	宽	高	
190 系列	390、290、190、90	190	190	建筑外墙
140 系列		140	190	分户内隔墙
90 系列		90	190	内隔墙

注：承重墙应用普通混凝土砌块；非承重墙可用普通混凝土、轻集料混凝土和蒸压加气混凝土三类砌块。

4. 混凝土空心小砌块砌体用的砂浆

一般用水泥石灰混合砂浆，强度等级常用 M10、M7.5、M5。

8.3.2 混凝土空心小砌块的特点

(1) 混凝土空心小砌块有保温隔热作用，容重较轻(承重型为 1300kg/m³，非承重型为 900kg/m³)，利用工业废料制作，不需要烧制，符合环保要求。

(2) 砌块制作时为了方便脱模，芯孔上下的尺寸大小不一样，有意造成一头较大另一头较小。砌筑时要将上下芯孔对齐，并且应将大孔朝下(即小孔朝上，让砂浆可以铺放多一些，使得水平缝粘接得好一些)；在上下对齐的芯孔内可加入横、竖两向钢筋，竖筋相当于构造柱，横筋就是灰缝内的锚固钢筋，并用混凝土填芯，增强砌体纵横向的整体性。

(3) 砌块砌体的头缝与平缝长度比约为 1:2，而标准砖约为 1:4，即头缝的比例大，所以抗剪能力差，容易因收缩开裂，需要用构造措施来补救。

(4) 一块标准砌块(K₄ₐ)相当于 9 块标准砖的体积(图 8-11 和图 8-12)，质量约为 15kg，适宜于手工操作，可减轻砌筑工人的弯腰次数，但仍然难于工业化，砌筑工艺与普通砖有些不同。

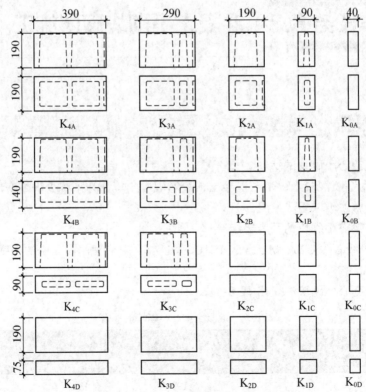

图 8-11　混凝土空心小砌块的尺寸系列

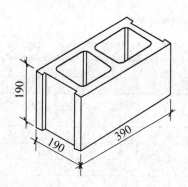

图 8-12 K$_{4A}$ 标准块的全貌图

混凝土空心小砌块施工注意事项

(1) 砌块进场堆放,场地应平整清洁,不积水;要防止砌块粘上油污;为保证砌块完整,装卸时应小心轻放,严禁翻斗倾卸;按品种、规格、强度等级分别堆码整齐,高度不宜超过 1.60m。

(2) 不得使用龄期不足 28 天、破裂、不规整、浸过水和表面已被污染的砌块。

(3) 砌块块体一般不宜切割,砌筑前应当先进行排砖设计(图 8-13),在排列图上标明门、窗洞口位置;墙体砌块先用主规格块体(K$_{4A}$),然后再用辅助规格(除 K$_{4A}$ 以外)来填充。

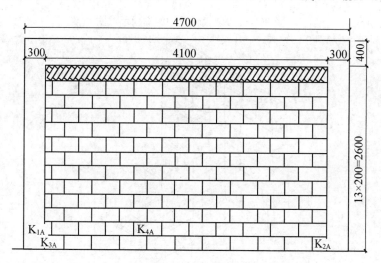

图 8-13 框架填充墙小砌块砌体排列图

(4) 砌筑时要错缝、尽量对孔,大口朝下反砌,以保证水平灰缝饱满;应做到横平竖直,灰缝饱满,均匀密实;竖缝应随砌随灌缝,严禁先干砌后再灌缝;已砌好的墙体不得随意撬动,不得任意打洞凿槽;纵横墙的交接处要留斜槎,不要留直槎(图 8-15)。

【参考图文】

墙顶用K₁砖斜砌顶紧梁板底

图 8-14　砌块墙体排列的立面示意图

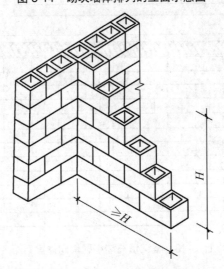

图 8-15　纵横墙体处的斜槎交接

(5) 外墙门窗洞口周边 200mm 范围内应用实心砌块砌筑，若用空心砌块就要用 M5 的砌筑砂浆或 C15 的细石混凝土填实。厨房、卫生间的隔墙，最下面的一皮空心砌块也应用 M5 的砌筑砂浆或 C15 的细石混凝土填实。

(6) 每天砌筑高度，190mm 厚的墙不宜超过 1.8m；90mm 厚的墙不宜超过 1.40m。

(7) 框架填充墙砌体必须紧靠混凝土柱面起砌，填满砂浆，并将柱上预留的锚固钢筋展平砌入水平灰缝中；距梁或板底约 200mm 高的砌体，至少需间隔 7 天，待下部砌体变形稳定后再砌筑，最上一皮不要平砌，应采用辅助的实心小砌块或实心砖块斜砌挤紧，空隙处用砂浆填密实。

(8) 砌体内不得留脚手架眼；工人不得站在刚砌筑的墙上砌筑和行走，必须站在脚手架上施工和行走。

(9) 雨天施工应防止雨水直接冲淋墙体；不得使用被雨水湿透的砌块；对未砌的砌块和已砌的墙体应做好遮雨措施；当雨量较大又无遮盖时，应停止砌筑。在大风、大雨情况下，对已砌好但未达到设计强度的墙体或稳定性较差的墙体，应加设临时支撑保护。

(10) 在砌体内装管埋线，应用电锯开槽，不得打洞凿槽。

8.3.4 蒸压加气混凝土砌块砌体施工

1. 蒸压加气混凝土砌块使用的材料

蒸压加气混凝土砌块，是以水泥、石灰、矿渣、粉煤灰、铝粉等材料，经磨细、配料、搅拌、浇制、发气膨胀、静停切割、蒸压养护等工艺制成；具有多微孔、轻质、保温、防火的特点，可锯、可割；一般用在无防水要求的非承重内隔墙上。

2. 蒸压加气混凝土砌块的规格(表 8-2)

表 8-2 蒸压加气混凝土砌块的规格

砌块公称尺寸/mm			砌块制作尺寸/mm		
长度(L)	宽度(B)	高度(H)	长度(L_1)	宽度(B_1)	高度(H_1)
600	100、125、150、200、250、300 120、180、240	200，250，300，	$L-10$	B	$H-10$

注：常用的强度等级有：A3.5、A5.0、A7.5、A10。容重：300～800kg/m³。

3. 蒸压加气混凝土砌块的施工注意事项

(1) 由于块体的尺寸较大，砌筑前应仿照混凝土小砌块墙体的做法先排砖。

(2) 由于块体制作后的干缩变形量较大，需使用龄期超过 28 天的砌块砌筑；不同密度、不同强度的砌块不能混用在同一墙体上。

(3) 砌块进场后应妥善保管，不得被雨水淋湿；干燥的砌块应提前 1～2 天适当淋水，砌筑时能保持面干内湿的状态。

(4) 砌筑用砂浆应黏结性能良好，拌和均匀。最好用 108 建筑胶拌制的水泥砂浆砌筑，且随拌随用。

(5) 每天砌筑高度不宜超过 1.5m。

(6) 砌筑过程可用专门工具切锯，不得任意用刀斧砍劈。

(7) 现浇混凝土养护时，或其他情况下，注意不要让墙体长时间受水浸泡。

(8) 雨天不宜砌筑，并需对已砌墙体遮盖保护。

【参考图文】

4. 蒸压加气混凝土砌块如无有效措施不得用在下列部位

(1) 建筑物的±0.000 以下部位。

(2) 长期浸水或经常受干湿交替的部位。

(3) 受酸碱化学物质侵蚀的部位。

(4) 表面温度在 80℃ 及以上的部位。

(5) 屋面女儿墙。

【任务实施】

实训任务: 绘制某框架填充混凝土小砌块墙体的砌块排列图。

【技能训练】

(1) 熟悉 A 学院 13 号住宅楼其中一面框架填充混凝土小砌块墙的具体尺寸。

(2) 熟悉混凝土空心小砌块的尺寸系列。

(3) 绘制此墙体小砌块的排列图,为编制施工方案做准备。

工作任务 8.4　墙体裂缝及其防治

8.4.1　墙体裂缝产生的原因

(1) 材料因素:墙体材料自身有收缩、干缩的问题;墙体与混凝土结构相接处,两种材料对温度变化的反应有较大的差异。

(2) 环境因素:常年环境温度、湿度的反复变化。

(3) 设计因素:设计上未有专门的防裂措施。

(4) 施工因素:施工工艺不规范,灰缝不密实,搭接处理不当。

8.4.2　主要处理措施

(1) 墙体裂缝属于常见病、多发病,原因很多,涉及环境、材料、构造、施工工艺等多方面,要综合治理;主要用构造措施,预防为主,补救为辅。

(2) 要使用足 28 天龄期的砌块,砌块间的灰缝尤其是头缝要饱满,砌体周边与混凝土梁柱相接处要砌筑紧密,并加连接钢筋拉结。

(3) 在两种材料相连接容易开裂处的墙面上加挂钢丝网后再抹灰。

(4) 加混凝土构造柱、圈梁,把大块的墙体划分为小块,加强对墙体变形的约束。这属于设计措施,按照设计要求来做;应先砌墙,埋入钢筋,后浇构造柱。

(5) 对空心小砌块墙体，还可以利用其上下贯通的芯孔，先插入钢筋，后用混凝土将孔洞灌实，成为"芯柱"，结合水平圈梁或水平灰缝内加拉结钢筋，加强对墙体变形的约束。

8.4.3 圈梁和构造柱的施工

(1) 圈梁和构造柱都是混凝土受拉构件，它们的共同作用如同用绳子纵横把砖混结构的建筑物绑扎起来，能够增强砌体结构的整体性和延性，提高其抗震性能；还能减少和限制混凝土与砖砌体之间的温度变形差，以减少和避免砖混结构的墙体开裂。

(2) 圈梁设在基础顶面、各楼层的楼板面以下、屋面板以下；层高较高的墙体各层窗上口并兼作过梁；构造柱设在房屋的拐角，楼梯的四大角和楼梯平台梁的两端，纵横墙的交叉处等位置。通常由设计人员根据结构类型、平面形状、抗震要求等在图纸上标明其位置和构造，如图 8-16 所示。

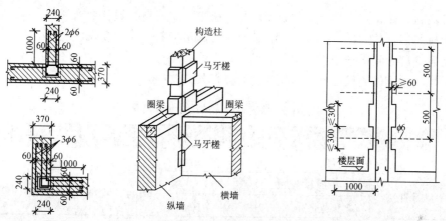

图 8-16 构造柱的位置和构造示意图

(3) 圈梁和构造柱都应按照混凝土结构施工的一般要求进行施工，其钢筋需按受拉构件的构造要求，采用搭接或焊接接头。

(4) 构造柱的施工顺序为绑扎钢筋、砌砖墙、支模板、浇筑混凝土构造柱、养护、拆模。就是说先绑扎构造柱钢筋，在砌砖的同时压入墙体的拉结钢筋；除按等截面柱留出构造柱的截面位置外，每隔 300mm 高度还向墙内再凸 120mm(称为马牙槎)，马牙槎进退的尺寸为 60mm，而且应该先退后进、由窄变宽，宜砍成斜面，以利于混凝土构造浇筑到位，目的是增强墙与构造柱的连接；待一层墙体砌好后再支模板，然后浇筑构造柱的混凝土。不能先浇筑构造柱的混凝土后砌墙，这样做会使墙和构造柱的连接不够紧密。

【任务实施】

实训任务：实地考察砌体结构中圈梁和构造柱的做法和施工过程。

【参考图文】

【技能训练】

(1) 考察某工程的概况，说明砌体结构的位置、尺寸。

(2) 考察圈梁的构造和施工过程。

(3) 考察构造柱的构造和施工要求。

(4) 结合本课程内容, 讨论圈梁和构造柱的作用。

工作任务 8.5　砌筑工程的质量和安全

8.5.1　砌筑工程的质量要求

(1) 石材、砖、砌块的尺寸、外观质量、强度等级应符合设计要求。

(2) 砌筑砂浆的品种、配合比、强度等级、稠度应符合设计要求。

(3) 砌体应做到横平竖直、砂浆饱满、错缝搭接、接槎可靠。

(4) 填充墙砌体的尺寸允许偏差应符合规范规定(表 8-3)。

表 8-3　填充墙砌体的尺寸允许偏差

项次	项　目		允许偏差/mm	检验方法
1	轴线位移		10	用尺检查
2	垂直度	小于或等于 3m	5	用 2m 靠尺或吊线、尺检查
		大于 3m	10	
3	表面平整度		8	用 2m 靠尺和楔形塞尺检查
4	门窗洞口高、宽(后塞口)		±5	用尺检查
5	外墙上、下窗口		20	用经纬仪或吊线检查

(5) 填充墙砌体的砂浆饱满度应符合规范规定(表 8-4)。

表 8-4　填充墙砌体的砂浆饱满度

砌体分类	灰缝	饱满度及要求	检验方法
砖砌体	水平	≥80%	用百格网检查块材底面的砂浆痕迹面积
	垂直	填满砂浆, 不得有透明缝、瞎缝、假缝	
各类砌块砌体	水平、垂直	≥80%	

8.5.2　砌筑工程的安全技术

(1) 操作之前必须检查操作环境是否符合安全要求, 道路是否畅通, 机具是否完好,安全防护设施是否齐全，确认符合安全要求后方可施工。

(2) 在基坑内砌筑时应注意检查坑壁土质变化情况，砌块应离开坑槽边堆放。

(3) 当不要求做清水墙面时，最好能站在混凝土楼面内进行施工；砌筑高度超过 1.20m 时，应搭设楼层内的临时脚手架。

(4) 严禁站在已砌墙体上操作；不准用不稳定的工具或物体垫高来作业。

(5) 需要砍砖时，应面向墙面进行，砍完后应即时清理碎块，防止掉落伤人。

(6) 每天限砌高度：砖砌体 1.80m 内；小砌块砌体 190mm 厚 1.8m 内，90mm 厚 1.40m 内；加气混凝土砌块 1.5m 内。

(7) 下雨时不应砌筑，砌好的墙体应加遮盖保护防止雨淋。

(8) 运送砖和砂浆的垂直运输机具应经常检查，保证正常运行，不得超载。

【砌体施工事故案例】

2005 年 4 月 9 日，广州市番禺区灵山镇某厂在建 3 号厂房的一幅 70 多米长的外纵墙，在无风无雨的情况下，突然倒塌，死 5 人、伤 2 人。经调查，这是一幢轻钢结构单层工业厂房，在未完成厂房主体骨架之前，就将施工外墙(180mm 厚的砖墙)砌至 10m 高，并且竟然没有采取任何保证墙体稳定、安全的措施。应先完成房屋的整个钢骨架，包括屋面檩条、屋面水平支撑、墙梁、柱间支撑等，然后再砌筑墙体。

【任务实施】

实训任务：根据本书附录的 A 学院第 13 号教师住宅楼的施工图，编制此工程墙体的施工方案和保证质量、安全的技术措施。

【本项目总结】

项目 8	工作任务	能力目标	基本要求	主要支撑知识	任务成果
砌体工程施工	认识砌体的材料和墙体	熟悉砌体的材料和墙体构造	初步掌握	砖石材料和墙体构造的知识	编制某墙体的施工方案
	考察砖砌体的施工工艺	能组织砖砌体的施工	初步掌握	砖砌体的组成原理	
	考察混凝土小砌块砌体的施工工艺	能组织混凝土小砌块砌体的施工	初步掌握	小砌块砌体的组成原理	
	考察圈梁和构造柱的施工工艺	能组织圈梁和构造柱的施工	初步掌握	圈梁和构造柱的构造和作用原理	
	编制某墙体的施工方案	能编制墙体的施工方案	初步掌握	墙体的质量标准和防治裂缝措施	

复习与思考

1. 砌体结构有什么作用？有什么特点？

2. 常用砌筑砂浆有哪些品种？砌筑砂浆对原材料有哪些要求？

3. 常用砌块有哪些品种？砌块对原材料有哪些要求？

4. 请简述毛石砌体的砌筑工艺和质量要求。

5. 请简述蒸压灰砂砖砌体的砌筑工艺和质量要求。

6. 请简述混凝土小砌块砌体的砌筑工艺和质量要求。

7. 请简述加气混凝土砌块砌体的砌筑工艺和质量要求。

8. 请简述墙体裂缝产生的原因和预防措施。

9. 什么是圈梁？什么是构造柱？它们和一般的混凝土梁、框架柱有什么不同？

10. 圈梁和构造柱施工时有什么要求？

11. 请简述砌体工程的质量标准。

12. 请简述砌体工程的安全技术要求。

项目 9 建筑防水工程施工

本项目学习提示

建筑防水工程，初看起来不像主体结构那样重要，不会影响到建筑物的安危，也不像装饰装修工程那样直接影响美观。但经过实地调查就会发现不是那么回事，建筑防水工程质量的好坏，既影响使用、美观，更影响到建筑物的安危，目前来看十有九漏，存在的问题相当严重。改革开放后，我国经济发展很快，建筑物层数逐渐增加，体量越来越大，使用功能多，要求越来越高。建筑防水问题更加突出，单纯依靠沥青油毡满足不了新的需要；我国通过引进学习、研究开发和实际应用，从防水材料、设计理念到施工手段都有了很大进步，已经有了国家和地区性的技术规范，初步形成了建筑的专项技术，而且正在不断发展变化中。

本项目主要讲述防水材料的分类及其特点，建筑防水的基本理论，哪些部位需要防水，怎样设防，施工中应注意什么问题。

能力目标

- 能根据建筑物各部分对防水的要求，选择适当的防水材料。
- 能按照施工图纸和规范的要求，制定相应的防水施工方案。
- 能组织一般建筑防水工程的施工。
- 能对防水施工的工程质量和安全进行监控。

知识目标

- 了解建筑防水工程的性质、作用和重要性。
- 了解建筑物哪些地方需要做防水和防水的原理。
- 熟悉常用建筑防水材料分类的知识。
- 掌握防水施工的原理、质量标准和安全知识。

工作任务 9.1　建筑防水工程基础知识

9.1.1　建筑渗漏与防水工程

1．建筑渗漏及其危害

(1) 建筑渗漏需要有 3 个条件：一要有渗漏的物质(雨水、地下水、给排水)；二要有渗漏的通道(有裂缝、孔隙存在)；三要有促使水移动的动力(水的表面张力、毛细管的吸附作用、局部范围内外的气压差、风的作用等)。只要这 3 个条件同时在某个位置存在，就会引起渗漏。

(2) 渗和漏是两个程度不同的概念。渗是指一定面积范围内被水渗透、扩散，出现水印或处于潮湿状态。漏是指某一部位一定面积范围内或局部区域内被较多的水渗入，从孔、缝中滴出来，呈现滴漏，甚至出现涌水的现象。

(3) 渗漏给建筑物的安危和正常使用带来很大的影响。雨水、地下水或给排水管线渗漏的水渗透到建筑的内部，会使地基土的承载能力减少、变形加大，特别是会对湿陷性黄土、膨胀土地基造成重大的安全事故；使钢构件或混凝土内钢筋锈蚀，导致构件承载力和耐久性逐渐降低；楼板或墙体渗水，破坏了室内良好的使用环境。

2．建筑需要做防水的部位

(1) 屋面的上表面。

(2) 地下室的外表面。

(3) 有防水要求的房间(如住宅的厨房、卫生间)的楼地面和墙面。

(4) 外墙的外表面。

(5) 水池的内表面。

3．建筑防水工程的性质和内容

建筑防水工程是建筑工程技术的重要组成部分，属于功能保障性的专项新技术，专门解决如何使建筑物不发生渗漏。根据建筑物的性质、结构和使用要求，选用适当的具有防水功能的材料，采取专门的技术措施，保证建筑的某些部位不受水的侵蚀，使建筑物在整个使用期内，保持良好的使用环境。

4．建筑防水的基本要求

(1) 按照建筑物不同的类别、重要性、使用功能、建筑的部位和渗漏造成危害的大小来确定防水的等级、耐久年限、防水层的类别、层数和厚度等要求。

(2) 南方地区的气候特点是常年潮湿多雨、气温高、夏季时间长、台风多；而北方地区则干燥少雨、气温低、冬季时间长、常有冰冻。要求在各种自然因素的作用下，在设计耐久年限内，防水层不会因老化而损坏。

(3) 在防水构造上，要求在人们的正常使用过程中产生的各种冲击、振动、磨损等作用下，防水层不会损坏。

(4) 投入使用后，要求物业能进行正常的维护管理，发现小毛病能及时做一般的维修，也是达到规定年限内能正常使用的必备条件。

9.1.2 防水工程的特点和现状

1. 防水工程是一个系统工程

大量工程实践表明，防水工程质量好坏，不是某一个环节的问题，涉及设计、施工、材料、验收和维护等各个方面，要全面重视、密切配合才能做好。在这些诸多因素中，材料是基础，设计是前提，施工是关键，维护是保证。

2. 防水工程应遵循的原则

(1) 基本目标是 4 个字：稳妥(稳妥是指采取的物质、技术措施)，可靠(可靠是指要求达到的目标)。

(2) 设计要求是 4 句话。

① 防排结合，迎水面设防(防水和排水都非常重要，要将积水排走及时清除渗漏的物质基础，在迎水面设置防水层，把水挡在外面)。

② 材料防水与构造防水相结合(既要充分利用材料的防水性能，又要有适当的构造措施让这些性能发挥出来)。

③ 刚柔共济、多道设防(按目前的物质、技术条件，既要有刚性防水层，又要有柔性防水层，设置多道防线)。

④ 整体密封、互不制约(各部分既要相互协同工作，让需要防水的部位做到整体密封，各部分之间又要能够有适当的活动余地)。

(3) 施工要求抓好 4 个方面：要把好材料质量关，要按照科学的施工顺序来做，要遵守施工工艺规程，要控制好施工过程中的技术间歇时间。

3. 目前我国建筑防水技术的现状

(1) 近 30 多年我国建筑防水技术有了很大发展，抛弃了过去沿用很久的以纸质沥青油毡为单一防水手段，质量差、不耐久、不环保的落后状况；各种不同档次、适应不同要求的防水材料大量涌现；建筑防水理论研究不断深入，工程实践卓有成效，初步改变了有建筑几乎就有渗漏的现象，一些工程能达到防水目标要求。

(2) 与国际上先进水平相比差距还很大，防水材料品种多，但质量差别大；有些设计人员防水专业培训少，认识不足，没有按具体建筑的特点来确定有针对性的措施，防水设计没有详细而明确的要求；有些施工人员专业素质差，未经培训就上岗，施工马虎、潦草，达不到质量要求；有些项目业主或开发商在利益的驱动下，将防水标准尽量降低，只求通过验收，不求达到规定的使用年限；建筑物投入使用后，物业管理工作跟不上，防水层受损后不能及时维修，从小毛病变成大病，难以修复。因此目前建筑渗漏的现象还比较普遍。

9.1.3 防水材料的分类和特点

1. 柔性防水材料

(1) 防水卷材:一般属于高分子合成材料,呈柔软的薄片状,成品厚度为2~3mm,宽度为1000mm,每15m² 或20m² 为一卷,成卷供应。用重叠粘贴的方法,在结构表面形成连续密封的防水层,适宜用在地下室、屋面做防水层;因防水卷材长期受水浸泡后有可能会分解失效,不适宜用在常受水作用、面积小,体形复杂的卫生间做防水层。

① 高档的:合成高分子防水卷材(如 EPDM-三元乙丙防水卷材等),由合成橡胶加入助剂、填充料,经塑炼压延成为无胎的柔软片状材料,拉伸强度高,断裂伸长率大,耐热性好(100℃以上),具低温柔性(-20℃),抗酸碱腐蚀,耐老化(耐久年限达到50年以上),是高档、弹性的防水卷材。

② 中档的:高分子聚合物改性沥青防水卷材(如 SBS-热塑丁苯橡胶防水卷材、APP-无规立构聚丙烯防水卷材等),石油沥青加入高分子聚合物进行改性,改进温感,增强弹性和耐老化的性能(耐久年限约30年),是现在全世界都在广泛使用的普通型防水产品。

③ 低档的:沥青防水卷材,石油沥青经过氧化工艺改善性能,加上纸胎形成的片状卷材,是过去用的防水传统产品,抗老化性能差(耐久年限小于10年),对环境有污染,现在已经逐步淘汰。

④ 防水卷材的胶粘剂、胶粘带:对应上述不同档次的配套用品。

(2) 防水涂料:属于高分子合成材料,呈液体状,成罐供应,多为双组分、反应固化型,经现场混合用涂刷方法立即使用,在空气中凝固后形成完整的薄膜状,其厚度与涂刷的次数有关。适宜于地下室、屋面的防水;水泥基渗透结晶型防水涂料适宜于外墙面、厨房、卫生间的防水。

① 高档的:合成高分子防水涂料,最好是硅橡胶防水涂料(军用转民用产品),其次是无焦油型聚氨酯防水涂料(911防水涂料)和丙烯酸酯防水涂料。

② 中档的:水泥基渗透结晶型防水涂料(21世纪研制推广的品种),高分子聚合物改性沥青防水涂料。

③ 低档的:沥青基防水涂料。

2. 刚性防水材料

刚性防水材料以提高混凝土或砂浆自身防水能力为目的,在混凝土或砂浆拌合料中加入无机或有机成分,施工后与混凝土或砂浆混成一体,形成刚性不透水的整体,但会随主体结构一起开裂。其不分档次,分为两类。

1) 防水混凝土

(1) 普通混凝土掺入防水复合液,破坏混凝土内部的毛细管道,达到终止渗漏的效果;适宜于地下室主体结构自防水;方便、价廉、耐久,但呈现脆性、易随主体结构一起开裂的现象,现在发达国家已不用。我国还在用,要求刚柔结合。

(2) 补偿收缩混凝土(UEA),通过局部产生自压应力,达到防渗漏的目的,适宜于地下室主体结构的自防水和后浇带的混凝土施工。

2) 防水砂浆(现在发达国家已经不再使用)

(1) 聚合物水泥防水砂浆。

(2) 掺外加剂或掺合料的水泥防水砂浆。

3．特殊用途的防水材料

用在局部有特殊构造要求的地方，部分是有机产品，部分是无机产品，也分高中低不同的档次。

(1) 嵌缝材料：用在变形缝、伸缩缝处，填缝密封。

(2) 密封材料：用于幕墙板缝、门窗与墙体交接处的密封处理。

(3) 堵漏材料：一般用在背水面对渗漏点堵漏处理。

(4) 灌浆材料：对结构裂缝用压力灌浆的方法让浆液渗入缝内封堵处理。

【参考图文】

(5) 止水材料：用在有反复变形又需要密封防漏处。

4．已经淘汰的产品

防水层的耐久性是一个重要的问题，住房和城乡建设部已经明令在建筑工程中淘汰质量差、不耐久、不环保的下列防水材料：石油沥青纸胎油毡、再生橡胶改性沥青防水卷材、高聚物改性沥青防水卷材、焦油聚氨酯防水涂料、焦油型冷底子油、乳化沥青防水涂料、焦油聚氯乙烯密封油膏、改性聚氯乙烯密封胶条等。

9.1.4 防水施工的基本要求

1．程序性要求

(1) 要用专业队伍施工，程序化管理；施工企业要有防水施工的专项资质，施工人员要经过防水技术的专门岗位培训。

(2) 认真做好施工前的准备工作：学习和会审图纸，理解设计意图；制定符合实际的施工方案；选择合格的防水材料和相配套的辅助材料；使用相应的机械设备；合理配备施工人员；配备劳动保护和防火安全用品；有完善的自检、互检制度；完工后要经过专门的蓄水试验且达到合格标准；全过程都应留有完整的施工技术档案。

(3) 防水工程施工要求要严格细致、一丝不苟，宜在 5～30℃气温的晴天进行施工，雨雪天和五级及以上大风时不得施工；应设法保证施工时的小环境能通风和干燥；反应型和溶剂型涂料不宜在大雾天气中施工；雨季进行防水混凝土和防水层施工时应采取有效防雨措施。

(4) 按我国现行建筑工程质量管理条例，防水施工的保修期不应少于 5 年。

2．技术性的要求

1) 卷材防水施工的几种方法

(1) 自粘法：利用卷材底层附着的自粘性的胶粘剂进行粘贴。

(2) 冷粘法：用与卷材相匹配的专用胶粘剂粘贴，现在用得最多。

(3) 热风焊接法：利用热风焊机的焊枪发出高温热风将热塑型、热熔型卷材的搭接边熔化后进行粘贴。

(4) 热熔法：用火焰喷枪烘烤热熔型防水卷材的底面和基层，使底层表面的沥青胶熔化，边烘烤边铺贴。

(5) 冷热结合粘接法：卷材与基层之间用冷贴法，而卷材与卷材之间的搭接采用热熔焊或热风焊。

2) 涂料防水的施工

防水涂料是黏稠状的流淌型材料，通过手工或机械喷涂的方法，在基层上固化成涂膜防水层，涂膜防水层每层的厚度较薄，通常要涂刷4～6遍才能达到设计的厚度，有时还要增贴无纺布来提高防水层的强度和耐变形的能力。

3) 复合防水层的施工

对于重要的工程，一般设计上都要求做刚柔结合的复合防水层，是多道设防、互相补充的合理组合。施工时应将耐老化、耐穿刺的防水材料放在最上面。

3. 防水工法包括的内容

防水工法包括工程特点、适用范围、施工程序、操作要点、机械使用、质量标准、组织管理、安全事项、技术经济指标等。

【任务实施】

实训任务：认识各种防水材料。

【技能训练】

由教师提供各种防水材料的样品和简要说明，学生通过实地观察，初步认识其产品的名称、属性、外观、基本性能和适用场合。

工作任务 9.2 屋面防水施工

9.2.1 屋面防水的特点

屋面在建筑物的最顶部，负荷最轻，受温度变化影响最大、最直接，直接承受雨水冲击，面积有大有小。有些是平屋面，有些是坡屋面；有上人的屋面，也有不上人的屋面；还分有隔热层或无隔热层的屋面。其中以平屋面最不利，排水不畅，容易积水，节点部位多，容易造成变形开裂；用有机材料造成的防水层容易老化；但屋面较容易维修保养。

屋面防水的基本原则是：防排结合、板块分格、刚柔共济、互不制约、多道设防、整体密封。

9.2.2 混凝土屋面的防水等级和防水要求

混凝土屋面的防水等级和防水要求见表 9-1。

表 9-1 混凝土屋面的防水等级和防水要求

项 目		屋面防水等级			
		I	II	III	IV
功能性质	建筑类别	特别重要或有特殊要求的建筑	重要建筑和高层建筑	一般工业民用建筑	临时建筑
	防水层耐用年限	≥25 年	≥15 年	≥10 年	≥5 年
防水措施	防水层选用材料	宜用高档卷材或涂料、细石防水混凝土等组合	宜用中档卷材或涂料、细石防水混凝土等组合	宜用中档卷材或涂料与刚性防水层组合	宜用中档卷材或涂料
	设防要求	三道或以上防水设防,有一道是高分子卷材,或 2mm 厚以上高分子涂料	两道防水设防,有一道是中高档防水卷材	一道防水设防,或两种材料复合使用	一道防水设防

9.2.3 混凝土平屋面的防水构造措施

混凝土平屋面的防水构造措施如图 9-1~图 9-10 所示。

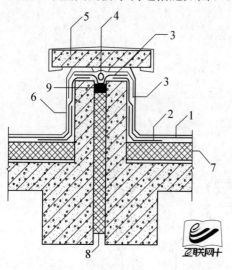

图 9-1 平屋面变形缝

1—防水层;2—附加防水层;3—卷材;
4—泡沫棒;5—混凝土压顶;6—保护层;
7—隔热层;8—泡沫板;9—密封材料

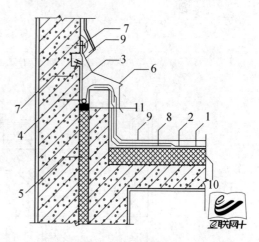

图 9-2 高低跨处变形缝

1—找平层;2—防水层;3—卷材;4—泡沫棒;
5—泡沫板;6—金属板;7—固定密封;8—附加防水层;9—保护层;10—隔热层;11—密封材料

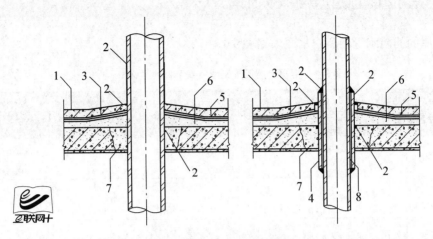

图 9-3　伸出屋面管道处理

1—刚性保护层；2—密封材料；3—附加涂膜防水层；4—套管；
5—柔性防水层；6—找平层；7—细石混凝土；8—套管内填发泡聚氨酯

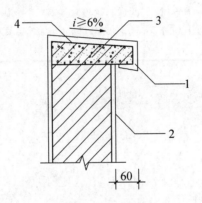

图 9-4　压顶处理

1—滴水线；2—防水处理；3—混凝土压顶；4—防水层

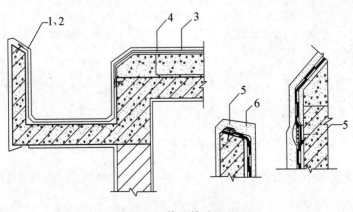

图 9-5　檐沟构造(一)

1—涂膜防水层；2—附加增强层；3—找平层；4—卷材防水层；5—金属压条；6—保护层

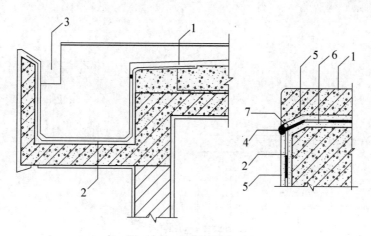

图9-6　檐沟构造(二)

1—刚性防水层；2—涂膜防水层；3—溢水口；4—密封材料；5—保护层；6—找平层；7—背衬材料

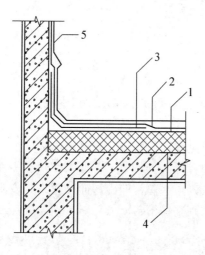

图9-7　阴角构造(一)

1—找平层；2—柔性防水层；
3—涂膜附加增强层；4—隔热保温层；5—保护层

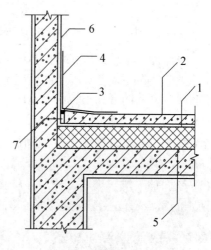

图9-8　阴角构造(二)

1—隔离层；2—刚性防水层；3—密封材料；
4—涂膜附加增强层；5—隔热保温层；
6—找平层；7—背衬材料

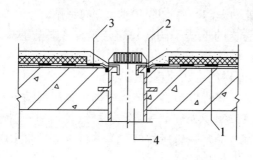

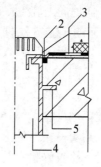

图9-9　直式落水口

1—找平层；2—密封材料；3—防水层；4—直式落水口；5—止水环

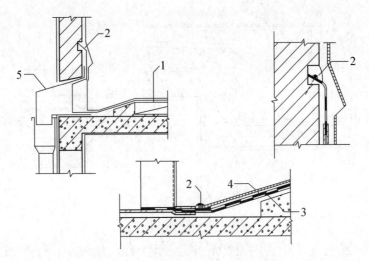

图 9-10　横式落水口

1—找平层；2—密封材料；3—涂膜增强层；4—防水层；5—横式落水口

(1) 平屋面宜采用结构找坡，屋面坡度不宜小于 3%；天沟、檐沟的纵坡不宜小于 1%；雨水口周围 250mm 宽度范围内的坡度不应小于 5%。

(2) 雨水立管的管径不应小于 $\phi 100mm$；一根雨水管负责的排水面积不应大于 150m²。

(3) 天沟、檐沟不得流经变形缝。

(4) 找平层、柔性防水层上的刚性保护面层均应设置分格缝，分格缝纵横向的间距不应大于 6m。

(5) 屋面的天沟、檐沟、檐口、泛水、女儿墙、雨水口、伸出屋面的管道、变形缝等都是防水的重点部位，要刚柔结合、多道设防、达到整体密封。

9.2.4 卷材平屋面的施工

(1) 混凝土基层必须找平，所有细部拐角需抹成弧形；需经清洁、充分干燥，涂刷表面处理剂。

(2) 施工方向和施工顺序，一般应先高后低，先远后近；先做好节点的局部密封处理，然后由屋面的最低处向上施工；铺贴天沟、檐沟时宜顺沟方向铺贴。

(3) 卷材屋面的施工方法据卷材的性质不同，可采用胶粘剂冷贴法、热贴法和自贴法等几种。

　　① 冷贴法铺贴卷材的工艺流程(图 9-11)。

基层清理→基层干燥程度检查→节点附加增强层铺贴→定位弹线试铺→胶粘剂称量、搅拌→涂基层处理剂→基层卷材涂胶粘剂→铺贴卷材→辊压排气贴实→接缝处涂刷胶粘剂→辊压排气黏合→接缝处卷材末端收头→节点密封→检查修整→验收→保护层施工。

【参考视频】

　　② 热贴法铺贴卷材的工艺流程。

基层清理→基层干燥程度检查→涂基层处理剂→节点附加增强层铺贴→定位弹线试铺

→熔化热熔型改性沥青胶→涂刮热熔型改性沥青胶→滚铺卷材并展平→辊压排气贴实→刮挤出胶→接缝处卷材末端收头→节点密封→检查修整→验收→保护层施工。

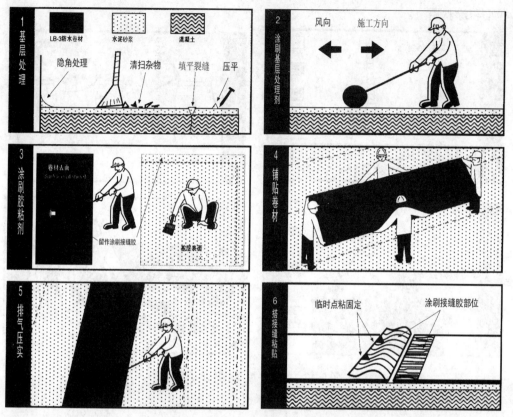

图 9-11　防水卷材平屋面冷贴法施工的步骤

③ 自贴法铺贴卷材的工艺流程。

基层清理→基层干燥程度检查→涂基层处理剂→节点附加增强层铺贴→定位弹线试铺→揭去卷材底面隔离纸→随即铺贴卷材→辊压排气贴实→粘贴接缝口→辊压排气黏合→接缝口卷材末端收头→节点密封→检查修整→验收→保护层施工。

(4) 卷材的铺贴顺序。

卷材的铺贴顺序为先平面后立面,从下而上,转角处应松弛不得拉紧;卷材应平整顺直,搭接尺寸准确,不扭曲、无皱折、不松弛;粘接牢固。要求在找平层的分格缝处 100mm 宽度内宜空铺;因卷材每卷只有 20m²,连接处都需要相互搭接不小于 100mm,搭接缝要错开;平行于屋脊的接缝应顺流水方向搭接,垂直于屋脊的接缝应顺当地年最大频率风向搭接。

9.2.5 涂膜平屋面施工

(1) 基层必须找平,所有细部拐角需抹成弧形;基层需经清洁、充分干燥,然后才能进行防水层的施工。表面先均匀涂刷一层经稀释涂料;以后每刷一层都要保持涂层均匀,需在上一层涂料充分干燥后再进行下一层涂刷施工，如图 9-12 所示。

(2) 施工前应根据设计要求的厚度，先进行试验以确定达到规定厚度应涂刷的遍数和单位面积涂料用量。

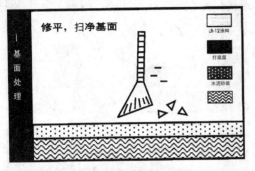
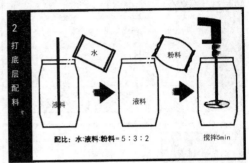

图 9-12　涂膜平屋面的施工示意图

(3) 涂膜防水冷涂法的工艺流程。

基层清理→基层干燥程度检查→找平层分隔缝密封→节点附加增强层处理→涂料计量与搅拌→第一遍涂刷→铺贴胎体增强材料→第二遍涂刷→涂料干燥成膜→第 n 遍涂刷→检查修整→验收→保护层施工。

(4) 水泥基渗透结晶型防水涂料的工艺流程。

基层清理、修整基面→喷水湿润基层→涂刷水泥基渗透结晶型防水涂料→喷雾状水湿润养护→验收。

【防水工程案例】

【参考图文】

某高校第一教学楼屋面防水自下至上做法：现浇混凝土屋面板，1：2 水泥砂浆加 3%防水剂找平 20mm 厚，3mm 厚 APP 改性沥青防水卷材，挤塑型聚苯乙烯保温板 30mm 厚，无纺布一层，40mm 厚 C20 细石混凝土(配 ϕ4@150 双向钢筋网)，每隔 6m 留 20mm 宽的通缝，填充防水嵌缝膏，1：4 干硬性水泥砂浆 20mm 厚，面铺地面砖。

【任务实施】

实训任务：编制 A 学院第 13 号教师宿舍楼的屋面防水施工方案。

【技能训练】

(1) 学习该项目的施工图纸，了解屋面防水的设计做法和要求。

(2) 对照本课程的学习内容，参考广东建筑防水技术规程。

(3) 通过小组讨论，拟定防水施工方案。

(4) 由学生自行编写成书面的施工方案。

工作任务 9.3　地下室防水施工

9.3.1　地下室防水的特点

地下室在建筑的最下部，受到的荷载最大，要求有一定的耐变形能力；常年有地下水作用，要求全封闭、抗水压、耐腐蚀；底部与地基土相接，底板不能维修；外露或有土覆盖的地下室顶板按屋面防水要求处理。

9.3.2　地下室的防水等级和防水要求

地下室的防水等级和防水要求见表 9-2。

表 9-2　地下室的防水等级和防水要求

项目	地下工程防水等级			
	I	II	III	IV
建筑类别	防水要求高的建、构筑物	防水要求较高的建、构筑物	防水要求一般的建、构筑物	防水要求不高的建、构筑物
设防标准	不允许渗水，结构表面无湿渍	不允许漏水，偶见有少量湿渍	有少量漏水点，不得有线流和漏泥砂。任意 $100m^2$ 防水面积的漏水点不超过 7 处，单个漏水点最大漏水量不大于 2.5L/d。单个湿渍最大面积不大于 $0.3m^2$	有漏水点，不得有线流和漏泥砂。整个工程漏水量不大于 $2.0L/(m^2 \cdot d)$。任意 $100m^2$ 防水面积的平均漏水量不大于 $2.0L/(m^2 \cdot d)$
适用范围	人员长期停留的场所	人员经常活动的场所	人员临时活动的场所	对渗漏无严格要求，且不致影响到周边环境
防水措施	结构自防水，加迎水面设两道防水层，一高一中档	结构自防水，迎水面设一至两道防水层，至少一高档	结构自防水，迎水面设防一道高档防水层	结构自防水，迎水面设一道中档防水层

9.3.3 混凝土结构自防水施工

(1) 混凝土结构自防水是以工程结构本身混凝土的密实性来实现防水功能,把结构承重和防水合为一体,其工序简单,施工方便,造价较低。防水混凝土有普通防水混凝土、掺外加剂防水混凝土、膨胀性防水混凝土 3 类。

(2) 防水混凝土的品种、强度、抗渗等级和厚度应由结构设计确定,使用变形钢筋迎水面保护层厚度不应小于 50mm,钢筋间距不宜大于 150mm,施工缝处应用钢板止水带方式,后浇带内钢筋宜用焊接连接,所有穿墙管道应在混凝土浇筑前预埋。

(3) 严格按照相应品种混凝土的技术要求来施工,各种原材料必须符合规范标准,经过检验试验合格;严格按照确定的施工配合比投料和搅拌,浇筑过程细致认真,经充分养护,拆模后外观检查应均匀密实,无蜂窝、麻面、孔洞、露筋等缺陷,若发现有局部渗漏,需用压力灌浆的方法进行修补,直至各部位无渗漏现象;留有隐蔽工程的验收记录,混凝土强度、抗渗性能检测报告合格。

(4) 为了保证混凝土墙面的厚度和墙模板的稳定,通常在模板安装后都要装上穿墙对拉螺栓,拆模后螺栓长期留在混凝土内,此螺栓是个渗漏的渠道,若在螺栓中段(就是混凝土的墙中)焊上一小块薄钢板(称为"止水环"),就能破坏渗漏的渠道,这是一个必备的防渗漏措施,如图 9-13 所示。

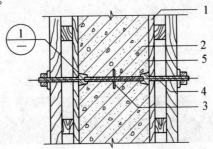

图 9-13 防水混凝土墙面对拉螺栓的防水措施

1—模板;2—混凝土墙体;3—止水环;4—工具式螺栓;5—固定模板螺栓

9.3.4 地下室柔性防水层施工

(1) 柔性防水层应铺设在混凝土结构的迎水面上,从地下室底板垫层至外墙外侧和顶板上,在外围形成封闭的防水罩。柔性防水层可使用防水卷材或防水涂料,按设计规定的品种、厚度施工。

【参考视频】

(2) 用防水卷材做柔性防水层,有两种施工方法:外防外贴法(图 9-14)和外防内贴法(图 9-15)。一般情况下宜采用外防外贴法,当施工条件受限制时才采用外防内贴法。

① 外防外贴法,是指地下室基坑开挖后,地下室四周留有足够的施工工作面,外墙混凝土浇筑完,拆除模板后,先用水泥砂浆对外墙的外表面做找平抹光,然后再在其表面粘

贴防水卷材，加上保护膜(墙)，最后回填不透水的黏性土，如图 9-14 所示。

② 外防内贴法，是指地下室基坑若用地下连续墙(或排桩)做支护，在墙内直接建造地下室，地下连续墙(或排桩)内侧没有留出施工空间，基坑做完后先用水泥砂浆对地下连续墙的内表面做找平抹灰，然后在墙的抹灰面上铺贴防水卷材层，再浇筑地下室混凝土墙体，如图 9-15 所示。

③ 通常在地下室底板混凝土垫层上做柔性防水层和防水保护层，然后做防水混凝土底板，等到做墙板时再用外防外贴法或外防内贴法来做墙面防水层。桩头的防水做法如图 9-16 所示。

④ 地下室顶板的防水层同混凝土平屋面防水层的做法。

【参考图文】

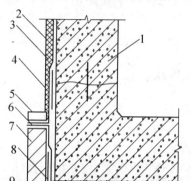

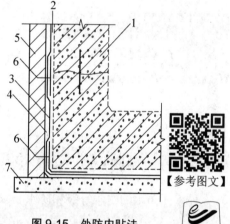

【参考图文】

图 9-14　外防外贴法

1—结构墙体；2—柔性防水层；3—柔性保护层；

4—柔性附加防水层；5—防水层搭接部位保护；

6—防水层搭接部位；7—保护墙；

8—柔性防水加强层；9—混凝土垫层

图 9-15　外防内贴法

1—结构墙体；2—砂浆保护层；

3—柔性防水层；4—砂浆找平层；

5—保护墙；6—柔性防水层；7—混凝土垫层

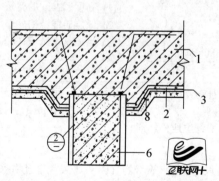

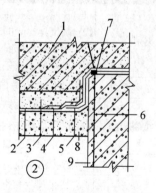

图 9-16　桩头的防水构造

1—结构底板；2—底板防水层；3—细石混凝土保护层；

4—聚合物水泥防水砂浆；5—水泥基渗透结晶型防水涂料；

6—桩的锚固钢筋；7—遇水膨胀橡胶止水条；8—混凝土垫层；9—基桩

(3) 柔性防水层都有一定的厚度,地下室的水平底(面)板与垂直墙面相交处是应力集中的地方,为了保证防水层不被损坏,不能做成直拐角,要做成圆弧形拐角,此处的防水层还要加强。

【任务实施】

实训任务:组织实地参观地下室防水工程施工。

【技能训练】

通过实地参观,详细了解使用的防水材料、地下室各部分的防水做法、施工工艺等,进一步加深对课程内容的理解。由学生写出参观报告书。

工作任务 9.4　外墙面防水施工

9.4.1 外墙面防水的防水等级和防水要求

外墙面防水的防水等级和防水要求见表 9-3。

表 9-3　外墙面防水的防水等级和防水要求

项目		外墙防水设防等级	
		Ⅰ级	Ⅱ级
防水层合理使用年限		15 年	10 年
建筑物类别		(1) 轻质、空心砖,混凝土外墙 (2) 高度≥24m 的建筑 (3) 用条形砖饰面 (4) 当地基本风压≥0.6kPa	(1) 高度<24m 的建筑 (2) 低层砖混结构外墙 (3) 当地基本风压<0.6kPa
找平层	抗裂要求	下列各项复合使用	
	抗裂措施	(1) 不同材质交接处挂钢丝网 (2) 外墙面满挂钢丝网 (3) 找平层掺抗裂合成纤维或外加剂	
防水层	设防要求	一至两道防水层	一道防水层
	防水措施	(1) 找平层:聚合物水泥砂浆、聚合物抗裂合成纤维水泥砂浆、掺外加剂水泥砂浆 (2) 防水层:聚合物水泥砂浆5～8mm、聚合物水泥防水涂料1～1.2mm (3) 防水保护层:外墙涂料或面砖	(1) 找平层:聚合物水泥砂浆、聚合物抗裂合成纤维水泥砂浆、掺外加剂水泥砂浆 (2) 防水层:聚合物水泥砂浆 3～5mm、聚合物水泥防水涂料0.8～1mm (3) 防水保护层:外墙涂料或面砖

9.4.2 外墙面防水的特点

外墙面是指建筑物围护外墙的外表面,包括女儿墙面、各向墙体面、门窗洞口外周边、阳台栏板、突出墙面的腰线、檐口等。这些部位主要起装饰作用,不承受荷载,受气候影响大,热胀冷缩反复出现,不同材料交接面多,较容易产生裂缝和渗漏,维修保养相对较容易。

过去因为建筑物普遍不高,体量普遍不大,外墙面渗漏的问题不明显,人们往往重视不够。现在建筑物又高又大,矛盾已比较突出。据调查,外墙面高度在 24m 及以上的公共建筑,10 层及以上的住宅,墙材为空心砖、轻质砖、多孔材料,饰面为墙面砖,当地的基本风压大于 0.6kPa 的建筑物,外墙渗漏现象较多,已经引起业内人士的重视。广东自 20世纪 90 年代起,编制和公布的地方性防水技术规程中,已专门列有外墙面防水的部分。

9.4.3 外墙面防水的构造和施工要求

(1) 突出墙面的腰线、檐板、窗楣板的上部都应做防水处理,设置不少于 5%的向外排水坡,下部应做滴水线,板面与墙面交接处应做成 50mm 的圆角,如图 9-17 和图 9-18 所示。

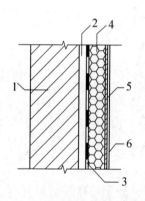

图 9-17　保温外墙防水构造(一)

1—墙体;2—找平层;3—防水层;
4—保温层;5—抹面层(带玻纤网);6—饰面层

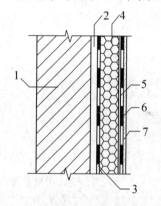

图 9-18　保温外墙防水构造(二)

1—墙体;2—找平层;3—第一道防水层;
4—保温层;5—抹面层(带玻纤网);
6—第二道防水层;7—饰面层

(2) 空心砌块外墙的门窗洞口周边 200mm 内的砌体应用实心块体或用混凝土填实;外墙面上的空调口、通风口等各种洞口,其底面应向室外倾斜,坡度≥5%,或采取防止雨水倒灌的措施。

(3) 外墙上各类预埋件、安装螺栓、穿墙套管都应预留预埋,不得后装;其与外墙的交接处应预留凹槽并填入密封材料,如图 9-19 和图 9-20 所示。

(4) 外墙上若有变形缝,必须做防水处理,伸缩缝、沉降缝、抗震缝可按图 9-21、图 9-22所示进行处理。

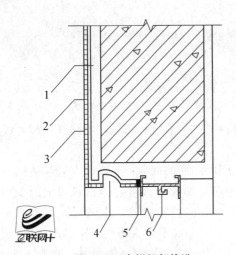

图 9-19　窗楣细部构造

1—找平层；2—防水层；3—饰面层；
4—滴水线；5—密封材料；6—窗框

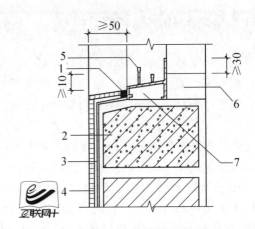

图 9-20　窗台细部构造

1—密封材料；2—封底砌块；3—防水层；4—饰面
层；5—窗框；6—内窗台；7—灌浆材料

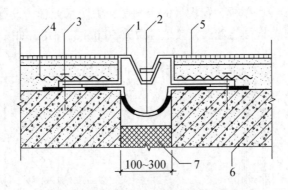

图 9-21　外墙沉降缝或抗震缝

1—金属板材盖板；2—卷材防水层；3—射钉或螺栓固定；
4—钢板网；5—饰面；6—混凝土墙或柱；7—背衬材料

【参考图文】

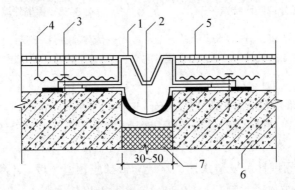

图 9-22　外墙伸缩缝

1—金属板材盖板；2—卷材防水层；3—射钉或螺栓固定；
4—钢板网；5—饰面；6—混凝土墙或柱；7—背衬材料

(5) 女儿墙宜采用现浇钢筋混凝土，若用砌体，应设混凝土构造柱和压顶梁；女儿墙及阳台栏板上表应向内侧找坡，坡度不小于 6%。

(6) 外墙面的找平层应按表 9-3 所列的抗裂措施做，同时还应注意：水泥砂浆强度不应小于 M7.5，与墙面的黏结强度不应小于 0.6MPa，宜用聚合物水泥砂浆；若墙面光滑，应先刷一道聚合物水泥浆再做找平层；应留分格缝，竖向间距不大于 6m，水平间距不大于 4m，可留在楼层或洞口、柱边，缝宽 8～10mm，缝内填耐候密封胶。

(7) 外墙面的防水层应按表 9-3 所列的防水措施做，同时还应注意：用聚合物水泥砂浆做防水层时，应按找平层对应处做法和设分格缝；采用憎水性的外墙涂料时，表面不得再做其他饰面；门窗洞口四周宜用不小于 5mm 的聚合物水泥砂浆做防水增强层。

(8) 外墙面的饰面层，若贴墙面砖应用非憎水的黏结力强的水泥砂浆或其他特种砂浆；应按照找平层和防水层的相应位置设置分格缝和进行密封处理；宜用聚合物水泥砂浆或专用砂浆勾缝。

(9) 外墙上的窗台的最高点应比内窗台低不少于 10mm，且应向外排水；窗框的内缘应高出内窗台面不少于 30mm；窗框不应外平安装，而应居中或缩进 50mm 以上安装，框与窗洞之间宜用灌浆材料灌满密实。

(10) 外墙的抹灰功能已经从以往的保护墙体、装饰增加到防水密封的要求。总结多年的实践经验，发现如果找平层采用含有黏土的砂浆，由于黏土在施工时可增加砂浆黏稠度，但结硬后并不起任何化学反应，使用后却有很强的的吸水性，使外墙长期处于湿润状态，水分会通过墙体渗入室内造成渗漏。故广东省住房和城乡建设厅从 1993 年起已明令不许在砂浆中掺入黏土，2006 年修订新一代建筑防水技术规程时，还特别强调外墙用的抹灰砂浆应从按体积配合比改为按强度等级控制。

9.4.4 外墙面防水施工的工艺流程

墙面清理、修整→水泥砂浆填平补齐→养护→按设计要求铺挂加强网→安装门窗框→用聚合物水泥砂浆嵌填饱满→墙面充分湿润→抹找平层聚合物水泥砂浆→抹第一层聚合物水泥防水砂浆(不大于 3mm 厚)→抹第二层聚合物水泥防水砂浆(不大于 3mm 厚)→贴外墙饰面砖或面层抹灰→分隔缝嵌填密封材料→检查修整→养护→验收。

【任务实施】

实训任务：组织实地参观建筑外墙面防水工程施工。

【技能训练】

通过实地参观，详细了解建筑外墙面使用的防水材料，外墙面各部分的防水做法、施工工艺等过程，进一步加深对课程内容的理解。由学生写出参观报告书。

工作任务 9.5 厨房、卫生间防水施工

9.5.1 厨房、卫生间的防水等级和防水要求

厨房、卫生间的防水等级和防水要求见表9-4。

表9-4 厨房、卫生间的防水等级和防水要求

项目	厨房、卫生间防水的设防等级	
	Ⅰ级	Ⅱ级
防水层合理使用年限	15年	10年
建筑类别	重要公共建筑、重要民用建筑和高层建筑的厨房、卫生间	一般民用建筑的厨房、卫生间
防水层的层数	两道防水层	一道防水层
地面防水措施	选择下列刚、柔各一道措施： ①≥2mm，②≥2mm，③≥7mm， ④≥0.8mm，⑤≥40mm，⑥≥20mm	选择下列中的一道措施： ①≥1.5mm，②≥1.5mm，③≥5mm， ④≥0.8mm，⑤≥40mm，⑥≥15mm
墙面防水措施	找平层：⑥≥20mm 防水层：②≥2mm，或③≥5mm	找平层：⑥≥15mm 防水层：②≥1.5mm，或③≥5mm

注：表中符号代表的材料为：①合成高分子防水涂料；②聚合物水泥防水涂料；③聚合物水泥防水砂浆；④水泥基渗透结晶型防水涂料；⑤细石防水抗裂混凝土；⑥掺外加剂或掺合料防水砂浆。

9.5.2 厨房、卫生间防水的特点

住宅的厨房、卫生间，面积小、功能多、设备多、管道多、平面形状复杂，往往紧靠卧室，负荷不大，经常与水接触，处于高湿环境，防水要求较高，有些环节容易忽视，如果处理不好会影响上下层住户或相邻房间的正常使用。广东省的防水技术规程专门对此提出了具体要求。

其他建筑物有防水要求的生产车间、实验室等的楼地面和墙面大体上可参照此处的做法。

9.5.3 厨房、卫生间的防水构造和施工要求

(1) 厨房、卫生间的楼板应采用现浇混凝土结构，且应将现浇混凝土从楼板边做至相连接的墙面上，比厨卫间的楼地面高出不少于 150mm；先在结构表面做找平层，然后再做防水层；地面应有 1%～3%的排水坡度，坡向地漏口，地漏口不能距墙根太近，宜净间距50～80mm，标高应比相邻地面低 5～20mm；穿过厨卫间楼地面的管道需预埋套管，套管内径应比管道外径大 10～20mm，套管上口应比完成后的地面高出 20～50mm，管道安装后管与管套之间的间隙先用阻燃密实材料填充，然后用防水密封胶封边，管套周边应加大排水坡度。

(2) 厨卫间的楼地面防水层，应采用符合环保要求的合成高分子防水涂料、聚合物水泥防水涂料、聚合物水泥防水砂浆、水泥基渗透结晶型防水涂料，不宜用聚合物乳液型防水涂料(长期泡水会分解失效)和防水卷材(面积小、管道多，用卷材接缝过多，收口困难)。厨卫间的墙面防水层，宜采用与饰面砖能良好结合的聚合物水泥防水涂料、聚合物水泥防水砂浆等刚性材料，不应采用合成高分子防水涂料和防水卷材(不吸水、非水泥基材料，饰面砖贴不牢)，如图 9-23 所示。

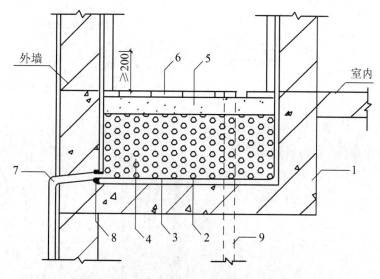

图 9-23　下沉式厕、浴、厨房防水排水构造

1—下沉式箱体；2—找平层；3—防水层；4—填充层；5—混凝土找平层；
6—饰面层；7—箱底排水管；8—密封材料；9—地面排水管

(3) 厨房、卫生间的防水要求较高，墙面防水的设防高度不应少于 1.8m，宜设防到墙顶；地面应全部设防，且地面防水层应压过墙面防水层 200mm 以上，以便对拐角处进行加强；地面和墙面的防水和装饰应采用水硬性材料(如水泥砂浆等)，不得采用气硬性材料(如石灰砂浆等)，更不能掺有黏土。安装完成后先试水，确认管道接口、卫生器具接口不漏水，才做装饰表面。如图 9-24～图 9-28 所示。

(4) 厨房、卫生间内安装设备用到的固定件、钉孔，是最容易渗漏的部位，需采用高性能的浅色的密封材料做密封处理；厨房、卫生间的门窗长期处于潮湿环境，其与墙体、地面连接的部位须进行密封处理，其余外露部分也应进行防水密封(如木门需油漆)。

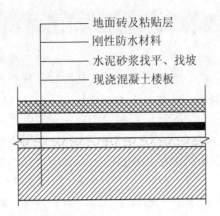

图 9-24 刚性厨房、卫生间防水地面构造

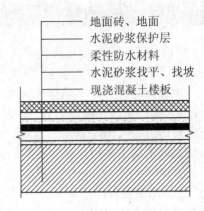

图 9-25 柔性厨房、卫生间防水地面构造

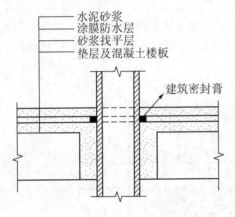

图 9-26 厨房、卫生间管道防水

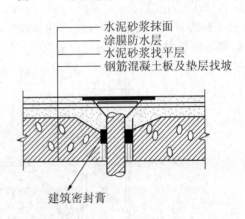

图 9-27 厨房、卫生间地漏防水

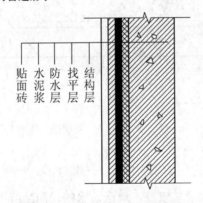

图 9-28 厨房、卫生间墙面防水

(5) 厨房、卫生间面积小，施工期间通风较差，而部分防水材料在施工阶段可能挥发较多的有害物质，但成膜后有害挥发物大为下降。因此，施工时需特别注意加强通风，保障施工人员的身体健康。

【任务实施】

实训任务：组织实地参观住宅厨房、卫生间防水工程施工。

【技能训练】

通过实地参观，详细了解住宅厨房、卫生间的墙面和地面使用的防水材料，各部分的防水做法、施工工艺等过程，进一步加深对课程内容的理解。由学生写出参观报告书。

工作任务 9.6 建筑水池防水施工

9.6.1 建筑物内水池防水的特点

建筑物内的水池通常是供建筑物内部给水和消防使用，有些埋设在地下，有些设在楼层内或屋顶，容量都不大。水池一般用自防水混凝土做结构层，容量较小的水池常用普通混凝土做结构层，池内壁都要做刚性防水层，埋设在地下的水池还应仿照地下室做外表面的防水层。

9.6.2 水池的防水等级和设防要求

水池的防水等级和设防要求见表 9-5。

表 9-5 水池的防水等级和设防要求

项目	水池防水设防等级	
	Ⅰ 级	Ⅱ 级
防水层的合理使用年限	15 年	10 年
建筑物类别	重要民用建筑、高层建筑的生活水池、游泳池、消防水池	一般工业民用建筑的生活水池、游泳池、消防水池
混凝土抗渗等级	≥P8	≥P6
水池内表防水措施	①≥7mm，②≥1mm，③≥2mm，④≥20mm	①≥5mm，②≥0.8mm，③≥1.5mm，④≥15mm
水池外表防水措施	①≥6mm，②≥0.8mm，④≥15mm	

注：表中符号代表的材料为：①聚合物水泥防水砂浆；②水泥基渗透结晶型防水涂料；③聚合物水泥防水涂料(Ⅱ型，指常在水环境工作)；④掺外加剂或掺合料防水砂浆。

9.6.3 水池防水构造和施工要求

(1) 埋入地下的水池，应按本节和地下室结构与防水层要求施工，如图 9-29 所示。

(2) 生活用水池还应符合《生活饮用水输配水设备及防护材料的安全性评价标准》(GB/T 17219—1998)、《生活饮用水卫生标准》(GB 5749—2006)、《生活饮用水标准检验方法》(GB 5750—2006)的要求。

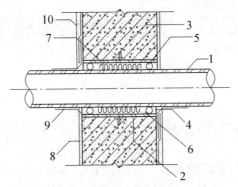

图 9-29 套管式管道防水构造

1—管道；2—套管；3—止水环或胶条；4—密封材料；5—背衬材料；
6—石棉水泥灰；7—沥青麻丝；8—柔韧防水层；9—附加防水层；10—保护层

(3) 建筑物内的水池使用的防水材料应具有良好的耐水性、耐腐蚀性、耐久性和耐菌性，一般采用防水混凝土结构层，迎水面加聚合物水泥防水砂浆、聚合物水泥防水涂料、水泥基渗透结晶型防水涂料。

【任务实施】

实训任务：组织实地参观建筑物内的水池使用的防水材料和水池防水工程的施工。

【技能训练】

通过实地参观，详细了解建筑物内的水池使用的防水材料，各部分的防水做法、施工工艺等过程，进一步加深对课程内容的理解。由学生写出参观报告书。

【本项目总结】

项目 9	工作任务	能力目标	基本要求	主要支撑知识	任务成果
建筑防水工程施工	建筑防水工程基础知识	初步了解建筑防水材料	初步了解建筑防水原理	建筑防水工程的基本理论知识	(1) 编制一般屋面防水施工方案或地下室防水施工方案 (2) 其他任务视实际条件安排
	屋面防水施工	能组织一般屋面防水施工	能编制一般屋面防水施工方案	屋面防水的理论和施工工艺知识	
	地下室防水施工	能组织一般地下室防水施工	能编制一般地下室防水施工方案	地下室防水理论和施工工艺知识	
	建筑其他部位防水施工	初步了解建筑其他部位防水施工要点	建筑其他部位防水施工要点	建筑其他部位防水理论和施工工艺知识	

复习与思考

1. 建筑物为什么会出现渗漏？渗漏有什么危害？怎样才能克服渗漏现象？
2. 建筑物哪些地方需要做防水？建筑防水属于什么性质的工程？
3. 建筑防水工程要达到哪些要求？
4. 为什么说建筑防水工程是一个系统工程？
5. 建筑防水设计应遵守哪4条基本原则？
6. 建筑防水施工应遵守哪些程序？怎样体现"稳妥、可靠"？
7. 什么叫柔性防水材料？包括哪些类型的产品？
8. 什么叫刚性防水材料？包括哪些类型的产品？
9. 什么叫特殊防水材料？哪些地方需要用特殊的防水材料？
10. 目前防水材料的应用中需注意什么问题？
11. 从防水的角度看，屋面防水有什么特点？
12. 混凝土平屋面防水怎样分级？不同等级分别采取怎样的防水措施？
13. 请简述卷材平屋面防水施工的要点。
14. 请简述涂料平屋面防水施工的要点。
15. 从防水的角度看，地下室防水有什么特点？
16. 地下室防水怎样分级？不同等级应分别采取怎样的防水措施？
17. 请简述地下室结构自防水施工的要点。
18. 请简述地下室涂膜防水施工的要点。
19. 从防水的角度看，建筑物外墙面防水有什么特点？
20. 外墙面防水怎样分级？不同等级分别采取怎样的防水措施？
21. 请简述外墙面防水的构造要求和施工要点。
22. 从防水的角度看，建筑的厨房、卫生间防水有什么特点？
23. 厨房、卫生间防水怎样分级？不同等级分别采取怎样的防水措施？
24. 请简述厨房、卫生间防水的构造要求和施工要点。
25. 请简述建筑水池防水的构造要求和施工要点。

项目 10 建筑装饰装修工程施工

本项目学习提示

建筑装饰装修工程，是指用各类面层材料，对建筑的墙、柱、地面、顶棚、门窗等表面进行修饰处理，以满足人们对建筑空间功能和视觉效果的要求所做的一系列工作。通过装饰施工，把建筑结构、建筑设备和装饰饰面形成一个统一的整体，达到适用、安全、美观的效果。

随着我国国民经济的发展和社会进步，人们对工作、生活环境的质量要求越来越高，建筑装饰已成为有很好发展前景的新兴行业。

按行业惯例，土建工程公司主要负责建筑内外表面的基本装修，进一步的精装修属于专门的装饰设计工程公司的工作。本项目主要讲述墙柱面、顶棚面、地面、门窗和幕墙等装修使用的材料、施工工艺、质量要求等。

能力目标

- 能选择室内外饰面工程使用的材料和施工机具。
- 能编制一般装饰装修工程的施工方案。
- 能组织一般装饰装修工程的施工。
- 能进行一般装饰装修工程的施工质量监控和安全管理。

知识目标

- 掌握建筑装饰工程的作用、施工特点和基本要求。
- 掌握一般抹灰工程的施工原理和质量标准。
- 掌握一般墙柱饰面、楼地面工程的施工原理和质量标准。
- 掌握常用门窗安装的施工原理和质量标准。

工作任务 10.1 装饰装修工程施工基础知识

10.1.1 装饰装修工程在建筑中的作用

(1) 通过附加的装饰表层，保护主体结构，延长建筑寿命。

(2) 通过附加装饰表层和专门处理，增强和改善建筑的某些使用功能(如防水、保温、隔热、隔声、防潮等)、建筑寿命和外观效果。

(3) 通过附加表层的形状、色彩，美化室内外环境，创造良好的生产、生活空间，增强造型的美感。

(4) 通过附加的装饰表层，综合协调、处理好建筑、结构与设备之间的关系，使之共同成为一个有机的整体，既满足建筑的空间功能和结构的需要，又使各种设备系统充分发挥各自的作用。

10.1.2 装饰装修工程施工的特点

(1) 装饰装修工程工作量大，项目繁多且不断变化更新；需要的人(用工)、财(造价)、物(材料)、施工工期都不少。

(2) 目前施工过程以手工操作为主，辅以各种小型电动或风动机具，生产效率低，质量差异大；而装饰装修工程施工质量的优劣，直接影响到建筑的使用功能、使用寿命和使用效果。

(3) 准备工作的质量，施工时的周围小环境，工序之间的先后顺序和技术间歇时间，对工程质量的好坏有很大的影响。

(4) 施工工序繁多，操作人员包括水、电、暖、卫、木、玻璃、油漆、金属等十多个工种。许多工程往往需要工序交叉、轮流或配合作业，哪一个环节做不好，或是影响质量，或是影响进度和安全，需要精心组织，合理安排。

(5) 建筑装饰装修工程大多以饰面为最终效果，施工过程中凡有预埋件、连接件、紧固件，防火、防腐、防水、防潮、防虫、绝缘、隔声处理的，都必须先验收合格，最后才做装饰遮盖面层，避免留下质量或安全隐患。

(6) 美观、美感的问题尤其突出，是装饰装修工程验收的一项重要内容。

10.1.3 装饰工程施工的基本要求

(1) 应在主体结构和装饰基层施工完成，并经质量验收合格后，才能做装饰装修工程的施工。

(2) 原材料的花色、品种、规格、质量和环保等指标必须先验收合格，才能使用；弄清各种材料、工艺对施工环境的不同要求，力求在适合的环境下施工。

(3) 必须按照设计图纸和国家规范进行施工，严禁擅自改动建筑的主体结构和各种设备管线；一般应先做样板(称为"样板墙")，取得各方认可后，才能正式施工。

(4) 整个施工过程都要注意做好对成品、半成品的保护。

(5) 施工过程要特别注意防火、防毒和安全生产(指用电、机械、高处作业、动火和易燃易爆等)、劳动保护、环境保护等。

(6) 全部工程完成后，按规定还要进行整体效果(指功能、格调、色彩和气氛)的检查和环保验收。

10.1.4 建筑装饰装修的施工顺序

(1) 一般工程按自上而下的顺序，待主体结构完成并验收后，装饰工程从顶层开始到底层逐层依次自上而下进行，使房屋的主体结构有一定的沉降时间，减少沉降对装饰工程的影响；屋面防水先做完，可以防止雨水和施工用水的渗漏损坏装饰面层；减少主体与装饰的交叉施工。

(2) 对高层建筑，为了加快进度，采取一定的成品保护措施后，可以竖向分段，按段由上而下施工；或由底层开始逐层向上施工。

(3) 对于室内外工程的安排顺序，为了避免因为天气而影响工期，缩短脚手架的使用时间，通常先做室外后做室内装饰施工；在雨季可根据当天天气情况灵活安排。

(4) 各分项工程的施工顺序如下。

① 抹灰、饰面、吊顶等分项工程的施工，应待隔墙、门窗框、暗装的管线等完工后进行。

② 门窗油漆、玻璃安装，一般应在抹灰等湿作业完成后进行，如需要提前进行，需采取专门的保护措施。

③ 吊顶、墙面和地面的装饰施工，常先做墙面的基层抹灰，然后做地面面层，最后做吊顶和墙面抹面层，这样有利于保证各项相关工程的质量，完工后的清理工作较少；若先将墙面和吊顶做完，最后才做地面，墙根容易被污染。

④ 室内装饰工程以具备施工条件，不被后续工程损坏、污染为前提。

10.1.5 我国建筑装饰装修施工技术的发展

改革开放以来，由于社会经济发展很快，推动了我国建筑装饰装修施工技术的飞速发展，主要体现在如下几个方面：从传统的抹、刮、刷、贴的施工工艺和常规的装饰材料，发展到许多新的先进工艺技术和新型的装饰材料，各种饰面装饰花样繁多，技艺丰富、新颖；从利用各种电动、风动机具，改善装饰现场环境和节省劳动力考虑，逐渐向工厂化预制、装配化现场安装的工艺技术方向发展；幕墙干挂法的广泛应用摆脱了现场的湿作业，免漆饰面使现场取消油漆；从建筑物的内外装饰附属于土建工程中，发展到由装饰设计、装饰施工、装饰材料为内容组成的独立的装饰行业。

工作任务 10.2 抹灰工程施工

10.2.1 抹灰工程概述

抹灰工程分为一般抹灰和装饰抹灰。一般抹灰是将水泥、砂、石灰膏、若干添加物和水，经过混和搅拌成为抹灰砂浆，直接分若干层涂抹在建筑物表面的施工做法。抹灰砂浆层结硬后在施工表面形成一个连续、均匀的硬质保护膜，直接作为装饰面使用，或作为下一步再装饰的基面。抹灰工程是装饰工程中最基本的一种常用的做法。装饰抹灰的底层和中层同一般抹灰，只是面层根据不同装饰效果的要求，有各种不同的做法。

10.2.2 抹灰砂浆

1．组成材料

(1) 水泥，强度等级不一定要很高，但一定要合格；石灰，应充分熟化，经过过滤无未消化的颗粒。

(2) 骨料：砂要干净，颗粒大小：作底层或中层时粒径应小于 2.5mm，作面层时粒径应小于 1.25mm。

(3) 外加剂：按不同的需要有塑化剂、防水剂、膨胀剂和增韧剂等。

2．抹灰砂浆的种类和使用的位置

(1) 水硬性的为水泥砂浆，用在勒脚、踢脚线、经常潮湿的地方。

(2) 水硬性的水泥石灰砂浆，用在一般干燥环境，标准较高；气硬性的石灰砂浆，用在一般干燥环境，标准较低。

(3) 聚合物水泥砂浆，用在有防水要求的内、外墙面。

(4) 纸筋石灰或麻刀石灰砂浆，用在干燥环境的顶棚面。

(5) 现时广东行业规定，不允许在抹灰砂浆中掺入黏土；外墙用抹灰砂浆宜按设计要求的强度等级配制；内墙用抹灰砂浆可按体积配合比配制。

10.2.3 抹灰的分层施工

(1) 抹灰施工一定要分层来做，使抹灰层与基底之间，各抹灰层之间，都能粘接牢固，不起鼓、不开裂，通过抹灰使被覆盖的表面光滑、平整。

(2) 抹灰层的作用，如图 10-1 所示。

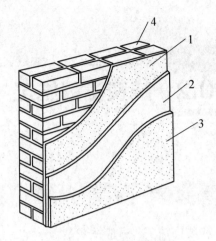

图 10-1　抹灰层的组成

1—底层；2—中层；3—面层；4—基层

① 底层的作用主要是与基底粘接并初步找平；砂浆应与基层相适应，厚 5~7mm。

② 中层的作用是找平，根据不同的质量等级，做一层中层或多层中层；中层的厚度为 5~12mm。

③ 面层的作用是装饰。

10.2.4　抹灰的等级标准

抹灰的等级标准见表 10-1。

表 10-1　抹灰的等级标准

抹灰的等级	普通抹灰	高级抹灰
抹灰层的组成	一底层、一中层、一面层	一底层、数中层、一面层
使用场合	用在一般建筑的普通房间，或高级建筑的附属房间	用在重要、高级或公共建筑的主要房间
质量标准	要求阳角找方，设标筋，分层赶平、修整，表面压光，光滑洁净，接槎平整，灰线清晰顺直	要求阴阳角找方，设置标筋，分层赶平，修整，表面压光，要光滑洁净，颜色均匀，无抹痕，灰线平直方正，清晰美观
基本要求	各抹灰层之间要粘接牢固，不得有爆灰、裂缝，不得有脱层、空鼓等缺陷	

注：过去的施工规范，抹灰分为 3 个等级，多设了一个中级抹灰。21 世纪的施工规范修订为两级，过去的普通抹灰没有中层，现在的普通抹灰就是过去的中级抹灰标准。

10.2.5　抹灰的工艺

1．施工准备

根据不同的设计要求、基底的情况，做好施工材料的准备，施工机具的准备，施工人员的配备和技术交底。

2. 基层处理

抹灰前应对基底层进行必要的处理，对于凹凸不平的部位，先用水泥砂浆填平孔洞、沟槽，并待水泥砂浆充分凝固；对表面太光滑的要剔毛，或用掺 108 建筑胶的水泥浆粗抹一层，使之易于挂灰；两种不同性质基底材料的交接处，是抹灰层最容易开裂的地方，应铺设钢丝网或尼龙网，每边覆盖不少于宽 100mm，作为防裂的加强带。

【参考视频】

3. 墙柱面抹灰的施工方法

(1) 基本原理：从点到线，从线到面，逐步发展，最后获得平整而垂直于地面的平面。控制抹灰层的总厚度：墙柱面 20～25mm，顶棚面 15～20mm。

(2) 画线布点设置标筋，用抹灰砂浆在布点墙面上均匀布置约为 50mm 大小的标筋点，点与点之间的间距，应控制在 1.2～1.5m(在刮尺长度以内)，通过吊锤和靠尺校正，使标筋的上表面同在一个垂直于地面的平面上，待其结硬成为约 100mm 的圆形灰饼；然后把竖向标筋点各连接成一条垂直线，待其结硬成为宽约 100mm 的灰线；作为控制底层抹灰厚度的标志线，如图 10-2 所示。

(3) 对凸出墙面柱的阳角，用水泥砂浆做护角增强抹灰条，如图 10-3 所示。阴角的扯平找方如图 10-4 所示。

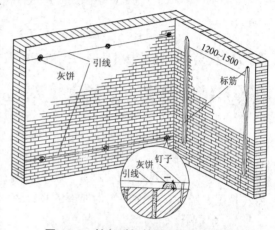
图 10-2 抹灰时打灰饼、标筋的位置

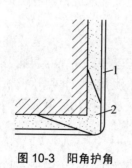
图 10-3 阳角护角

1—墙面抹灰；2—水泥砂浆护角

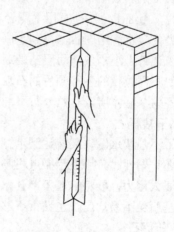
图 10-4 阴角的扯平找方

(4) 在两标筋条之间，做底层抹灰，用刮尺反复抹压，既要使抹灰层与基层能牢固结合，又要以标筋条为标准，使抹灰面做到初步找平，如图 10-5 所示。

(5) 待底层抹灰充分干燥后，抹中层抹灰，逐层抹平压实，第一层充分干燥后才能做第二层，使抹灰层充分找平。

图 10-5 打灰饼、标筋、刮杠的过程

(6) 面层抹灰宜在中层抹灰六七成干时做，要求抹平密实、光洁平整、没有抹痕。

10.2.6 装饰抹灰

装饰抹灰也是抹灰类做法，底层、中层的做法与一般抹灰一样，只是面层处理不一样，装饰效果也多种多样。现在因为面层材料很多、质量和效果更好，过去有些装饰抹灰做法现已被淘汰，如干粘石；水刷石、斩假石现在一般建筑都不用，只有在风景园林小品上使用；拉毛、喷涂、滚涂，作为局部的装饰手法现在还有人用。

1. 水刷石

水刷石是用水泥和石粒拌和成水泥石子浆，抹在墙柱等面上，抹平再反复压实，待水泥初凝时，用细水流冲同时用毛刷轻刷石子浆表面，使石粒露出上部 1/3，而下部 2/3 还被水泥浆裹住，水泥结硬后，得到水刷石的效果；为解决表面平整和周边收口完整，抹浆前应先在周边钉上小木条，面层结硬后把小木条拔掉，水泥浆勾凹缝密封；为获得不同的效果，可用不同粒径的各种颜色的石粒。这种做法缺点是把部分水泥白白冲洗掉，剩下的水泥厚度不易掌握，所以石粒分布不均匀，也粘不牢固。

2. 干粘石

为了不浪费水泥，又能达到水刷石的效果，改变施工工序，先在面层抹上纯水泥浆，在水泥还呈塑性时，用人手撒或机喷石粒，让石粒粘在水泥浆上，再用压板拍平、拍实，注意不要太用力，要将石粒下部让水泥粘住而上部裸露，水泥硬化后就成干粘石。这种做法缺点是石粒不易均匀，也粘得不够牢固。

3. 斩假石

斩假石就是用人工的方法造成粗面黑白花岗石的面层效果。先用白云石粒加水泥拌成水泥石子浆，抹在基层上，待水泥充分结硬，过去是用斧砍，现在用电动砂轮磨，使面层呈刀砍状的粗面，达到像黑白花岗石的面层效果。现多用在风景园林公共通道的混凝土栏杆上，既有石质的效果，又较牢固可靠。

4. 拉毛

用石膏浆或白水泥浆抹在基层上，在其初凝之前，用木板轻压表面，然后快速垂直拉起，使抹面浆呈凹凸不平的拉毛面状，凝固后即成。这是以前由意大利引进的做法，所以民间有"意大利批荡"之称。广州东山的旧别墅、旧教堂有用到这种做法。

5. 喷涂和滚涂

将各种颜色的建筑内(外)墙涂料，或聚合物砂浆，用机喷和人工滚刷的方法，均匀地涂刷在表面上，结硬后形成一道较厚的不大光滑的面层。现在，除了作为室内装饰的一种手法外，由于外墙涂料的质量已经过关，外墙喷涂取代贴饰面条砖已成发展方向，不但色彩多样、日久常新，还能具备防水、防潮、耐酸、耐碱的功能。

6. 刮灰刷各色墙面漆

按质量比，大白粉：滑石粉：聚乙酸乙烯乳液：羧甲基纤维素溶液(浓度 5%)＝60：40：(2～4)：75 充分搅拌混合成刮浆料，基层抹灰干透后，用细砂纸磨平扫净浮灰，用钢灰铲刮浆，头道干燥后刮第二遍，共刮 2～4 遍，总厚度 1mm；全部干燥后刷各色墙面漆。现在许多高档办公室和住宅室内装饰都用这种做法。

【任务实施】

实训任务：考察某工程的普通内墙面抹灰施工。

【技能训练】

通过实地观察普通内墙面抹灰的准备工作、抹灰用砂浆的制作过程、正式抹灰的施工工艺、使用的工具、人员的配置和分工、质量检验等做法，对照《建筑装饰装修工程质量验收规范》(GB 50210—2011)，对本次任务的内容加深理解，然后由学生写出专项参观考察报告。

工作任务 10.3 墙柱面饰面工程施工

10.3.1 墙柱面饰面工程概述

墙柱面饰面工程是指把块料面层镶贴在墙柱表面形成装饰面层。目前流行的面层材料有天然石板、大块瓷砖、小块条砖、玻璃马赛克、微晶玻璃板、玻璃板、金属饰面板等，施工方法有粘贴、先安装后灌浆的湿作业法和干挂法等。

传统的瓷质马赛克因生产过程落后，与基层粘接不大牢固，现已淘汰。现在流行的外墙面贴小块条砖的工艺，不利于外墙面防水，需注意做好基底防水层和砖间的防水勾缝，未来很有可能被优质的外墙涂料取代；玻璃马赛克墙面不但颜色多样，日久常新，其粘贴工艺也有助于外墙防水，有较好的应用前景；大块板材干挂，工艺简单，施工效率高，适应能力强，现在已广泛应用。

10.3.2 墙柱面饰面板安装

饰面板是指各种天然石板、微晶玻璃板、大块瓷砖、金属饰面板等。

1. 传统的湿作业法

1) 工艺流程

材料准备与验收→基体处理→板材钻孔→饰面板固定→灌浆→清理→嵌缝→打蜡。

2) 材料进场检查验收

拆除包装，检查品种、规格、颜色是否符合设计要求，有无裂纹、缺边、掉角，颜色是否均匀一致；有纹理的要经过试拼选择上下左右纹理通顺，编上代号备用；对符合要求的办理验收手续。

3) 基体处理

检查墙面的垂直度和平整度，对不符合要求的要作剔凿或填平补齐，清理墙面，表面光滑的要凿毛，浇水湿润，抹水泥砂浆找平层；待其干燥后，分块画线。在处理好的基体表面固定钢筋网片(图 10-6、图 10-7)。

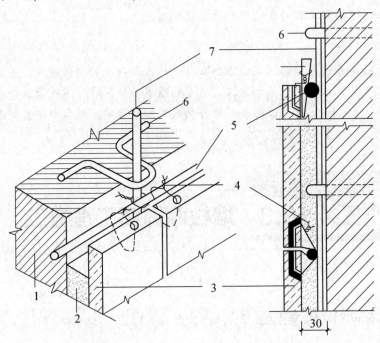

图 10-6 湿法饰面板安装钢筋网片固定

1—墙体；2—水泥砂浆；3—石板或瓷板；4—钢丝或铁丝；5—横向钢筋；6—铁环；7—立向钢筋

4) 板块处理

对每一板块进行修边、钻孔、剔槽，将板块的背面、侧面清洗干净、晾至面干，往四角孔内穿入铜丝备用。

5) 饰面板安装固定

从最下一层开始安装，先装两端板块，找平找直，通线，再从中间或一边起，先绑扎下口铜丝，再绑扎上口铜丝，用木楔垫稳，校正后拧紧铜丝，板块之间用小木片垫出间距，整行块体就位、检查校正后往板背面灌入水泥砂浆或细石混凝土，浇水养护待其结硬，拔去木楔，做上一行；如此逐行安装就位完成并结硬后，清理墙面，灌板缝，完成。

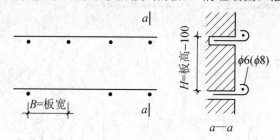

图 10-7　水平钢筋固定方法

6) 优缺点和适用范围

这种做法，工序烦琐，自重较大，收缩变形不好掌握，板块之间的灰缝日后容易翻浆露白。它适用于内外墙，尺寸较大的天然石板、陶瓷板和微晶玻璃板，张贴高度不高(1～2层)，基底为砖砌体或混凝土墙体。

2．新创的干挂法

(1) 基层不必抹灰，直接安装上用型钢焊制的骨架；在骨架上分块画线。

(2) 在板块背面钻孔或开槽，用结构胶粘剂嵌入钢制连接件(图 10-8)。

(3) 板块就位将连接件用螺钉上紧在钢骨架上，板缝之间留出 10～20mm 宽。

(4) 清理板块接缝，塞入塑料胶条封缝背，缝面间隙填满耐候密封胶，完成。

(5) 这种做法工艺简单，自重轻，能抵御日后的冷热变形，接缝不会翻白浆，施工效率高；适用于内外墙面，各种场合和高度，尺寸较大的天然石板、陶瓷板、微晶玻璃板、金属幕墙板、玻璃幕墙板等。如图 10-8～图 10-11 所示。

【参考图文】

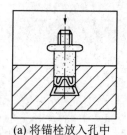

(a) 将锚栓放入孔中　(b) 推进套管拧紧螺钉

图 10-8　石板或瓷板锚栓固定

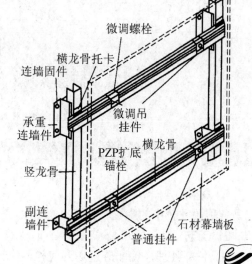

微调螺栓
横龙骨托卡
连墙固件
承重连墙件
微调吊挂件
PZP扩底锚栓
横龙骨
竖龙骨
副连墙件
石材幕墙板
普通挂件

图 10-9　石板或瓷板位置的调整

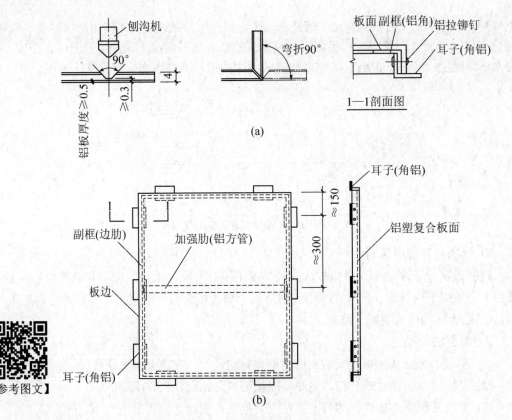

【参考图文】

图 10-10　铝塑板饰面构造

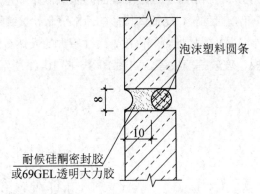

图 10-11　干挂板材的嵌缝密封

10.3.3　小块陶瓷墙面砖的粘贴

1. 材料

各种尺寸较小的陶瓷墙面砖。

2. 工艺

(1) 材料处理，墙面砖进场开包检验(同饰面板验收)，砖浸泡 24h、阴干，目的是与砂浆粘牢。

(2) 基层处理，同饰面板湿作业法的基体处理。

(3) 贴砖，宜用聚合物水泥砂浆满灰粘贴、压实，板块间留缝隙，做好养护。

(4) 最后用聚合物水泥浆勾缝。

(5) 注意做好滴水线、坡水、拐角等特殊部位的处理。

(6) 此工艺适用于在室内墙面上粘贴各种尺寸较小的墙面砖；对于在外墙面上贴小块的条砖，需按照外墙防水章节的要求，先在基体上做防水层，粘贴条砖时要分区段留水平和竖向变形缝，条砖间的缝要用聚合物水泥浆做勾缝，变形缝用耐候密封胶封堵(图 10-12)。

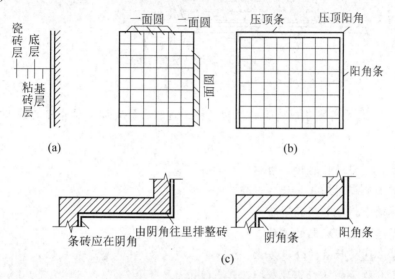

图 10-12　瓷砖墙面的排砖示意图

10.3.4 玻璃马赛克墙面的粘贴

1. 材料

各种尺寸较小的玻璃马赛克(即陶瓷锦砖)。

2. 工艺

(1) 基层处理，用水泥砂浆把基层补平，待砂浆结硬后满刷一道聚合物水泥浆做防水层，弹线。

(2) 落实各种图案以及相应的材料。

(3) 贴砖及养护，宜用聚合物白水泥浆满刮灰粘贴、拍平压实；板块间留出对应宽度的缝隙，做好养护。

(4) 待水泥浆结硬后，向粘接纸表面淋透水，撕开纸张。

(5) 最后用白水泥浆勾缝(图 10-13)。

3. 适用性

此工艺适用于在室内外墙面上粘贴各种颜色和尺寸的玻璃马赛克。

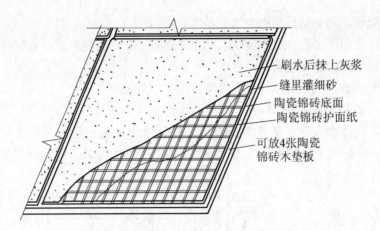

刷水后抹上灰浆
缝里灌细砂
陶瓷锦砖底面
陶瓷锦砖护面纸
可放4张陶瓷
锦砖木垫板

图 10-13　玻璃马赛克的镶贴

【任务实施】

实训任务：通过实地考察墙面贴瓷砖的施工过程，编写墙面贴瓷砖的施工工艺要点。

【技能训练】

(1) 考察墙面瓷砖的品种、规格、尺寸、颜色。

(2) 考察墙面材料和基层处理过程。

(3) 考察墙面弹线定位的过程。

(4) 考察墙面瓷砖粘贴的过程。

(5) 注意不同交接处的处理方式。

(6) 将考察收集的资料整理成施工工艺要点。

工作任务 10.4　楼地面工程施工

10.4.1　楼地面工程概述

1. 楼地面的要求

楼地面是人们工作和生活中接触得最多的地方，除了要求平整、耐磨、光洁之外，还要求有色彩、图案，要有一定的承载力，有些还要求隔声、有弹性、耐腐蚀、抗渗漏等。

2. 楼地面的组成

楼地面一般由面层、垫层、基层等组成。面层分为块料面层、整体面层、涂饰面层等几类。

3. 常用楼地面的面层

整体面层有水磨石地面、水泥砂浆地面、油漆地面等，常用的块料面层有陶瓷地面砖、天然石板、橡胶(或塑料)地板等。

10.4.2 水磨石地面

1. 水磨石地面的特点

水磨石地面属于整体面层类地面，整体性好、花色多样、美观耐用、容易清洁、造价便宜；但工序繁多，质量控制不易，会随主体结构一起开裂，开裂后修补难完美。

水磨石地面可分为普通水磨石地面和花色水磨石地面。普通水磨石地面，常用在工厂、一般住宅等的地面；花色水磨石地面，用在要求较高的医院、学校、住宅等的地面。

2. 水磨石地面的材料

(1) 胶结材料：普通水磨石地面用不低于 32.5MPa 的普通水泥，花色水磨石地面用白水泥掺耐碱矿物颜料。

(2) 石子：一般用质地坚硬又可磨的岩石，如白云石、大理石；粒径通常为 4～15mm。

(3) 分格条：常用宽 3～5mm 的玻璃条，宽 1～3mm 的铝或铜条，宽 2～3mm 的塑料板条；高为 10～12mm；要求分格条平直(图 10-14)。

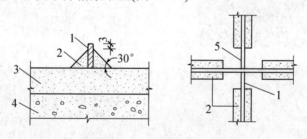

图 10-14 分格嵌条的设置

1—分格条；2—素水泥浆；3—水泥砂浆找平层；
4—混凝土垫层；5—交叉点附近不抹素水泥浆

3. 水磨石地面的施工工艺

(1) 基层处理，通常先在混凝土楼板或素混凝土垫层上，用水泥砂浆找平，厚度为 10～15mm，待找平层结硬。

(2) 弹线镶分格条，按纵横各 1～2m 弹出分格线，用 1∶2 的水泥砂浆在分格点附近固定分格条，检查和调整分格条面标高，达到设计要求的平面或稍有倾斜的平面；待分格条砂浆结硬。

(3) 铺石子浆，石子浆的配合比为 1∶1.5～1∶2.5，充分拌和，刷水泥浆结合层后，将水泥石子浆浇筑在分格区内，先铺分格条边，后铺分格中间，用铁抹子和直尺反复推平，再用滚筒滚压，令石子浆密实、平整，表层比分格条稍高 1～2mm。

(4) 养护和试磨，当石子浆的水泥终凝后，开始养护，注意常浇水保持表面潮湿；常温下养护 3～4 天，试磨，以试磨时表面石粒不会松动为准，来确定是否可以正式开磨。

(5) 正式磨：三浆、四磨成活，机磨为主(大面积部分用机磨)，手磨为辅(局部位置)，先粗后细，最后用草酸清洗干净。先全面刷一道水泥浆，凝固后开始第一次粗磨(磨块用60#～80#)，让石粒基本都露出来，用水清洗，抹去浮水，待表面风干后，刷第二道水泥浆，凝固后开始第二次中磨(磨块用100#～150#)，让石粒充分显露出来，用水清洗，抹去浮水；待表面风干后，刷第三道水泥浆，凝固后开始第三次细磨(磨块用 180#～240#)；用水清洗后，做第四次磨光(磨块用 280#)，用草酸清洗，再用水清洗干净，成活。效果如图 10-15 所示，水磨石机如图 10-16 所示。

图 10-15　现浇水磨石的效果

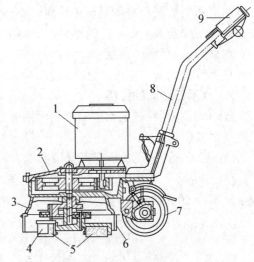

图 10-16　水磨石机

1—电动机；2—变速箱；3—磨盘外罩；
4—磨石夹具；5—金刚石磨石；6—护圈；
7—移动滚轮；8—操纵杆；9—电气开关

【参考图文】

　　(6) 刷浆的目的是填塞表面的孔洞，通过先粗后细将表面磨平，石粒充分显露均匀，达到表面平整、光滑。打蜡上光不是必要工序，一般环境不需要打蜡上光，只有要求较高且能经常清洁保养的(如宾馆的大堂)才打蜡上光。

4. 质量要求

(1) 表面平整、密实、光滑。

(2) 石粒显露均匀、无砂眼、无磨痕，不漏磨。

(3) 线条清晰、位置准确、出露均匀。

10.4.3　水泥砂浆地面

　　(1) 水泥砂浆地面，是在混凝土基层上抹上水泥砂浆面层的地面。现在直接用水泥砂浆地面已经较少，只用在地下室停车场、简易临时建筑、标准较低建筑内的楼地面，还可作为工业建筑油漆地面的基底层。

　　(2) 水泥砂浆地面的抹面层厚度为 15～20mm，用 32.5MPa 的水泥与中砂配制，配合比常用 1∶2～1∶2.5(体积比)，加水搅拌呈半干硬状(手捏成团稍出浆水)。

(3) 将混凝土底层清理干净，洒水湿润后，满刷一道 108 建筑胶拌制的水泥浆，待水泥浆结硬后，铺上抹面用的水泥砂浆，用刮尺赶平，用铁抹子压实；待砂浆初凝后终凝前，再用抹光机(图 10-17)或铁抹子反复压光至不见抹痕止；终凝后即盖上草袋、锯末等浇水养护；大面积面层应按要求留(锯)出分格缝，防止产生不规则的表面裂缝。

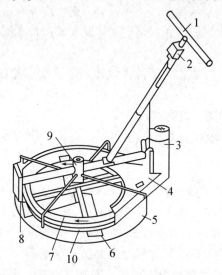

图 10-17　混凝土地面抹光机

1—操纵手柄；2—电气开关；3—电动机；4—防护罩；
5—保护圈；6—抹刀；7—转子；8—配重；9—轴承架；10—V 形胶带

(4) 油漆地面是在水泥地面施工完成并结硬后，在表面刷上专用的地板漆而成。现在常用在工业建筑的车间地面，耐水、不起砂，可按生产线要求刷上不同的地板漆。

(5) 橡胶或塑料地板胶地面，是在水泥地面施工完成并结硬后，用地板胶专用的胶粘剂，粘贴厚度为 2～3mm 合成橡胶或塑料地板胶而成。常用在医院病房、实验室、图书馆的阅览室等地面，卫生、吸声、有弹性。

10.4.4 地面砖的铺贴

1．材料

各种尺寸的地面砖，包括天然石板、人造微晶玻璃板、陶瓷耐磨地面砖。面积和空间较大的地面，可用 1000mm×1000mm 或更大的尺寸，一般住宅的客厅用 800mm×800mm 到 600mm×600mm，房间用 600mm×600mm 到 400mm×400mm，卫生间等较小的房间用 300mm×300mm。注意，墙面砖的密度、强度、耐磨性都比地面砖差，吸水性比地面砖大，因此墙面砖不能用作铺地面。

【参考视频】

2．施工工艺

(1) 材料进场检查验收，与墙面砖要求相同。

(2) 基层处理，混凝土楼地面基层应先清扫干净，做水泥砂浆找平层。

(3) 对照设计图纸，落实每个房间面砖铺贴的排列组成。

(4) 对贴 300mm×300mm 及以下的小块地面砖，宜用聚合物水泥砂浆满灰粘贴、压实，板块间留 1～1.5mm 的缝隙，做好养护；最后用水泥浆勾缝。

【参考图文】

(5) 对贴大块地面砖，先铺 1:5～1:6 半干硬性的低强度水泥砂浆做 30～40mm 厚的垫层(其作用是调整面砖日常的伸缩变形)，通线，拿一块砖试放后，在砖的背后满刮水泥浆，正式就位，用橡胶锤轻击对位；再铺下一块的垫层，试放，满刮水泥浆，正式铺设，如此反复；待水泥浆结硬后，勾缝密封。

3. 质量标准

(1) 板块的品种、规格、质量必须符合设计要求，使用的粘接材料质量必须符合设计要求。

(2) 板块与基层粘贴牢固，没有空鼓。

(3) 表面平整、清洁、板块完好，图案清晰、色泽一致，接缝均匀、顺直。

【工程案例】

南方某高职院校第二教学楼，平面大体呈工字形，总长 124m，宽 59m，高 28m，楼高 7 层，建筑面积 33600m²。其主要部分的装饰做法为：外墙面 1:2.5 防水水泥砂浆打底，5mm 厚聚合物水泥砂浆贴褐色条形外墙面砖或白色方形面砖；室内房间、走廊的楼地面，丹东绿的水磨石地面玻璃条分隔；楼梯间地面贴防滑梯级面砖；卫生间地面贴防滑地面砖；教室内墙、内走廊墙面和室内顶棚面，水泥石灰砂浆打底，刷白色乳胶漆面；楼梯间墙面贴 1.50m 高浅灰色墙面砖；卫生间墙面刷聚合物水泥基防水涂料后贴白色墙面砖到顶。

【任务实施】

实训任务：给 A 学院第 13 号教师住宅楼 1 单元室内地面砖铺设方案。

【技能训练】

(1) 熟悉相关图纸和设计要求。

(2) 按 1:50 或 1:100 的比例绘制楼层室内地面砖铺设设计图。

(3) 编写楼层室内地面砖铺设施工方案。

工作任务 10.5　门窗和幕墙安装工程施工

10.5.1　木门窗安装

(1) 木门窗现在多数在工厂制作，作为成品供应。进场应进行质量检查，核对品种、材料、规格、尺寸、开启方向、颜色、五金配件，办理验收手续，在仓库内竖直摆放。

(2) 门窗框安装前，先核对门窗洞口位置、标高、尺寸，若不符合图纸要求，应及时改正。

(3) 门窗框用后塞口法在现场安装。砌墙时预留洞口，以后再把门窗框塞进洞口内，按图纸要求的位置就位(内平，即平内墙面；外平，即平外墙面或居墙中；注意门扇的开启方向)，调整平面和垂直度，同层门窗上口还要通线控制相互对齐，用木楔临时固定，再用钉子固定在预埋木砖上；门窗框安装完后还要做许多其他的装饰项目，要注意做好框表面的保护，不要被后续工程损坏或污染。

(4) 门窗扇应在室内墙、地面、顶棚装修基本完成后进行，逐个丈量门窗洞口尺寸，据周边留缝宽度，计算门窗扇外周尺寸，在门窗扇上画出应有的外周尺寸，将门窗扇周边尺寸修整到符合要求，试安装调整到合格，画合页线，剔凿出合页槽，上合页，装门窗扇。

(5) 对门窗扇修整部位补刷油漆或贴面，安装五金配件，再试门窗扇的开启是否灵活，全部达到要求后完成。

10.5.2 钢门窗安装

(1) 钢门窗也是作为产成品供应，进场后核对品种、材料、规格、尺寸、开启方向、颜色、配件，办理验收手续，在仓库内竖直摆放。

(2) 门窗框安装前，墙面装饰基本完成。先核对门窗洞口位置、标高、尺寸，若不符合图纸要求，应及时改正。

(3) 钢门窗产品是框扇连体，需现场一起安装。钢门窗就位后用木楔临时固定，校正其位置、垂直度和水平度，将铁脚与预埋件焊接，或埋入预留洞内灌水泥砂浆，并将洞口的缝隙填密实，养护 3 天后拔出木楔，填充水泥砂浆，补充洞口附近的抹面完成。

10.5.3 铝合金或塑料门窗安装

(1) 铝合金门窗、塑料门窗与木门窗有些相似，框和扇分别安装，先装框后装扇。但木门窗是实心材料制作，铝合金门窗、塑料门窗都是用薄壁空心型材制作，因此除了材料进场检验大体与木门窗相同外，安装工艺上与木门窗有许多不同，如图 10-18 和图 10-19 所示。

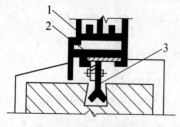 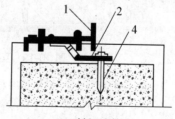

(a) 预留洞燕尾铁脚连接　　　(b) 射钉连接

图 10-18　铝合金门窗与墙体的连接方式

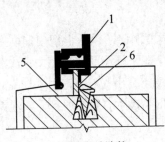

(c) 预埋木砖连接

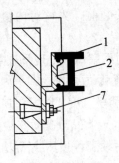

(d) 膨胀螺栓连接

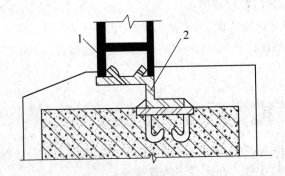

(e) 预埋铁件焊接连接

图 10-18　铝合金门窗与墙体的连接方式(续)

1—窗框；2—连接铁件；3—燕尾铁脚；4—射钉；5—木砖；6—木螺钉；7—膨胀螺栓

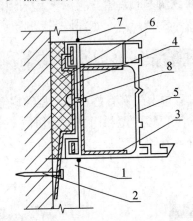

图 10-19　塑料门窗框安装连接件

1—墙面抹灰；2—固定预埋铁螺钉；3—连接铁件；4—预埋铁件；
5—铝框异型材；6—水泥砂浆填实；7—密封胶；8—连接螺钉

(2) 墙体施工时需在门窗洞口上，按图纸要求埋设预埋件。

(3) 门窗框就位，通线、校正，先用木楔临时固定，再用螺钉与预埋件连接固定。

(4) 洞口和门窗框之间，先打发泡胶充盈全部间隙，再用聚合物水泥砂浆收口；完成洞口周边的外装饰面；注意保护好框的表面，不要被后续工程损坏或污染。

(5) 安装门窗扇，用嵌入法将组装好的门窗扇镶嵌入门窗框的凹凸槽内，调整到位，推拉灵活，完成。

10.5.4 玻璃工程

1．玻璃的品种

(1) 普通平板玻璃：在一般要求的门窗使用。

(2) 浮法平板玻璃：在要求较高的高级建筑物的门窗使用。

(3) 吸热玻璃：可减少太阳辐射的影响，用于高级建筑物的门窗。

(4) 磨砂玻璃、压花玻璃：用于要求透光不透视的场合。

(5) 镀膜玻璃：用于玻璃幕墙，有特殊效果。

(6) 钢化玻璃：玻璃经过钢化处理后，强度提高，破坏过程不会伤人，用于高层建筑的门窗或幕墙。

【参考图文】

(7) 中空玻璃：强度和隔热性都较高，用于对热工性能要求较高的门窗。

2．配套材料

配套材料有密封胶、镶嵌胶条、定位胶块等。

3．玻璃的加工

(1) 玻璃宜集中裁割，按先大后小、先宽后窄的顺序，边缘不得有缺口和斜曲。

(2) 玻璃外围尺寸应比门窗尺寸略小约 3mm。

(3) 厚玻璃裁割前要先涂煤油。

4．玻璃的安装

(1) 应在门窗框扇经过校正，五金安装完毕之后进行。

(2) 玻璃安装前应对裁割口、门窗框扇槽进行清理。

(3) 定位片和压胶条要安放正确；用密封胶条的不再用密封胶封缝。

(4) 玻璃安装后应对玻璃和框扇同时进行清洁，清洁时不得损坏镀膜面层。

5．安装的质量要求

(1) 玻璃的品种、规格、色彩、朝向应符合设计要求。

(2) 安装好的玻璃应表面平整、牢固，不得有松动。

(3) 密封条或玻璃胶与玻璃之间应紧密、平整、牢固。

(4) 竣工时的玻璃工程，表面应洁净。

10.5.5 玻璃幕墙安装概述

(1) 幕墙，是一种安装在建筑物主体结构外侧的新型构件，它像帷幕一样悬挂在结构的外侧，成为一种新型的墙体，同时也是一种漂亮的装饰面。

(2) 幕墙按组成材料分类：玻璃幕墙、铝塑复合板幕墙、不锈钢板幕墙、搪瓷钢板幕墙、天然石板幕墙和人造石板(陶瓷板)幕墙等。

(3) 玻璃幕墙技术的出现已有几十年历史，初期使用规模小；直到近三十余年，由于镀膜玻璃、铝型材、耐候结构胶、耐候密封胶、构造和安装技术的进步，才有可能推动它的发展；现在已经成为建筑外立面的一种新型处理手法。实践证明，与砖石、混凝土墙体比，它是轻型墙体，优点很多，但有一定的适用性，不能不分场合什么地方都用；它造价昂贵，维护不方便，某些场合不准使用。

(4) 玻璃幕墙的构造特点有以下4个方面。

① 普通型(或称明框)玻璃幕墙(图 10-20、图 10-21)。

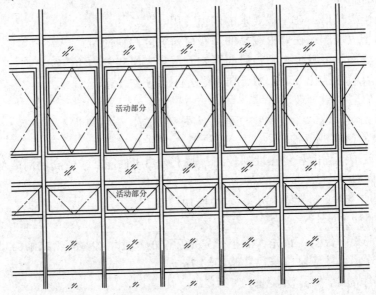

图 10-20　明框玻璃幕墙外立面

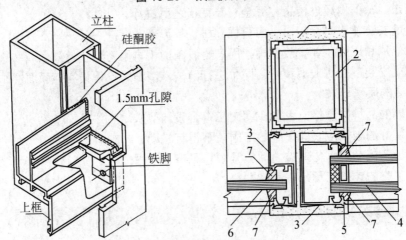

图 10-21　明框玻璃幕墙的节点构造

1—立柱；2—塞件（伸入立柱 300）；3—扣件；4—双层玻璃；5—丙烯酸胶；
6—玻璃；7—硅酮耐候胶

从外立面上可以看到，作为承力支撑体的纵横框架，像是竖直起来的主次梁结构体系，而玻璃像是交梁楼面的楼板，夹在竖向框槽中，构造相对较为简单。

② 隐框玻璃幕墙(图 10-22)。

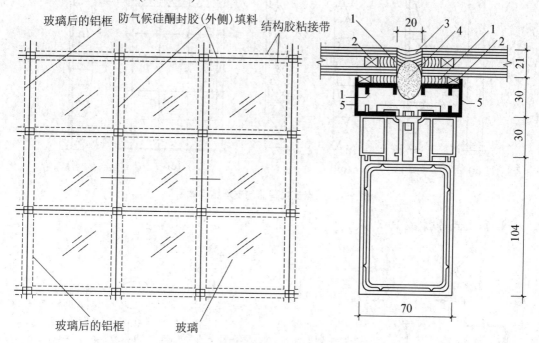

图 10-22 隐框玻璃幕墙的立面和节点构造

1—结构胶；2—垫块；3—耐候胶；4—泡沫棒；5—幕墙构件的铝框

从外立面上看不到框体露出，玻璃用结构胶固定在框体外侧，分为全隐框、半隐框两类，构造相对复杂些。

③ 全玻璃幕墙(图 10-23、图 10-24)。

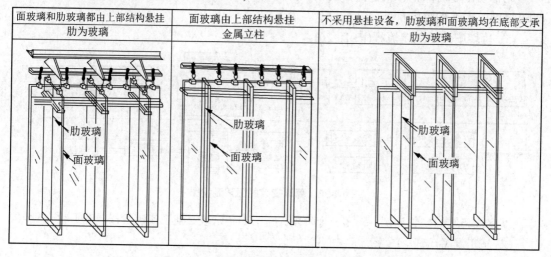

图 10-23 全玻璃幕墙的支承系统

支撑的框架、墙体均为玻璃板，对人的视野几乎没有什么阻挡，完全是透明的。一般用在低层大面积处，用钢化的白玻璃片，使大厅橱窗透明、光亮。

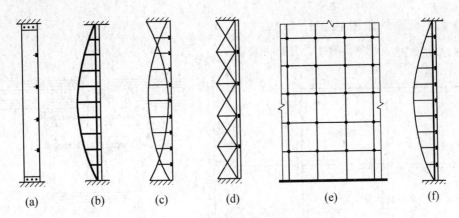

图 10-24　点支式幕墙的支承结构体系

④ 点支式幕墙(图 10-25)。

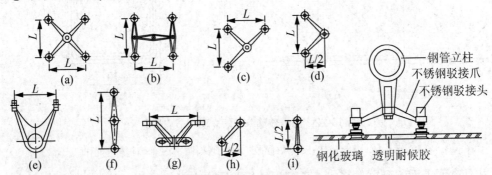

图 10-25　点支式幕墙的爪件

此幕墙由专门的钢骨架撑起不锈钢支点，再由支点把玻璃撑起来，竖起来的四点支承的玻璃板，靠结构胶密封。

(5) 幕墙安装的工艺流程(图 10-26)。

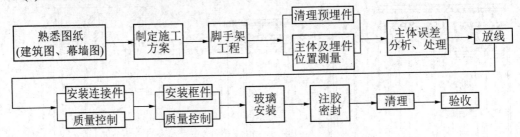

图 10-26　幕墙安装的工艺流程图

以有框幕墙的安装为例，分为 3 个阶段：施工准备阶段、施工安装阶段、竣工验收阶段。

① 施工准备阶段。

a. 熟悉图纸，踏勘现场，制定施工方案。

b. 搭设或检查脚手架。

c. 对主体、埋件的位置进行检查、测量。

② 施工安装阶段。

a. 放线。

b. 清理预埋件，安装连接件。

c. 普通玻璃幕墙的玻璃安装。

d. 隐框玻璃幕墙玻璃组件的制作。

e. 隐框玻璃幕墙玻璃组件的安装。

f. 打胶密封和清洁。

③ 竣工验收阶段，应在建筑物完工后进行幕墙验收。

a. 检查相关文件及记录。

b. 对重要材料和结构安装进行复检、试验并合格。

c. 所有隐蔽工程已按规定进行了验收并评为合格。

d. 硅酮密封胶打注饱满，养护充分，饰面整洁完整，无渗漏。

e. 开启窗的配件齐全，安装牢固，开启灵活，关闭紧密。

f. 防火构造和防雷装置安装正确，经检测合格。

(6) 施工过程中对玻璃上胶，需要有一个干净环境，还要在一定的温度、湿度的专门环境中养护，才可用于安装上架；各连接点之间的构造也有一定的技巧。因此，要求由专业公司设计，专业队伍来施工，要经过严格的检验手续。

【参考图文】

【工程案例】

工程案例如图 10-27 和图 10-28 所示。

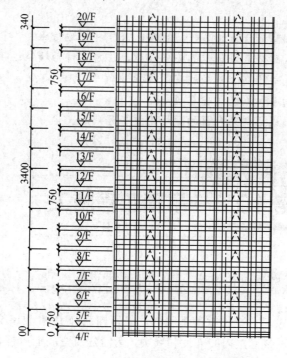

图 10-27　广州市长大厦标准层幕墙立面

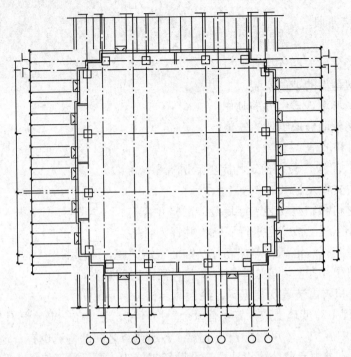

图 10-28　广州市长大厦标准层幕墙平面

【任务实施】

　　实训任务：通过实地考察，编写普通木门或铝塑复合窗的现场安装工艺要点。

【技能训练】

　　(1) 考察木门或铝塑复合窗的品种、规格、尺寸和构造特点。

　　(2) 考察木门框或铝塑复合窗框的安装过程，注意怎样与墙体连接固定。

　　(3) 考察木门扇或铝塑复合窗扇的安装过程。

　　(4) 考察木门的油漆和五金的安装过程。

　　(5) 编写普通木门或铝塑复合窗的现场安装工艺要点。

工作任务 10.6　吊顶工程施工

10.6.1　吊顶工程概述

　　顶棚，或称天花板，是指楼板的下表面，是室内装饰中的重要部分。人们要求顶棚的表面要光洁、美观，以改善室内的亮度和环境，营造建筑空间的风格、效果；还附带保温、隔热、隔声、照明、通风、防火等作用。

顶棚装饰方法分两类：一类是直接在楼板下表面抹灰、刷各式涂料、粘贴墙纸、镶嵌装饰面板等；另一类是悬吊装饰面层。

10.6.2 直接式顶棚

(1) 直接抹灰施工，施工方法与墙面抹灰相似，抹灰层的总厚度比墙面抹灰要薄，因此对抹灰砂浆的黏结性能要良好，施工难度比墙面要难，抹灰层的平整度可比墙面稍差，质量上要求粘得牢和表面光洁；面层可做刮灰、刷涂料等，周边常加钉或抹制的线条。

(2) 直接喷涂施工，先做底层抹灰，校正板底的平整度，底灰干燥后，配制涂料，用喷枪均匀喷涂在顶棚表面，凝固后成活。

(2) 直接粘贴施工，先做底层抹灰，校正板底的平整度，底灰干燥后，直接将碳化石膏板、其他装饰面板用胶粘剂粘贴。

10.6.3 悬吊式顶棚

1．悬吊顶棚的组成

悬吊顶棚由吊筋(图 10-29)、龙骨(图 10-30、图 10-31)和饰面板 3 部分组成。

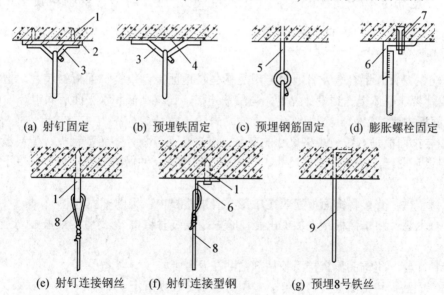

(a) 射钉固定　　(b) 预埋铁固定　　(c) 预埋钢筋固定　　(d) 膨胀螺栓固定

(e) 射钉连接钢丝　　(f) 射钉连接型钢　　(g) 预埋8号铁丝

图 10-29　吊筋的固定方法

1—射钉；2—焊板；3—ϕ10 钢筋吊环；4—预埋钢板；5—ϕ6 钢筋；6—角钢；
7　金属膨胀螺栓；8—8#~14#镀锌钢丝；9—8#镀锌钢丝

2．吊筋的安装

可先在混凝土楼面板内预埋ϕ6 钢筋作吊环，或用膨胀螺栓、射钉直接在板底面固定钢吊环，再挂上吊筋。

3．安装龙骨

(1) 龙骨就是支承顶棚面板的骨架，有木质龙骨、轻钢龙骨和铝合金龙骨。龙骨分为大龙骨和小龙骨，呈主次梁结构。

(2) 木龙骨，由 20mm×30mm 的木条，预先按纵横 400mm 左右的间距开好凹槽(称为凹凸枋)，在现场拼装成骨架，整体提升到设计位置，与吊筋连接，调整高低和水平面后固定。

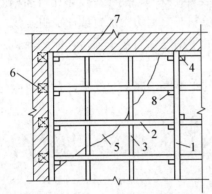

 图 10-30　木龙骨吊顶

1—大龙骨；2—小龙骨；3—横撑；4—吊筋；
5—罩面板；6—木砖；7—砖墙；8—吊木

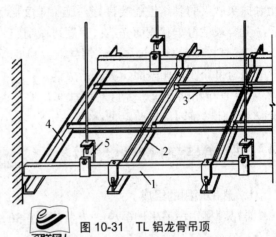

图 10-31　TL 铝龙骨吊顶

1—大龙骨；2—大厂；3—小厂；
4—角条；5—大吊挂件

(3) 轻钢龙骨和铝合金龙骨，用专用配件先在地面上，根据饰面板的尺寸，把纵横骨条拼装成骨架，整体提升到设计位置，与吊筋连接，调整高低和水平面后固定。

4．面板安装

顶棚装饰面板是有统一规格尺寸的产品，有碳化石膏板、各色薄铝板、塑料板等。应事先对照设计图纸，挑选合适的尺寸、质地和花纹图案，并做好安装规划。有以下多种安装方法。

(1) 搁置法：直接将饰面板摆放在 T 形龙骨的格槽内，用卡子固定。

(2) 嵌入法：将饰面板预先加工出企口暗槽，安装时将 T 形龙骨的两肢插入企口槽内即可。

(3) 粘贴法：将饰面板直接用胶粘剂粘贴在龙骨上。

(4) 钉固法：将饰面板直接用钉子、螺钉等固定在龙骨上。

(5) 压条法：用木、铝或塑料等压条，压住饰面板缝，然后钉固在龙骨上。

(6) 压花固定法：在饰面板的四大角，用特制的小花卡子和螺钉固定在龙骨上。

5．安装注意事项

(1) 龙骨和面板都是轻质材料，运输、存放和施工安装中需特别小心操作，轻拿轻放，避免损坏表面和边角。

(2) 龙骨网的尺寸要与饰面板的尺寸相互协调，还要顾及面板的花式、图案等布置位置。

(3) 若有通风口、电灯槽等，应先预留出位置，设备管线安装后，先装上周边饰面板，最后镶嵌风口、电罩。

6. 施工质量要求

吊顶工程所用材料的品种、规格、颜色，构造、固定位置、固定方法等需符合设计要求，饰面板与龙骨连接紧密，表面平整，没有污染、折裂、缺棱掉角等缺陷，接缝均匀一致，图案完整，美观大方。

【任务实施】

实训任务：编写某住宅厨房轻钢龙骨铝塑板吊顶的施工工艺要点。

【技能训练】

(1) 考察轻钢龙骨铝塑板的材料品种、规格、尺寸和配件。
(2) 考察某住宅厨房的平面尺寸和吊顶骨架的放样。
(3) 考察吊顶骨架的施工安装。
(4) 考察铝塑板的施工安装。
(5) 考察灯具的施工安装。
(6) 编写某住宅厨房轻钢龙骨铝塑板吊顶的施工工艺要点。

【本项目总结】

项目 10	工作任务	能力目标	基本要求	主要支撑知识	任务成果
建筑装饰工程施工	编写内墙面抹灰的施工工艺要点	能组织内墙面抹灰施工	初步掌握内墙面抹灰的施工工艺	内墙面抹灰的工艺原理	(1) 编制某单元室内地面砖铺设方案为必做项目 (2) 其余任务可根据教学和资源情况选择做 1～2 项
	编写墙面贴瓷砖的施工工艺要点	能组织墙面贴瓷砖施工	初步掌握墙面贴瓷砖的施工工艺	墙面贴瓷砖的工艺原理	
	编制某单元室内地面砖铺设方案	能组织室内地面砖铺设施工	能编制某单元室内地面砖铺设方案	室内地面砖铺设的工艺原理	
	编写木门或铝窗的安装工艺要点	能组织木门或铝窗安装	初步掌握木门或铝窗安装工艺要点	木门或铝窗的安装原理	
	编写轻钢龙骨铝塑板吊顶工艺要点	能组织轻钢龙骨铝塑板吊顶施工	初步掌握轻钢龙骨铝塑板吊顶工艺要点	悬吊式顶棚的工艺原理	

复习与思考

1. 装饰工程在建筑中起什么作用？
2. 建筑装饰装修工程施工有什么特点？
3. 建筑装饰装修工程施工有哪些基本要求？
4. 建筑装饰装修工程施工的顺序有哪些要求？
5. 什么是一般抹灰、装饰抹灰？
6. 一般抹灰分哪两个等级？各怎样组成？质量标准有哪些差别？各用在什么地方？

7. 抹灰砂浆有哪几种？各适用于什么地方？

8. 抹灰施工为什么要分层进行？每层有什么作用？

9. 试述墙柱面抹灰的施工工艺和要求。

10. 请简述墙面装饰抹灰的种类和工艺特点。

11. 请简述大块墙面砖湿作业法的施工过程和质量标准。

12. 请简述大块墙面砖干挂法的施工过程和质量标准。

13. 请简述小块陶瓷墙面砖铺贴的施工过程和质量标准。

14. 请简述玻璃马赛克墙面的施工过程和质量标准。

15. 请简述水磨石地面的施工过程和质量标准。

16. 请简述水泥砂浆地面的施工过程和质量标准。

17. 请简述地面砖的铺贴过程和施工质量标准。

18. 请简述木门窗、钢门窗、铝合金门窗和塑料门窗的安装要点。

19. 什么叫幕墙？玻璃幕墙有哪几种？

20. 什么叫吊顶工程？分哪两类？

21. 试简述直接式顶棚的施工过程。

22. 悬吊式顶棚由哪三部分组成？

23. 试简述吊筋的种类和安装方法。

24. 试简述龙骨的种类和安装方法。

25. 试简述饰面板的种类和安装方法。

26. 试简述吊顶工程的质量注意事项。

项目 **11** 技措项目施工

本项目学习提示

技措项目通常是指为完成某项工程施工，不属于某项工程本身的需要，施工过程又必不可少，而必须列入的一些项目。例如模板、脚手架、工地临时房屋三大临时设施；施工用的各种机械设备；安全生产、文明施工所必需的设施；季节性安全的施工措施等。这些项目都应列入工程直接成本当中。

技措项目列入工程项目部正式施工计划，需要注意施工工艺，保证工程质量，这对整个项目顺利开展，实现安全生产、文明施工、确保质量有重大意义，所以要学习它。

【参考图文】

能力目标

- 能根据拟建建筑物实际情况，制定脚手架的搭拆方案。
- 能根据工程项目实际选择施工机械，确定其布置位置。
- 能根据工程项目实际拟定季节性施工措施。
- 能根据工程项目实际拟定安全、文明生产措施。

知识目标

- 掌握扣件式钢管脚手架的组成原理和受力特点。
- 了解主要垂直运输机械的工作性能和使用布置原则。
- 了解广东的气候特点和对现场施工的影响。
- 了解建筑施工安全生产、绿色施工的基本知识。

工作任务 11.1　脚手架工程施工

11.1.1　脚手架概述

1. 脚手架的含义

脚手架属于施工用的临时结构架，包括各种外墙脚手架和楼层内的脚手架两类。外墙脚手架较复杂，楼层内多采用小型、工具式的活动支架；脚手架还是现浇混凝土楼面模板系统的支撑架。

2. 脚手架的作用

(1) 对一般的多层和高层建筑施工而言，脚手架在主体结构施工阶段，它主要起安全防护的作用；在后期内外装饰施工阶段，脚手架是高处作业的工作平台和作业通道，同时也是高处作业人员的安全防护设施。

(2) 脚手架还可作为模板系统的承重、支撑的结构架。

3. 脚手架的基本要求

(1) 适用，其位置、宽度、步高、总高、承载力应满足施工的需要。

(2) 可靠，能保证在搭设、拆除和整个使用过程中的安全。

(3) 简便，搭设、拆除工艺简单，迁移方便。

(4) 灵活，能够适应不同施工过程的要求，可以只搭一部分或者只拆一部分。

(5) 经济，材料、配件损耗少，能多次重复使用。

4. 脚手架的分类

(1) 按用途分为：防护用、作业用、承重支撑用。

(2) 按组成方式分为：杆件组合式、构架组合式、台架式。

(3) 按其搭设立杆的排数分为：单排、双排、多排、满堂。

(4) 按其支承方式分为：落地式、悬挑式、悬挂式、升降式、移动式。

(5) 按杆件的连接方式分为：扣件式、承插式、螺栓式。

5. 我国建筑用脚手架的发展概况

脚手架的发展进步同建筑技术的发展进步密切相关。长期以来，我国的建筑物都不高，各地都有不同的自然条件和施工习惯，南方多采用竹脚手架，它质量轻，材料韧性大，可适应各种形状的需要；北方部分地区采用木脚手架，其架体的稳定性较高；无论南方北方，都是据经验搭设。随着改革开放的不断深入，经济飞速发展，房屋越盖越高，过去的习惯做法已经很不适应实际需求，竹子材质变化大不易掌握，容易失火；木材架子笨重，搭不高。经过研究探索，出现了双排落地式钢管扣件脚手架，通过多年实践，它在技术上比较成熟，较适合我国目前的国情，成为全国应用得较多的一种做法。改革开放后又学习、引进和开发了碗扣式钢管脚手架、门式组合钢管脚手架，出现了落地式、悬挑式、悬挂式、升降式等多种形式的脚手架；总结、编制和颁布了相应的安全技术规范；目前是多种形式并存，以适应不同地区习惯、不同建筑类型施工的需要。但我国脚手架总体水平还不高，安全事故还时有发生，与国外先进水平相比还有不少差距。

11.1.2 双排落地式钢管扣件脚手架

1. 概述

双排落地式钢管扣件脚手架是目前建筑施工中最常用的脚手架之一。

2. 材料和配件

(1) 钢管：Q235 级钢制 ϕ48.3×3.6 普通高频焊接钢管(质量 3.97kg/m)；用于立杆、大横杆和斜杆的钢管长度为 4m 和 6m(每段质量在 25.8kg 以内)，用于其他杆件的钢管长度可按需要裁截。

(2) 连接扣件：用作钢管对接、搭接、交叉接的 3 种铸钢连接扣件，它们分别是直角扣件、旋转扣件和对接扣件(图 11-1)，每个质量为 1.3～1.8kg，靠拧紧附属的螺栓固定，扭力矩应达到 40～60N·m；直角扣件用于直角交叉杆件的连接，旋转扣件用于斜交杆件和搭接接长的杆件连接，对接扣件则用于水平和竖向杆件对接接长时的杆件连接。

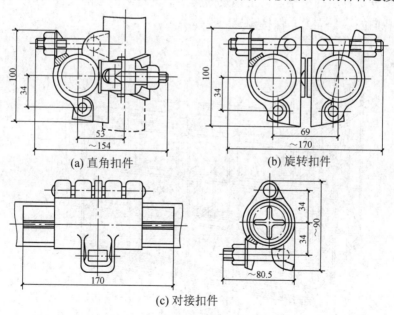

(a) 直角扣件　　　　　　　(b) 旋转扣件

(c) 对接扣件

图 11-1　扣件钢管脚手架的连接扣件

(3) 钢底座：钢制(图 11-2)，上面支承竖向钢管，有固定式和可调高低式两种底座。

(4) 脚手板：多用薄壁钢板冲压制成的脚手板(图 11-3)，也可用满排竹串片脚手板、木脚手板或竹笆脚手板；单块脚手板的质量不宜大于 30kg。

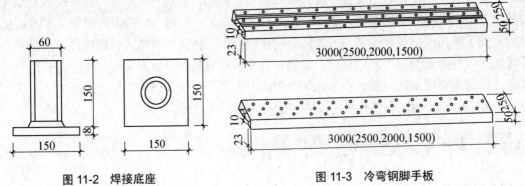

图 11-2　焊接底座　　　　　　　　图 11-3　冷弯钢脚手板

3．脚手架的构成原理

(1) 按施工生产的需要、遵循几何不变体系的构成原理、组成的结构传力简单明确这几项综合要求。

(2) 由内外两个矩形平面构架、各主节点上的水平连杆，围绕建筑物外缘搭设成结构支架，外平面构架的表面加设剪刀撑，横向一定位置加设斜撑杆，各层水平连杆上满铺脚手板，立面上分布均匀的连墙杆伸至建筑主体结构并与其连接，综合起来与主体结构一起成为空间几何不变的承重结构体系(图 11-4)。

(3) 竖直大立杆是构架的承重支柱，水平大横杆是每一操作层的主横梁，连接内外构架的水平小横杆是各层的小梁，其上铺设的脚手板就是操作层的楼板；剪刀撑、斜撑杆和连墙杆传递各向的水平推力，保持构架的整体稳定。

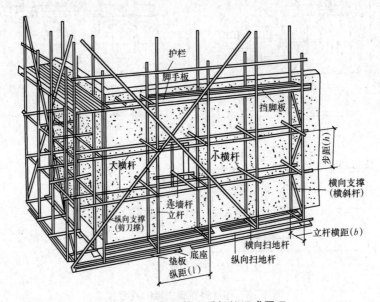

图 11-4　扣件钢管脚手架的组成原理

4．搭设要求

(1) 广东习惯外墙脚手架只作装修施工和安全防护用，一般只考虑竖向两个施工层同时作用有施工活荷载,特殊情况需按实际考虑;其中均布活荷载标准值为 2kN/m²,集中荷载标准值为 1kN。

(2) 构架的宽度(内外层大立杆之间的中距)根据施工作业和人员走动的需要常用0.8~1.5m;小横杆靠墙一端距建筑装饰墙面的距离不应大于 100mm;构架的纵距(一个面上相邻两立杆之间的中距)为 1.0~2.0m,由架体落地承重的总高度经计算确定,落地总高大的间距小;构架的大小横杆从距离地面 0.20m 处做起,第一道称为"扫地杆",然后往上的步高(相邻两施工层大横杆之间的中距)常用 1.8m(适合一个工人操作的高度);为了安全防护,从外排第二个施工层起,每个施工层的中间设一至两道大横杆作防护栏;构架的高度随主体结构逐渐升高而分阶段搭设,各阶段搭设高度应比各楼层施工面高出 1.2m以上。

(3) 大立杆、大横杆应长短搭配,将接头错开,错开间距不小于 500mm,且不得在同一节间内出现两个接头(图 11-5);立杆在最外侧,大小横杆紧贴立杆的内侧;在主节点处固定杆件用的直角扣件、旋转扣件中心点相互间的距离不应大于 150mm;对接扣件的开口应朝上或朝内;各杆件端头伸出连接扣件盖板边缘的长度不应小于 100mm。

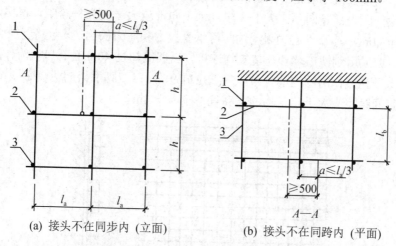

图 11-5 纵向水平杆对接接头布置

1—立杆;2—纵向水平杆;3—横向水平杆

(4) 双排脚手架应设置剪刀撑,剪刀撑与地面的倾角在 45°~60° 范围内。每道剪刀撑跨越的宽度不应小于 4 跨,$\alpha = 45°$ 时最多跨越立杆 7 根,$\alpha = 50°$ 时最多跨越立杆 6 根,$\alpha = 60°$ 时最多跨越立杆 5 根。高度在 24m 及以上的双排脚手架,应在外侧全立面连续设置剪刀撑;高度在 24m 以下的双排脚手架,必须在外侧的两端、转角及中间间隔不超过 15m的立面上,各设一道剪刀撑,并应由底至顶连续设置(图 11-6)。脚手架的剪刀撑应随立杆、纵向和横向水平杆等同步搭设,不得滞后安装。

(5) 高度在 24m 以下的封闭型双排脚手架可不设横向斜撑;高度在 24m 及以上的封闭型双排脚手架,除拐角应设置横向斜撑外,中间应每隔 6 跨距设置一道;开口型双排脚手架的两端均必须设置横向斜撑。脚手架的横向斜撑应随立杆、纵向和横向水平杆等同步搭设,不得滞后安装(图 11-7)。

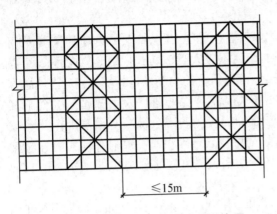

图 11-6　高度在 24m 以下剪刀撑的布置　　　　图 11-7　斜撑杆的立面布置

（6）连墙件的安装应随脚手架搭设同步进行，不得滞后安装（图 11-8、图 11-9）。连墙件设置的位置、数量应按专项施工方案确定。对于高度在 50m 以内的落地双排脚手架，连墙件设置的最大间距为：竖向不应大于 3 步，水平向不应大于 3 立杆跨距，每根连墙件覆盖面积不应大于 40m²；连墙件必须采用同时可承受拉力和压力的构造。对高度在 24m 以上的双排脚手架，应采用刚性连墙件与建筑物连接。当架高超过 40m 且有风涡流作用时，还应采取能抵抗上升翻流作用的连墙拉吊措施（图 11-29）。开口型脚手架的两端必须设置连墙件，连墙件的垂直间距不应大于建筑物的层高且不应大于 4m。

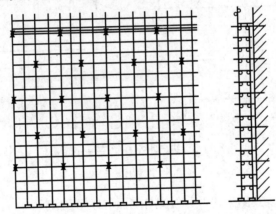

图 11-8　连墙杆的立面布置

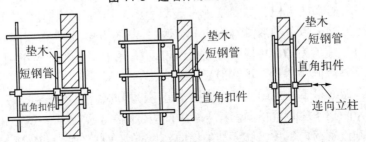

图 11-9　连墙杆与主体结构刚性连接图

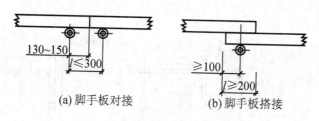

图 11-10 脚手板的对接与搭接

(a) 脚手板对接　　(b) 脚手板搭接

(7) 脚手架大立杆的最下端通过底座和木垫板(50mm×200mm)与基底相连,基底面层土质应经夯实、整平,其上浇筑厚度不小于 0.1m 的 C10 素混凝土垫层,做好地面排水(图 11-11);脚手架立杆的基础不在同一高度上时,将高处的纵向扫地杆向低处延长两跨与立杆固定,高低差不应大于 1m。靠边坡上方的立杆轴线到边坡的距离不应小于 500mm(图 11-12)。

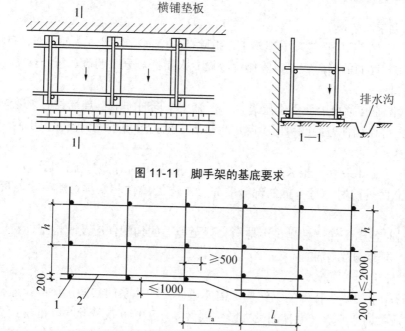

图 11-11 脚手架的基底要求

图 11-12 当地面不平时扫地杆的处理方法

1—横向扫地杆；2—纵向扫地杆

(8) 栏杆和挡脚板均应设在外立杆的内侧(图 11-13);脚手板应满铺、铺稳、实铺(图 11-14),离墙面的距离不应大于 150mm;拐角和斜道上的脚手板,应固定在横向水平杆上,防止滑动。脚手架的外层内侧应满挂密网孔的安全网。

(9) 每一幢建筑物的外脚手架内应设 1~2 处步梯。

(10) 层数≤8 层(或高度≤24m)的架体,大立杆直接落地,由经过加固后的地基支承。层数>8 层(或高度>24m)的架体或大立杆不落地的架体,每 3~5 层高的架体为一段,用钢丝绳将这段架体与主体结构拉吊连接,将每段的荷载卸给主体结构。

【参考图文】

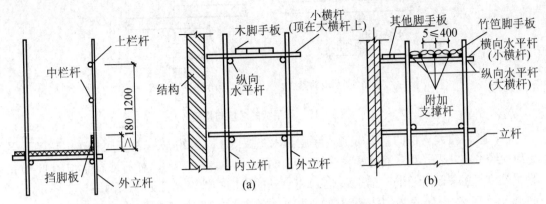

图 11-13　栏杆与挡脚板　　　　　图 11-14　两种脚手板的布置方式

5．拆除要求

(1) 脚手架的拆除应按专项方案施工，拆除前应全面检查架体是否完整、有没有缺陷，清理架上杂物和地面的障碍物。拆除作业应设专人指挥，分工明确、统一行动，各人应具有足够的工作面。

(2) 拆除作业必须由上而下逐层进行，严禁上下同时作业；连墙件必须随脚手架逐层拆除，严禁先将连墙件整层或数层拆除后再拆脚手架；分段拆除的高差大于两步时，应增设连墙件加固。

(3) 当拆至下部最后一根长立杆的高度时，应先用临时抛撑加固后，再拆连墙件。当分段、分立面拆除时，对不拆的部分要先行加固连墙件和斜撑，然后才能拆除先拆的部分。

(4) 卸料时各构配件严禁抛掷至地面。运至地面的构配件应及时检查、整修与保养，并应按品种、规格分别存放。

6．受力分析

(1) 钢管脚手架属于特殊的钢结构，需要遵守结构体系的共同规律：经过整体设计、结构计算并注意构造要求。架体的受力影响因素多，工作状况变化大，准确计算很困难，需作简化。经过实践总结和试验证实，只要将主节点上的大小横杆都用扣件直接与大立杆相连，所有交叉节点都可以看成是铰接点。

(2) 计算的目的不是选择截面，而是复核立杆的间距。

(3) 还要靠一系列构造措施来保证它的安全。搭设和使用过程中，大小横杆与立杆相连的主节点，必须连接牢固，任何时候都不能松开；详见《建筑施工扣件式钢管脚手架安全技术规范》(JGJ 130—2011)。

受力分析如图 11-15 和图 11-16 所示。

7．特点和适用性

落地式钢管扣件脚手架承载力高，安全可靠，操作简单，装拆灵活，一次投资，可重复使用，比较经济；但使用材料多，搭拆消耗劳动力大，施工效率低，扣件易损易丢，搭设质量与人的因素关系较大；适用作多层或一般高层建筑施工用的双排落地或不落地式的脚手架，模板的支撑架。

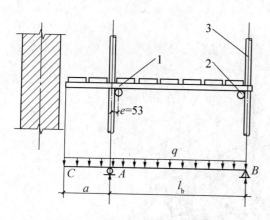

图 11-15　横向水平杆的计算简图

1—横向水平杆(小横杆)；
2—纵向水平杆(大横杆)；3—立杆

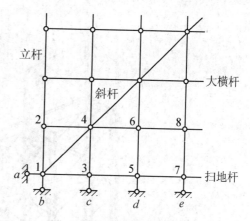

图 11-16　纵向构架的机动分析

11.1.3　门形组合钢管脚手架

(1) 这是 20 世纪 80 年代引进的定型、组合、多功能的脚手架。单层用在楼层内作移动式脚手架，供砌墙、抹灰、室内装饰和设备安装等多工种使用；多层可作为多层建筑的外脚手架、模板的支撑架(图 11-17、图 11-18)。

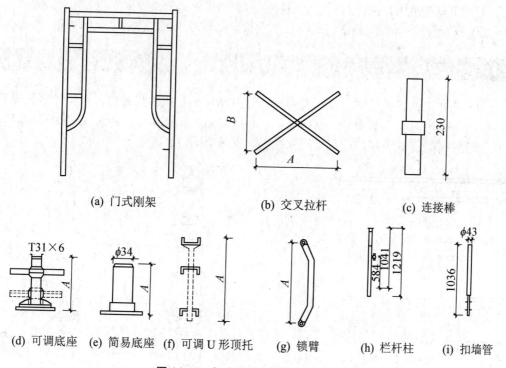

(a) 门式刚架　　　　　　(b) 交叉拉杆　　　　　　(c) 连接棒

(d) 可调底座　(e) 简易底座　(f) 可调 U 形顶托　　(g) 锁臂　　(h) 栏杆柱　(i) 扣墙管

图 11-17　门式脚手架的主要部件

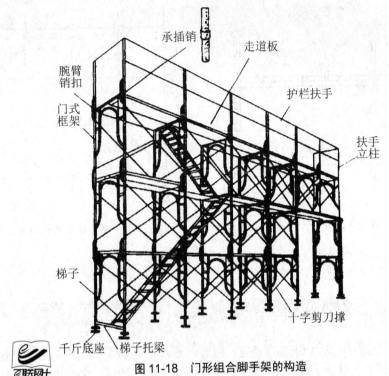

图 11-18　门形组合脚手架的构造

(2) 它的特点是：操作简单，装拆灵活，搬运方便，承载力好，安全可靠；但耗材仍多，搭拆劳动强度大，用作脚手架要有特别的加强措施。

(3) 安全规定：《建筑施工门式钢管脚手架安全技术规范》(JGJ 128—2010)。

11.1.4　其他形式的外墙脚手架

(1) 碗扣式钢管脚手架：基本构件和搭设方法与钢管扣件式相似，节点连接依靠碗扣和插销，操作简单，装拆灵活，结构可靠，通用性强，承载力大。由于它的立杆按 0.5m 分节，步高只有 2m 这一档，广东多用作模板的支撑架(图 11-19)。

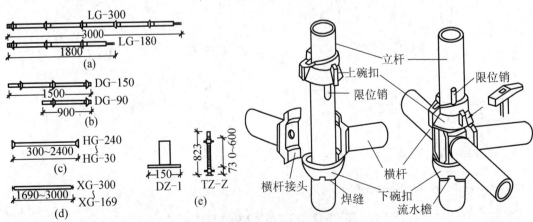

图 11-19　碗扣式脚手架的基本构配件

(2) 外挑式钢管脚手架：是一种下部不落地的脚手架，利用建筑结构外边缘向外伸出的悬臂结构，将脚手架下端固定在悬臂结构上，上部所有荷载通过专门的拉吊构造传给主体结构。高层建筑施工经常会用到这种做法(图 11-20、图 11-21)。

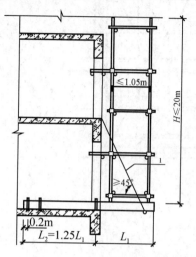

图 11-20 外挑式钢管脚手架

图 11-21 悬挑钢梁构造

1—木侧向紧；2—两根 1.5m 长，直径 18mm 的 HRB335 钢筋

(3) 吊篮：属于悬吊式可升降的高空操作机具，悬挂点要固定在建筑物的顶部，用伸臂和钢丝绳挂住吊篮，在建筑物外墙面外，靠电动控制上下升降。现在高层和超高层建筑的外墙装修广泛使用这种工具(图 11-22)。

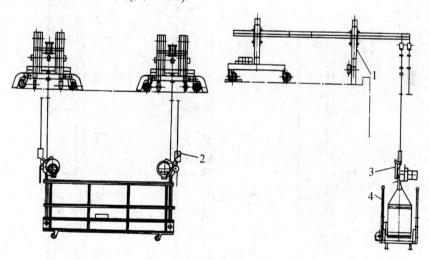

图 11-22 电动吊篮的构造

1—屋面支承系统；2—安全锁；3—提升机构；4—吊篮架体

(4) 附着升降式脚手架：附着升降式脚手架是一种适合高层建筑施工的活动脚手架，只搭设 5～6 层高的架体，分单元附在高层建筑主体结构的外侧，各单元都带有独立的升降设备，根据施工需要可以分单元升降或整体升降，主体结构施工时逐渐上升，外墙装饰施工时又逐渐下降，最后降至地面，拆除(图 11-23、图 11-24)。

【参考图文】

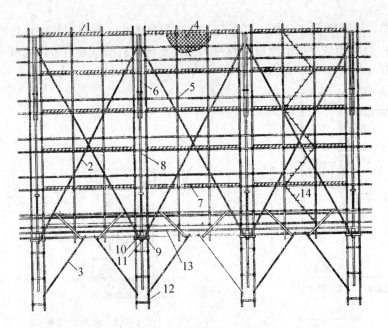

图 11-23 附着升降式脚手架立面

1—安全顶棚；2—剪刀撑；3—斜撑；4—安全立网；5—楔紧式碗扣；
6—防倾双重单轨；7—脚手架；8—导轨；9—承重架；10—提升机；
11—防坠装置；12—装拆导轨用的吊篮；13—木桁架；14—楼梯

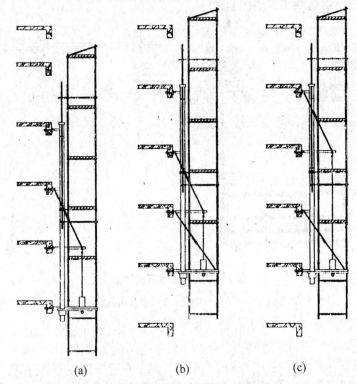

(a)   (b)   (c)

图 11-24 附着升降式脚手架提升原理示意

11.1.5 室内活动式脚手架

【参考图文】

常用的有下列 3 种：门型组合钢管脚手架加脚手板；角钢折叠式活动支架加脚手板(图 11-25)；钢管折叠式活动支架加脚手板(图 11-26)。

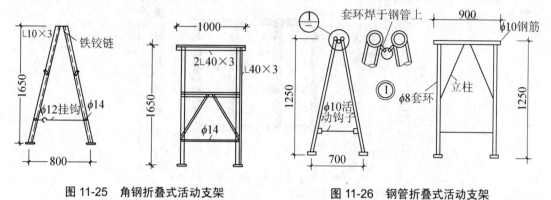

图 11-25　角钢折叠式活动支架　　　图 11-26　钢管折叠式活动支架

11.1.6 脚手架的安全规定

(1) 脚手架是一种供高处作业使用的临时性结构架，危险性较大，必须注意搭拆和使用中的安全。

(2) 脚手架搭拆人员必须受过专门培训，经国家统一考试合格，取得架子工岗位资格证书，身体健康、能够从事高处作业；作业人员应遵守劳动纪律，使用过程中应保证不得超载。

(3) 材料、配件必须先经检查合格。

(4) 搭拆方案应经严格设计、计算，安全防护措施应列入施工组织设计，方案和措施必须经批准，按方案实施；搭设完工要经过专门的检查验收；使用中要定期检查；所有检查要留有资料和相关人员的签证。

(5) 混凝土输送管道、吊装或提升用的拔杆都必须单独安装，不得附着在脚手架上。

(6) 架体下端须与防雷接地系统有可靠连接；六级及以上大风、大雾、大雨、大雪天气应停止上架作业；暴风雨后应先检查各项安全完好，才能准许使用。

【工程案例：广东国际大厦主楼的脚手架方案】

广州市环市中路广东国际大厦主楼(63 层)，正方形的混凝土筒体结构，地面以上总高200.18m，22 层以上为标准层，以下逐渐加宽(图 11-27、图 11-28)。考虑安装幕墙的需要，经多方案论证，选用悬挂拉吊式扣件钢管脚手架(图 11-29)。用 $\phi 51 \times 3.5$ 的钢管，大立杆内外中距(即脚手架宽)，6～21 层为 1m，22 层以上为 0.8m；内立杆距幕墙面净距为 0.3m；立杆水平间距为 2m，大横杆间距(步距)为 3m，与结构层同高；每隔 5 层拉吊一次；因下大上小到 22 层以上才等截面，故每排立柱不可能通到底，由外至内共设置了 6 排。按搭设顺序，下一排的内管是上一排的外管。

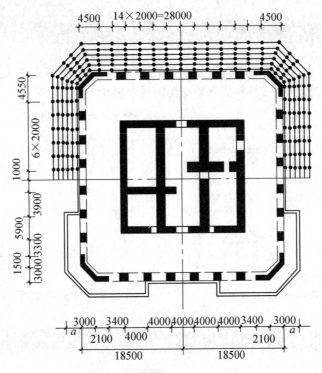

图 11-27　钢管脚手架平面布置

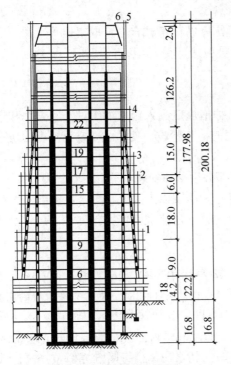

图 11-28　脚手架立面图

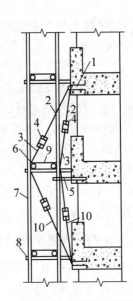

图 11-29　脚手架的拉吊

1—φ11 吊环；2—φ12 钢筋吊杆；3—φ12.5 钢丝绳；4—M20 花篮螺栓；5—连墙杆；6—大横杆；7—立杆；8—小横杆；9—脚手架；10—拉杆

【任务实施】

实训任务：编制 A 学院第 13 号教师住宅楼双排落地钢管扣件脚手架搭拆方案。

【技能训练】

(1) 熟悉相关施工图纸和施工规范，收集相关数据。

(2) 按落地双排钢管扣件脚手架的要求，经过小组讨论拟定搭拆方案。

(3) 绘制相应的施工图纸。

(4) 形成完整的方案文件。

工作任务 11.2　工地的垂直运输配置

11.2.1 垂直运输的重要性

(1) 随着建筑物层数的增加，建筑施工中的垂直运输量很大，建造用材料每平方面积的用量：混凝土为 $0.36\sim0.60\text{m}^3$，钢筋为 $30\sim100\text{kg}$，模板及支撑架一般按 3 层数量准备，还有墙体材料、装饰材料、建筑垃圾、施工用的各种设备、施工人员每天的上下等。

(2) 一个建筑工地选择哪些垂直运输设备，如何配置，直接影响到工程进度，以及施工工期、效率和成本。

11.2.2 垂直运输设备配置的基本要求

(1) 运输能力应满足施工生产和计划工期的需要。

(2) 力求能充分发挥所配备所有设备的作用。

(3) 要本企业、本项目可行，经济上比较节省。

(4) 配置方案应在进行技术经济比较后确定。

11.2.3 常用的配置方案

1. 高层建筑施工

高层建筑施工应配有塔式起重机、布料杆、人货两用电梯、混凝土泵、在脚手架内搭设的步梯。

2. 多层建筑施工

多层建筑施工应配有钢井架、带布料杆的混凝土泵车、在脚手架内搭设的步梯。

11.2.4 几种常用建筑机械的特点

1. 附着自升式塔式起重机(详结构安装项目中的内容)

(1) 特点：附着在施工的建筑物外侧，随建筑物升高而塔身自己也能升高，可做物料的水平和垂直运输。

(2) 主要参数：最大和最小吊臂长度、对应的最小和最大起重量、起重力矩、最大起吊高度。

(3) 应通过作平面图和计算来选择安装位置和吊臂的长度；通过作剖面图和计算来确定塔式起重机的起吊高度。

2. 内爬自升式塔式起重机(详结构安装项目中的内容)

(1) 特点：安装在施工的建筑物内部，随建筑物升高而塔身自己也能爬高，可做物料的水平和垂直运输。

(2) 主要参数：最大和最小吊臂长度、对应的最小和最大起重量、起重力矩、最大起吊高度。

(3) 应通过作平面图和计算来选择安装位置和吊臂的长度；通过作剖面图和计算来确定塔式起重机的安装高度。

3. 混凝土输送泵(详混凝土工程项目中的内容)

(1) 作用：混凝土运输车、输送泵和布料杆组合在一起，构成了混凝土垂直和水平输送的设备；多层建筑常用带布料杆的混凝土泵车。

(2) 原理：混凝土是一种混合型的流体，在一定压力作用下，混合体在管内产生流动，容重较小的水泥浆流向管壁，形成润滑层，容重大的砂石仍在管中流动，泵为双缸，轮流推进，使混凝土不间断地送出。

(3) 主要参数如下。

① 最大输送效率(m^3/h)。

② 最大输送压力(MPa)。

③ 最大输送高度(m)。

④ 最大输送距离(m)。

(4) 详见《混凝土泵送施工技术规程》(JGJ/T 10—2011)。

4. 人货两用施工电梯

1) 作用

人货两用施工电梯用于人员、砖、箍筋、模板配件、小型机具等的垂直运输，起重量为 1~2t，运行速度为 0.5~0.75m/s。

2) 构造

人货两用施工电梯可接高的钢支柱，两边有垂直齿条，各与一个箱笼连接，每个箱笼上都有驱动用的电动机，钢支柱在每个楼层处都要与主体结构拉连固定，箱笼每端都有供人货进出的开关门，主体结构上有对应的层门。人或货物进笼后，要先关好笼门，才能启动上下升降，司机就在笼内控制，到达目标层后可自动平层，停稳后才能打开笼门和层门，进出人或货物(图 11-30)。

3) 注意

散体物料要用斗车装好再推进箱笼内，关好门才能升降，停稳了才能开门进出，不能超载。

5. 货运提升钢井架或龙门架

1) 作用

货运提升钢井架或龙门架用于砖、箍筋、小块模板、支撑配件、小型机具等的垂直运输，起重量 1t 以内；运行速度为 0.5m/s。

2) 井架构造

如图 11-31 所示，货运钢井架由角钢件用螺栓组合成四柱或六柱的钢架，需一次安装就位，初期全靠风缆固定，随着主体结构完成，才能在楼层处与主体结构相连；配卷扬机，成为简易的提升机具，一般应配有多种安全装置(自动平层、过载显示、防冲顶、防下坠、对讲联络、层门防护、周边防护网等)。

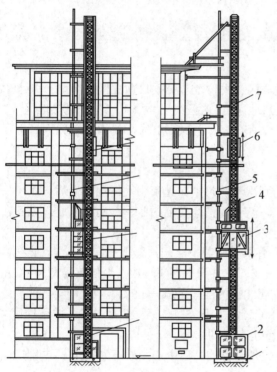

图 11-30　人货两用施工电梯

1—混凝土基础；2—底笼；3—吊笼；4—小吊杆；
5—架设安装杆；6—平衡杆安装；7—导航架

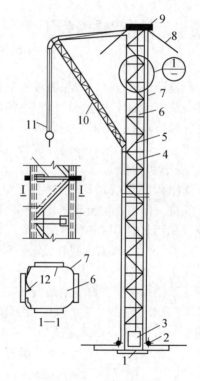

图 11-31　货运钢井架

1—垫木；2—地轮；3—吊盘；4—钢丝绳；
5—斜撑；6—平撑；7—主柱；8—缆风绳；
9—天轮；10—吊臂；11—吊绳；12—导轮

3) 注意事项

货运钢井架安全度较低，规定只能运货，不得载人。

【任务实施】

实训任务：拟定 A 学院第 13 号教师住宅楼垂直运输设备配置方案。

【技能训练】

通过实地调研和讨论，由学生拟定 A 学院第 13 号住宅楼垂直运输设备配置方案。

工作任务 11.3　季节性施工措施

11.3.1　广东的气候特点

1. 总气候特点

按照我国气候分区，广东跨越两个气候分区：大体上从韶关市曲江区南缘画一条水平线，这条线以南的广大地区，属于"冬暖夏热地区"，这条线以北属于"冬冷夏热地区"。

总气候特点是：夏长冬短，冰冻少见，偶有奇寒；台风影响大，暴雨雷电频繁。主要气象灾害是台风、暴雨、寒潮、雷暴、高温。

2. 季节和温度

冬季(平均气温≤10℃)从 12 月下旬开始到次年 2 月中旬结束；大体上，平远—龙川—新丰—英德—阳山以南全年平均气温≥10℃，没有真正意义上的冬季；此线以北，尤其在北部偏北和西北的山区冬季时间较长；南北差异较大。

极端最低气温：0℃大致在澄海—普宁—海丰—东莞—广州—恩平—信宜一线，此线以北最低气温在 0℃以下；大埔—龙川—紫金—龙门—佛冈—怀集一线，最低气温在−4℃左右；东北部的梅县和兴梅盘地最低−7.3℃，西北部的连州最低−6.9℃。

夏季(平均气温≥22℃)时间：北部偏北和西北的山区 5 月初至 10 月中旬，中部地区 4月中旬至 10 月下旬，南部湛江、茂名 4 月上旬至 11 月中旬。

极端最高气温：一般北部高于南部，韶关是全省的高温中心，最高为 42℃；中部广州最高为 38.7℃；南部和沿海一般最高为 38℃。

3. 降雨

全省年降雨量多在 1500~2000mm 范围内，与海陆、地形、山脉有关。沿海年降雨量大，北部山区年降雨量少得多。有几个多雨中心：恩平为 2548mm，阳江为 2280mm，海丰为 2405mm，普宁为 2100mm，清远为 2202mm，佛冈为 2198mm。夏半年(4—9 月)高温、湿润、多雨，占全年雨量的 70%~85%；主峰在 6 月主要为锋面低槽降水，次峰在 9 月为台风降水。

4. 风

风向受季风主宰，以大埔—丰顺—惠阳—中山—台山—阳江—廉江一线为界，此线以北以偏北风为主，中、西部地区以北偏东风居多，东部地区则多北偏西风，此线以南地区以偏东风为主；年 8 级及以上大风的日数：南澳 91 天，上川 34 天，其余地区一般 2～4 天，其中西北、东北部的山区 2 天以下。台风出现在每年的 5—10 月，台风袭来时常出现狂风、暴雨和大海潮，破坏力极大。

台风带来的降水可占年降水量的 40%～50%，最大日降水量为 760mm，最大过程降水量为 1078mm，主要对广东沿海和中部内陆有严重影响。

5. 雷暴

广东是全国雷暴多发区之一，年平均雷暴日：东部和南部沿海地区 50～75 天，北部地区 75～80 天，中部广大地区 80～100 天，其中广州 81 天；西南部地区 100 天左右，而雷州半岛有 110 天。

11.3.2 广东季节性施工的原则

(1) 在了解和掌握当地气候特点的基础上，要充分利用好每年 11 月到来年 4 月天气较凉、干燥，灾害性天气较少的时段，完成土方、基坑、结构吊装、混凝土浇筑和室外装修等作业。

(2) 真正意义上的冬季(日平均气温低于＋5℃的时间)较短，气温过低会影响施工质量，如浇筑和养护混凝土、砌砖、抹灰等分项工程。首先要尽量安排到温度较高的时段施工，若不行就要采用局部加温的措施，加温期从施工准备开始到施工完成后养护期结束止。秋冬季节是干燥、较寒冷的季节，还要注意做好防火、防寒、防毒、防滑等工作，尤其对焊接等现场作业要有挡风设施，对装饰材料要做好防护措施，防止干燥开裂或变形。

(3) 广东的雨期持续时间较长，常伴有雷电、强风和暴雨，重点采取措施防暑、降温、防雷暴、防暴雨、防台风的工作。从人力、物资、设备、场地等方面做好防灾应急准备；搞好各种机械设备、设施和人员活动场所的防雷，注意整个场地的防洪、截水、排水，防滑坡、防塌方、防止地表水流入地下工作面；做好对各种材料、施工机械设备的防雨、防潮、防漏电措施。

(4) 季节性施工的方案要有针对性和可操作性，要经济合理、具体适用，满足施工工期的要求。将不宜在雨期施工的工程提前或延后安排，对必须在雨期施工的工程制定有效的措施，注意短期的天气预报，组织突击施工，晴天抓紧室外工作，雨天安排室内工作。

11.3.3 雨期施工措施要点

1. 土方和基础工程

工程量大的土方和基础工程，一般应安排在雨季来临之前完成，如必须在雨季施工，则要求工作面不宜过大，逐级、逐段分批来做，采取措施使施工作业区内不得积水；注意基坑边坡稳定，防止出现塌方，必要时放缓边坡或进行坡面保护；基坑不得被雨水浸泡；土方完成后须及时验收做垫层和基础，基础完工及时回填土方；地下室部分应先经过抗浮验算后没有问题，才能停止人工降低地下水位，否则应待上部结构建设到一定高度，达到抗浮要求后才能停止降水。

2．砌体工程

雨季做砌体工程施工，砖或砌块应集中堆放，不宜浇水；被雨水湿透的砖或砌块不能用来砌筑；每天砌筑高度不宜超过 1.2m；如遇到大雨必须停工，雨后先检查后再复工；已砌筑的墙体要用防雨布遮盖；稳定性较差的窗间墙，应加临时支撑或压顶过梁(圈梁)。

3．钢筋混凝土工程

特别要注意模板、支撑系统的牢固稳定，支撑下面的回填土必须夯实，上面浇筑素混凝土垫层，垫层上还须设木枋(板)支承；浇筑混凝土前才能刷隔离剂，防止隔离剂被雨水冲刷掉；已拌好的混凝土在运输过程中要防止雨水渗入；雨期浇筑混凝土，应根据结构的情况和可能设施工缝，遇到大雨就停止浇筑，已浇筑的要及时覆盖保护；大雨后对已浇部分做全面检查，若水泥流失较多或模板有较大变形，就要拆除清理，经过修整重新浇筑混凝土。

4．结构吊装工程

构件堆放地点应平整坚实，四周要做好排水，严禁堆放区地面积水、浸泡，要防止泥土粘到构件和预埋件上；起重机行走路线上应预先填出比周边高出150mm 以上的路基；雨天吊装前，先做试吊，将构件慢慢吊离地面约 1m 高时暂停，反复多次证明能稳定起吊，然后再进行正式吊装。

5．屋面工程

雨天严禁屋面施工；保温材料、防水材料都不得淋雨；若必须在雨季施工时，应先在屋面上做个挡雨棚，用人工方法将屋面基层干燥，然后才能做屋面防水层，做好防水层后要及时覆盖。

6．装饰工程

雨天不得做室外装饰工程施工，对已做的抹灰、贴砖等装饰面层要覆盖防护；应注意防止雨水经未密封的门窗洞口进入室内影响室内装饰工程施工质量；雨天不宜做罩面油漆；顶层室内抹灰应在屋面防水层完成后才能进行施工。

11.3.4 防雷电的措施

(1) 雷电和雨季大都同时出现，但有时没有雨也有雷电，雷电常带有突然性，对工地上的人员、机械和临时建筑物带来危害，是广东省内施工的另一大影响因素。

(2) 对施工现场要统一规划，合理布置避雷针、避雷网，尽量利用永久工程的防雷装置，与地下工程一起施工，最先发挥保护作用。

(3) 现场的金属屋面，高大的机械设备(如塔式起重机、人货电梯)、钢脚手架等，下部应与防雷接地相连，上部应设避雷针。

(4) 施工现场必须使用三相五线制供配电，所有的电气设备都应有重复接地、防漏电保护的可靠措施。

11.3.5 防风暴的措施

(1) 按当地的标准风压和地形、地貌特征，在施工组织设计中充分考虑防风暴的措施，尤其是对沿海地区要考虑防台风侵袭。

(2) 高大的脚手架要按照当地风压来设计计算，做好拉吊固定。

(3) 六级以上大风到来之前要停止一切高空作业，固定好高大塔式起重机的塔身，千万要放开吊臂，使其能自由转动。

(4) 台风和暴雨过后，先要全面检查各项设施、设备是否正常、可靠，需要维修加固的先处理好再复工。

11.3.6 高温下施工的措施

(1) 尽可能在高温期间安排室内作业。

(2) 确实要进行露天作业的，应避开每天中午的高温时段。

(3) 地下工程要注意做好通风降温。

(4) 施工人员要做好工作和生活上的防暑、防晒、通风、降温。

【任务实施】

实训任务：编制 A 学院第 13 号教师住宅楼的季节性施工措施。

【技能训练】

通过实地调查了解广州市从化区的气候特点，经讨论由学生拟定 A 学院第 13 号教师住宅楼季节性施工措施。

工作任务 11.4　建筑施工安全文明基础知识

11.4.1 建筑安全的含义

(1) 在整个施工过程中，必须确保全体施工人员的生命安全、身体健康。

(2) 建筑生产顺利进行，不发生安全事故，工程质量达到合格。

(3) 工地内的材料、设备保护良好，使用正常。

(4) 工地周边环境质量不因施工而受到损害。

11.4.2 建筑施工安全的重要意义

(1) 人身安全关系到每个员工的切身利益和千家万户的幸福快乐，因此进入工地的每一个人都必须严格遵守工地的各项安全纪律。

(2) "安全第一、质量至上"是现代企业生产经营的根本方针，是企业经济保持不断增长的基础，是所有施工企业的头等大事。

(3) 建筑产品质量的好坏，施工生产过程工地内的人和物对工地周边的环境有没有影响，这是直接关系到社会的安定繁荣和人民安居乐业的大事。

(4) 所以，安全生产无论对个人、对企业、对社会都是重于泰山的大事。

11.4.3 安全生产对建筑施工行业特别重要

(1) 建筑施工是一个特殊的工业生产行业。

(2) 产品形式多样，产品位置固定，结构复杂，耗资巨大。

(3) 施工周期长，多为露天作业，临水临电临设施，多工种交叉作业，机械化程度低，有大量素质较低、流动性较大的民工。

(4) 在整个施工过程中，危险因素多，稍有不慎，随时都有可能发生伤亡事故或质量事故。

(5) 目前建筑施工的事故发生率仅次于采矿业，高居全国各行业的第二位。

11.4.4 施工现场常见的安全事故和预防

(1) 因作业面高，洞、坑、沟、边多，若周围防护不严，容易发生高处坠落事故；注意应做好"四口""五临边"的防护。

(2) 因作业面上堆放了各种物资器材，生产过程中若乱抛乱放，易发生物体打击；工作人员应按规定位置堆放各种物资器材，不得乱丢乱放。

(3) 因临电、设备多、移动频繁，易引起触电事故；现场需用三相五线制供配电，各用电点设置"一机、一闸、一漏电保护开关"防护(即一台施工机械应设置一个闸刀开关和一个漏电保护开关)，并做好防雷接地保护；操作人员穿戴好防护用品。

(4) 因电动机械多若维护操作不当，易引起机械伤害；专人操作，持证上岗。

(5) 在拆除作业、土方开挖、沟槽或基坑支护过程中，容易出现坍塌事故；必须按照相应的安全操作规程来做。

(6) 在木模板拆除施工中，若不能及时清理，有可能被残留的生锈铁钉刺伤；必须按照相应的安全操作规程来做。

(7) 由于公共食堂管理不严格或员工个人卫生差，容易引起食物中毒；严格管理公共食堂，保障员工饮食安全。

(8) 建筑业常见的职业病有中暑(长期高温作业)、腰痛(长期不断弯腰作业)、青光眼(经常受强烈光线照射的焊接等工种)、矽肺(常接触粉尘的岗位)等；注意劳逸结合，定期检查身体健康，及时治理职业病害。

11.4.5 建筑施工安全的主要规定

1. 法律法规

法律法规有《中华人民共和国劳动法》《中华人民共和国安全生产法》《中华人民共和

国建筑法》《建筑安全生产管理条例》等。建筑施工现场的安全统一由施工企业负责,进入工地现场的所有人员都应遵守工地的安全纪律,服从统一管理,个人违章违纪造成事故要承担相应的责任。

2. 建筑安全生产的基本方针

(1) 安全第一(必须保证在安全条件下进行生产)。

(2) 预防为主(立足于事前做好防范工作,尽量避免事故发生)。

(3) 群防群治(国家监察,行业管理,企业负责,群众监督,劳动者遵章守纪,共同保障安全生产的实现)。

3. 施工现场的安全文明设施要求摘要

(1) 应对整个施工现场进行封闭式管理,建有围墙,设置出入口和门卫,场内道路畅通、场地排水顺畅,地面经硬化处理。

(2) 大门应设有本企业标志,进门处悬挂工程概况、管理人员名单及监督电话、安全生产、文明施工、消防保卫 5 块标牌和施工现场总平面图。

(3) 现场材料应分类堆放整齐;对易燃、易爆和有毒有害物品应分别专门存放;挂有明显标识,专人管理。

(4) 现场消防器材配置合理,符合消防要求。

(5) 现场办公、生活区与作业区分开设置,保持安全距离;食堂、宿舍、厕所、浴室要符合安全、整洁、卫生的要求等。

(6) 在现场主要地段挂有安全标志;临边、洞口、交叉、高处作业区设有专门的防护设施;脚手架外满挂安全网,进出口和临街的上方设安全挡板。

(7) 现场应设置密闭式垃圾站,施工垃圾、生活垃圾应分类存放;施工垃圾必须采用相应容器或管道运输。

(8) 对用电、用火,防雷、防机械伤害的各种安全防护设施应齐备。

4. 施工现场的安全管理规定

(1) 施工企业必须建立和健全各级安全生产责任制。

(2) 施工企业必须对全体人员开展安全教育,落实安全禁令,劳动者先接受安全教育,掌握安全生产必备的知识后才能上岗操作。

(3) 施工企业必须给劳动者正确配备安全防护用品,劳动者应合理使用。

(4) 施工企业的管理者应加强安全监督检查,发现问题及时处理。

(5) 保证在安全环境下才能进行施工生产。

(6) 特种作业人员必须身体健康、持证上岗等。

(7) 施工企业应为从事危险作业人员购买工伤保险。

5. 施工安全相关标准

国家标准《建筑施工安全技术统一规范》(GB 50870—2013)、国家行业标准《建筑施工安全检查标准》(JGJ 59—2012)、《建筑机械使用安全技术规程》(JGJ 33—2012)。

【任务实施】

实训任务:编制 A 学院第 13 号教师住宅楼的安全生产施工措施。

通过实地调查了解和讨论，由学生拟定 A 学院第 13 号教师住宅楼安全生产施工措施。

工作任务 11.5　绿色施工措施

11.5.1　绿色施工概述

(1) 绿色施工是指工程建设中，在保证质量、安全等基本要求的前提下，通过科学管理和技术进步，最大限度地节约资源，减少对环境的负面影响，实现"四节一环保"(节能、节地、节水、节材和环境保护)的施工活动。

(2) 当今人类已经认识到臭氧层被破坏、居高的碳排放量和环境污染，给人类生存的地球造成了严重威胁。传统的建筑业无论是施工过程，还是大量建成的建筑物都是高污染、高碳排放的大户。保护地球，建筑业责无旁贷。

(3) 绿色施工总体上由施工管理、环境保护、节材与材料资源利用、节水与水资源利用、节能与能源利用、节地与施工用地保护 6 个方面组成。

(4) 绿色施工就是要鼓励发展绿色施工的新技术、新设备、新材料与新工艺应用；发展适合绿色施工的资源利用与环境保护技术，限制或淘汰落后的施工方案，鼓励绿色施工技术的发展，推动绿色施工技术的创新。

(5) 绿色施工倡导大力发展现场监测技术、低噪声的施工技术、现场环境参数检测技术、自密实混凝土施工技术、清水混凝土施工技术、建筑固体废弃物再生产品在墙体材料中的应用技术、新型模板及脚手架技术的研究与应用。

(6) 绿色施工应当是将"绿色方式"作为一个整体运用到施工中去。

11.5.2　绿色施工的技术措施

1. 环境保护方面

1) 控制扬尘

(1) 运送土方、垃圾、设备及建筑材料等不污损场外道路。运输容易散落、飞扬、流漏物料的车辆，必须采取措施封闭严密，保证车辆清洁。施工现场出口应设置洗车槽。

(2) 土方作业阶段，采取洒水、覆盖等措施达到作业区目测扬尘高度应小于 1.5m，不扩散到场区外。

(3) 结构施工、安装装饰装修阶段，作业区目测扬尘高度应小于 0.5m。对易产生扬尘的堆放材料应采取覆盖措施；对粉末状材料应封闭存放；场区内可能引起扬尘的材料及建筑垃圾搬运应有降尘措施，如覆盖、洒水等；浇筑混凝土前，清理灰尘和垃圾时尽量使用吸尘器，避免使用吹风机等易产生扬尘的设备；机械剔凿作业时可用局部遮挡、掩盖、水淋等防护措施；清理高层或多层建筑垃圾，应搭设封闭性临时专用道或采用容器吊运。

(4) 施工现场非作业区达到目测无扬尘的要求。对现场易飞扬物质采取有效措施，如洒水、地面硬化、围挡、密网覆盖、封闭等，防止扬尘产生。

(5) 建(构)筑物机械拆除前，做好扬尘控制计划。可采取清理积尘、拆除体洒水、设置隔挡等措施。

(6) 建(构)筑物爆破拆除前，做好扬尘控制计划。可采用清理积尘、淋湿地面、预湿墙体、屋面敷水袋、楼面蓄水、建筑物外设高压喷雾水系统、搭设防尘栅和用直升机投水弹等综合降尘。选择风力小的天气进行爆破作业。

(7) 在场界四周隔挡高度位置测得的大气悬浮颗粒物(TSP)月平均浓度与城市背景值的差值不大于 $0.08mg/m^3$。

2) 控制噪声与振动

(1) 现场噪声排放不得超过《建筑施工场界噪声限值》(GB 12523—2011)的规定。

(2) 使用低噪声、低振动的机器，采用隔声与隔振措施，避免或减少施工噪声和振动。

3) 控制光污染

(1) 尽量避免或者减少施工过程中的光污染，夜间室外照明灯加设灯罩，透光方向集中在施工范围。

(2) 电焊作业采取遮挡措施，避免电焊弧光外泄。

4) 控制水污染

(1) 在施工现场污水排放应该达到国家标准《污水综合排放标准》(GB 8978—1996)的要求。

(2) 在施工现场应针对不同的污水，设置相应的处理设施，如沉淀池、隔油池、化粪池等。

(3) 污水排放应委托有资质的单位进行废水水质检测，提供相应的污水检测报告。

(4) 保护地下水环境，采用隔水性能好的边坡支护技术，在缺水地区或地下水位持续下降的地区，基坑降水时，尽可能少地抽取地下水。当基坑开挖抽水量大于 50 万立方米时，应进行地下水回灌，并避免地下水被污染。

(5) 对于化学品等有毒材料、油料的储存地，应有严格的隔水层设计，做好渗漏液收集和处理工作。

5) 保护土壤

(1) 保护地表环境，防止土壤侵蚀、流失。因施工造成的裸土，及时覆盖砂石或者种植速生草种，以减少土壤侵蚀。因施工造成容易发生地表径流土壤流失的情况，应采取设置地表排水系统、稳定斜坡、制备覆盖等措施，减少土壤流失。

(2) 沉淀池、隔油池、化粪池等不应发生堵塞、渗漏、溢出等现象。及时清掏各类池内沉淀物，并委托有资质的单位清运。

(3) 对于有害废弃物，如电池、墨盒、油漆、涂料等应回收后交给有资质的单位处理，不能作为建筑垃圾运出或掩埋，避免污染土壤和地下水。

(4) 施工后应恢复施工活动破坏的植被(一般指临时占地内)。与当地园林、环保部门或当地的植被研究机构进行合作，在先前开发地区种植当地或者其他合适的植物，以恢复剩余空地地貌或者科学绿化，补救施工活动中人为破坏植被和地貌造成的土壤侵蚀。

6) 控制建筑垃圾

(1) 制订建筑垃圾减量计划，如住宅建筑每万平方米的建筑垃圾不宜超过 400t。

(2) 加强建筑垃圾的回收再利用，力争建筑垃圾再利用和回收率达到 30%，建筑物拆除产生的废弃物的再利用和回收率大于 40%，对于碎石类、土石方类建筑垃圾，可采用地基填埋、铺路等方式提高再利用率，力争再利用率大于 50%。

(3) 施工现场生活区设置封闭式垃圾容器，施工场地生活垃圾实行袋装化，及时清运。建筑垃圾进行分类，并收集到现场封闭式垃圾站，集中运出。

7) 保护地下设施、文物和资源

(1) 施工前应调查清楚地下各种设施，做好保护计划，保证施工场地周边的各类管道、管线、建筑物、构筑物安全运行。

(2) 施工过程中一旦发现文物，立即停止施工，保护现场并通报文物部门，并协助做好工作。

(3) 避让、保护施工场区及周边的古树名木。

2. 节材与材料资源利用方面

1) 材料节约控制

(1) 图纸会审时，应审核节材与材料资源利用的相关内容，达到材料损耗率比定额损耗率降低 30%。

(2) 根据施工进度、库存情况等，合理安排材料的采购、进场时间和批次，减少库存。

(3) 现场材料堆放有序；储存环境适宜，措施得当；保管制度健全，责任落实。

(4) 材料运输工具适宜，装卸方法得当，防止损坏和遗撒。根据现场平面布置情况就近卸载，避免和减少二次搬运。

(5) 采取技术和管理措施，提高模板、脚手架等的周转次数。

(6) 优化安装工程的预留，预埋，管线路径等方案。

(7) 应就地取材，施工现场 500km 以内生产的建筑材料用量占建筑材料总量的 70%以上。

2) 结构材料的节约与利用

(1) 推广使用预拌混凝土和商品砂浆；准确计算采购数量、供应频率、施工速度等，在施工过程中实行动态控制；大型结构工程使用散装水泥。

(2) 在施工结构材料中，推广使用高强钢筋和高性能混凝土；现场临时设施，应采用可重复使用的工具式结构，减少建筑废弃物的产生，减少资源消耗。

(3) 推广钢筋专业化加工和配送。

(4) 优化钢筋配料和钢构件下料方案，钢筋及钢结构制作前应对下料单及样品进行复核，无误后方可批量下料。

(5) 优化钢结构制作和安装方法。大型钢结构宜采用工厂制作，现场拼装；宜采用分段吊装；整体提升、滑移、顶升等安装方法，减少方案的用材量。

(6) 采取数字化技术，对大体积混泥土，大跨度结构等专项施工方案进行优化。

3) 围护材料的节约与利用

(1) 门窗、屋面、外墙等围护结构选用耐候性及耐久性良好的材料，施工中确保密封性、防水性和保温隔热性。

(2) 门窗采用密封性、保温隔热性能、隔声性能良好的型材和玻璃等材料。

(3) 屋面材料、外墙材料应具有良好的防水性能和保温隔热性能。

(4) 当屋面或墙体等部分采用基层加设保温隔热系统的方式施工时，应选择高效节能、耐久性能好的保温隔热材料，以减少保温隔热层的厚度及材料用量。

(5) 屋面或墙体等部分的保温隔热系统，应采用专门的配套材料，以加强各层次之间的黏结或连接强度，确保系统的安全性和耐久性。

(6) 根据建筑物的特点，优化屋面或墙体的保温隔热材料系统和施工方法，例如保温板粘贴、保温板干挂、聚氨酯硬泡喷涂、保温浆料涂抹等，以保证保温隔热效果，并减少材料浪费。

(7) 加强保温隔热系统与维护结构的节点处理，尽量降低热桥效应。针对建筑物的不同部位保温隔热特点，选用不同的保温隔热材料及系统，以做到经济适用。

4) 装饰装修材料的节约与利用

(1) 贴面类材料在施工前，应进行总体排版策划，减少非整块材的数量。

(2) 采用非木质的新材料或人造板材代替木质板材。

(3) 防水卷材、壁纸、油漆及各类涂料基层必须符合要求，避免起皮、脱落。各类油漆及胶粘剂应随用随开启，不用时及时封闭。

(4) 幕墙及各类预留预埋应与结构施工同步。

(5) 木制品及木装饰用料、玻璃等各类板材等宜在工厂采购或定制。

(6) 采用自粘类片材，减少现场液态胶粘剂的使用量。

5) 周转材料的节约与利用

(1) 应选用耐用、维护与拆卸方便的周转材料和机具。

(2) 优先选用制作、安装、拆除一体化的专业队伍进行模板工程施工。

(3) 模板应以节约自然资源为原则，推广使用定型铝合金模板、钢模板、钢框竹模板、竹胶合板模板。

(4) 施工前应对模板工程的方案进行优化。多层、高层建筑使用可重复利用的模板体系，模板支撑宜采用工具式支撑。

(5) 优化高层建筑的外脚手架方案，采用整体提升、分段悬挑等方案。

(6) 推广采用外墙保温板代替混凝土施工模板的技术。

(7) 现场办公和生活用房采用周转式活动房。现场围挡应最大限度地利用已有围墙，或采用装配式可重复使用围挡封闭。力争工地临房、临时围挡材料的可重复使用率达到70%。

3．节水与水资源利用方面

1) 提高用水效率

(1) 施工中采用先进的节水施工工艺。

(2) 施工现场喷洒路面、绿化浇灌不宜使用市政自来水，现场搅拌用水、养护用水应采取有效的节水措施，严禁无措施浇水养护混凝土。

(3) 施工现场供水管网应根据用水量设计布置，管径合理、管路简捷，采取有效措施减少管网和用水器具的漏损。

(4) 现场机具、设备、车辆冲洗用水必须设立循环用水装置。施工现场办公区、生活区的生活用水采用节水系统和节水器具，提高节水器具配置比率。工地临时用水应使用节水型产品，安装计量装置，采用针对性的节水措施。

(5) 施工现场建立可再利用水的收集处理系统，使水资源得到梯级循环利用。

(6) 施工现场分别对生活用水与工程用水确定用水定额指标，并分别计量管理。

(7) 大型工程的不同单项工程、不同标段、不同分包生活区，凡具备条件的应分别计量用水量。在签订不同标段分包或劳务合同时，将节水定额指标纳入合同条款，进行计量考核。

(8) 对混凝土搅拌站点等用水集中的区域和工艺点进行专项计量考核。施工现场建立雨水、中水或可再利用水的收集利用系统。

2) 非传统水源利用

(1) 优先采用中水搅拌、中水养护，有条件的地区和工程应收集雨水养护。

(2) 处于基坑降水阶段的工地，宜优先采用地下水作为混凝土搅拌用水、养护用水、冲洗用水和部分生活用水。

(3) 现场机具、设备、车辆冲洗、喷洒路面、绿化浇灌等用水，优先采用非传统水源，尽量不使用市政自来水。

(4) 大型施工现场，尤其是雨量充沛地区的大型施工现场建立雨水收集利用系统，充分收集自然降水用于施工和生活中适宜的部位。

(5) 力争施工中非传统水源和循环水的再利用量大于30%。

3) 用水安全

在非传统水源和现场循环再利用水的使用过程中，应制定有效的水质检测与卫生保障措施，避免对人体健康、工程质量及周围环境产生不良影响。

4. 节能与能源利用方面

1) 节能措施

(1) 制定合理施工能耗指标，提高施工能源利用率。

(2) 优先使用国家、行业推荐的节能、高效、环保的施工设备和机具，如选用变频技术的节能施工设备等。

(3) 施工现场分别设定生产、生活、办公和施工设备的用电控制指标，定期进行计量、核算、对比分析，并有预防与纠正措施。

(4) 在施工组织设计中，合理安排施工顺序、工作面，以减少作业区域的机具数量，相邻作业区充分利用共有的机具资源。安排施工工艺时，应优先考虑耗用电能，或其他能耗较少的施工工艺。避免设备额定功率远超使用功率或超负荷使用设备的现象。

(5) 根据当地气候和自然资源条件，充分利用太阳能、地热等可再生能源。

2) 机械设备与机具的节能与能源利用

(1) 建立施工机械设备管理制度，开展用电、用油计量，完善设备档案，及时做好维修保养工作，使机械设备保持低能耗、高效率的状态。

(2) 选择功率与负载相匹配的施工机械设备，避免大功率施工机械设备低负载长时间运行。机电安装可采用节电型机械设备，如逆变式电焊机和能耗低、效率高的手持电动工具等，以利节电。机械设备宜使用节能型油料添加剂，在可能的情况下，考虑回收利用，节约油量。

(3) 合理安排工序，提高各种机械的使用率和满载率，降低各种设备的单位耗能。

3) 生产、生活及办公临时设施的节能与能源利用

(1) 利用场地自然条件，合理设计生产、生活及办公临时设施的体形、朝向、间距和窗墙面积比，使其获得良好的日照、通风和采光。南方地区可根据需要在其外墙窗设置遮阳设施。

(2) 临时设施宜采用节能材料，墙体、屋面使用隔热性能好的材料，减少夏天空调、冬天取暖设备的使用时间及耗能量。

(3) 合理配置采暖、空调、风扇数量，规定使用时间，实行分段分时使用，节约用电。

4) 施工用电及照明的节能与能源利用

(1) 临时用电优先选用节能电线和节能灯具，临时用电线路合理设计、布置，临时用电设备宜采用自动控制装置；采用声控灯、光控灯等节能照明灯具。

(2) 照明设计以满足最低照度为原则，照明不应超过最低照度的1.2倍。

5. 节地与施工用地保护方面

1) 控制临时用地指标

(1) 根据施工规模及现场条件等因素合理确定临时设施，如临时加工厂、现场作业棚及材料堆场、办公生活设施等的占地指标。临时设施的占地面积应按用地指标所需的最低面积设计。

(2) 要求平面布置合理、紧凑，在满足环境、职业健康与安全及文明施工要求的前提下尽可能减少废弃地和死角，临时设施占地面积有效利用率大于90%。

2) 临时用地保护措施

(1) 应对深基坑方案进行优化，减少土方开挖和回填量，最大限度地减少对土地的扰动，保护周边生态环境。

(2) 红线外临时占地应尽量使用荒地、废地，少占用农田和耕地。工程完工后，及时对红线外占地恢复原地形、地貌，使施工活动对周边环境的影响降至最低。

(3) 利用和保护施工用地范围内原有绿色植被。对于施工周期较长的现场，可按建筑永久绿化的要求，安排场地新建绿化。

3) 施工总平面布置优化

(1) 施工总平面布置应做到科学、合理，充分利用原有建筑物、构筑物、道路、管线为施工服务。

(2) 施工现场搅拌站、仓库、加工厂、作业棚、材料堆场等布置应尽量靠近已有交通线路或即将修建的正式或临时交通线路，缩短运输距离。

(3) 临时办公和生活用房应采用经济、美观、占地面积小、对周边地貌环境影响较小、且适合于施工平面布置动态调整的多层轻钢活动板房、钢骨架水泥活动板房等标准化装配式结构。生活区与生产区应分开布置，并设置标准的分隔设施。

(4) 施工现场围墙可采用连续封闭的轻钢结构预制装配式活动围挡，减少建筑垃圾，保护土地。

(5) 施工现场道路按照永久道路和临时道路相结合的原则布置。施工现场内形成环形通路，减少道路占用土地。

(6) 临时设施布置应注意远近结合(本期工程与下期工程)，努力减少和避免大量临时建筑拆迁和场地搬迁。

【任务实施】

实训任务：编制 A 学院第 13 号教师住宅楼的绿色施工技术措施。

【技能训练】

通过实地调查了解广州市从化区的环境特点和讨论，由学生拟定 A 学院第 13 号教师住宅楼绿色施工技术措施。

【本项目总结】

项目 11	工作任务	能力目标	基本要求	主要支撑知识	任务成果
技措项目工程施工	脚手架搭拆方案	能根据拟建建筑物实际，制定脚手架的搭拆方案	初步掌握，能编制施工方案	脚手架的组成原理、质量标准和安全要求	(1) 某工程脚手架搭拆方案
	垂直运输设备的选择和配置	能根据拟建建筑物实际，选择和配备垂直运输设备	初步掌握，能编制配置方案	垂直运输设备的重要性、设备选择配置的原则和方法	(2) 某工程垂直运输设备配置方案
	季节性施工措施	能根据拟建建筑物实际，拟定季节性施工措施	能编制施工方案中的季节性施工措施	本地区的气候特点，拟定季节性施工措施的原则	(3) 某工程季节性施工措施
	建筑施工安全管理	能根据拟建建筑物实际，制定建筑施工安全措施	初步掌握，能编制施工方案中的安全措施	建筑安全生产的理论和相关规定	(4) 某工程安全生产措施

◖ 复习与思考 ◗

1. 什么是脚手架？脚手架有什么作用？脚手架有哪些基本要求？

2. 脚手架怎样分类？用得最多的是哪一种脚手架？

3. 双排落地式钢管扣件脚手架用什么材料和配件来搭设？

4. 什么是立杆纵距、立杆横距和步高？什么是扫地杆、连墙杆、剪刀撑、抛撑和横向斜撑？规范对它们分别有哪些强制性规定？

5. 什么是主节点？规范对脚手架的主节点有什么强制性规定？

6. 请简述双排落地式钢管扣件脚手架的搭设过程和要求。

7. 请简述双排落地式钢管扣件脚手架的构成原理。

8. 请简述双排落地式钢管扣件脚手架的拆除过程和要求。

9. 请简述双排落地式钢管扣件脚手架的特点和适用性。

10. 请简述碗扣式钢管脚手架、门式钢管脚手架、外挑式钢管脚手架、附着升降式脚手架和吊篮的主要构造和使用特点。

11. 为什么说垂直运输设备配置对建筑施工非常重要？

12. 垂直运输设备配置有哪些基本要求？

13. 常用的垂直运输设备有哪些？各有什么作用？

14. 一般多层和高层混凝土结构建筑施工的垂直运输设备怎样配置？

15. 请简述广东的气候特点。有哪些灾害性天气对建筑施工有较大影响？

16. 做好季节性施工的计划有哪些原则？

17. 雨期施工要做好哪些准备工作？

18. 土方和基础工程的雨期施工要注意哪些问题？

19. 如何保证砌体工程雨期施工的质量和安全？

20. 钢筋混凝土工程雨期施工要注意哪些问题？

21. 装饰工程雨期施工要注意哪些问题？

22. 什么叫冬期施工？广东的冬期施工常采取哪些做法？

23. 建筑安全的含义是什么？

24. 建筑施工安全为什么特别重要？

25. 建筑工地常见有哪些安全事故？

26. 国家对建筑施工安全有哪些主要的法律、法规？

27. 施工现场应做好哪些安全设施？

28. 施工现场安全管理方面有哪些基本规定？

29. 什么叫做绿色施工？建筑工地推行绿色施工有哪些技术措施？

附录　Ａ学院第13号住宅楼主要施工图

本工程为教师单元式住宅楼，6层，首层架空，2~6层每层4个单元，均为一室一厅布局，带厨房卫生间。总建筑面积约为1000m²，每层建筑面积约为160m²；内外地面高差为0.45m，层高为3.0m，出屋面楼梯间高为2.60m；内墙面一般装修，内地面厅房贴500mm×500mm耐磨地面瓷砖，厨房、卫生间、阳台地面贴防滑砖；厨房、卫生间内墙面贴墙面砖，楼梯地面贴专用地面砖；外墙面贴玻璃马赛克；屋面板上刷防水涂料，上铺聚苯乙烯泡沫板隔热层再加细石混凝土保护层；铝合金门窗和钢制安全分户门。抗震设防烈度6度，抗震等级四级；φ400-95-A高强预应力混凝土管桩静压施工，桩长8~24m，单桩竖向承载力设计值为1000kN；梁、柱、板采用C25混凝土，HPB235/HRB335级钢筋。配齐水电、消防、防雷、电视和网络线路、设备。本工程相关施工图见附图1~附图6(因设计规范已经换代，本工程练习时可将混凝土强度等级改为C30，钢筋改为HPB300/HRB400级)。

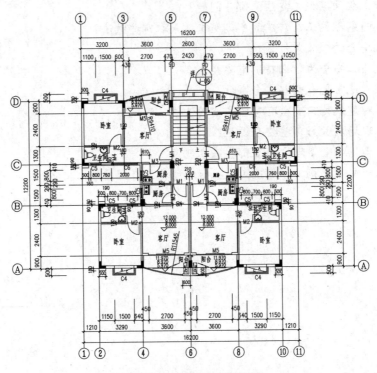

附图1　标准层建筑平面图

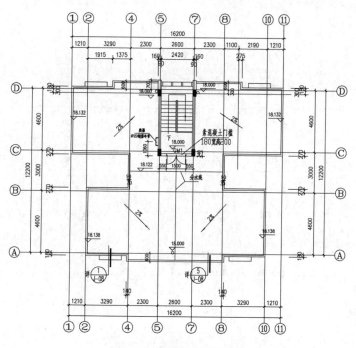

附图 2　屋面层建筑平面图

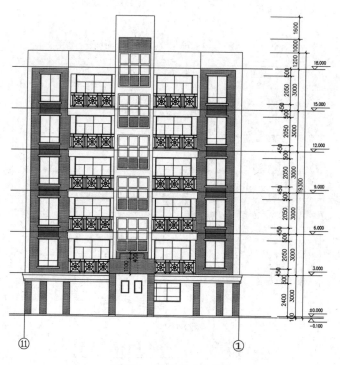

附图 3　建筑北立面图

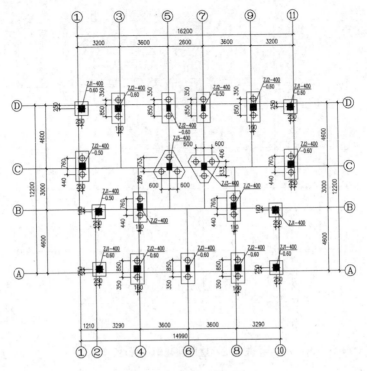

附图4 管桩基础平面图

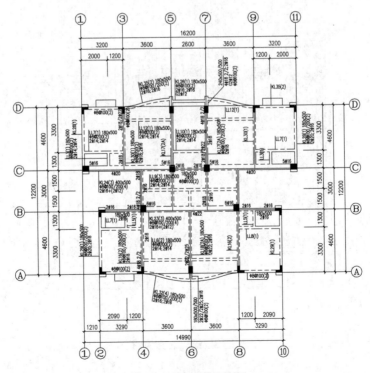

附图5 楼面梁结构图

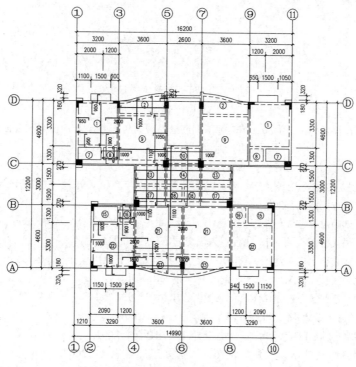

附图 6　楼面板配筋图

参 考 文 献

[1] 中国建筑标准设计研究院. 混凝土结构施工图平面整体表示方法制图规则和构造详图(现浇混凝土框架、剪力墙、梁、板)(16G 101—1)[S]. 北京：中国计划出版社，2016.

[2] 中国建筑标准设计研究院. 混凝土结构施工钢筋排布规则与构造详图(现浇混凝土框架、剪力墙、梁、板)(12G 901—1)[S]. 北京：中国计划出版社，2013.

[3] 徐至钧，等. 预应力混凝土管桩设计施工及应用实例[M]. 北京：中国建筑工业出版社，2009.

[4] 刘金砺. 中国土木工程学会桩基学术委员会等第五届联合年会论文集——桩基础设计施工检测[C]. 北京：中国建材工业出版社，2001.

[5] 高大钊. 桩基础的设计方法与施工技术[M]. 2 版. 北京：机械工业出版社，2006.

[6] 邓明权，等. 现代桩工机械[M]. 北京：人民交通出版社，2004.

[7] 广东地下工程编委会. 广东地下工程[M]. 北京：中国建筑工业出版社，2004.

[8] 周金春. 建筑施工技术[M]. 石家庄：河北科学技术出版社，2005.

[9] 张长友，白峰. 建筑施工技术[M]. 北京：中国电力出版社，2004.

[10] 杨国富. 建筑施工技术[M]. 北京：清华大学出版社，2008.

[11] 姚谨英. 建筑施工技术[M]. 北京：中国建筑工业出版社，2007.

[12] 朱永年. 高层建筑施工[M]. 2 版. 北京：中国建筑工业出版社，2007.

[13] 广东省住房和城乡建设厅. 静压预制混凝土桩基础技术规程(DBJ 15—94—2013)[S]. 北京：中国城市出版社，2013.

[14] 广东省住房和城乡建设厅. 锤击式预应力混凝土管桩基础技术规程(DBJ 15—22—2008)[S]. 北京：中国建筑工业出版社，2009.

[15] 住房和城乡建设部执业资格注册中心. 土木工程施工新技术[M]. 北京：中国建筑工业出版社，2012.

[16] 胡玉银，吴欣. 建筑施工新技术及应用[M]. 北京：中国电力出版社，2011.

北京大学出版社高职高专土建系列教材书目

序号	书　名	书　号	编著者	定价	出版时间	配套情况
	"互联网+" 创新规划教材					
1	建筑构造(第二版)	978-7-301-26480-5	肖　芳	42.00	2016.1	ppt/APP/二维码
2	建筑装饰构造(第二版)	978-7-301-26572-7	赵志文等	39.50	2016.1	ppt/二维码
3	建筑工程概论	978-7-301-25934-4	申淑荣等	40.00	2015.8	ppt/二维码
4	市政管道工程施工	978-7-301-26629-8	雷彩虹	46.00	2016.5	ppt/二维码
5	市政道路工程施工	978-7-301-26632-8	张雪丽	49.00	2016.5	ppt/二维码
6	建筑三维平法结构图集	978-7-301-27168-1	傅华夏	65.00	2016.8	APP
7	建筑三维平法结构识图教程	978-7-301-27177-3	傅华夏	65.00	2016.8	APP
8	建筑工程制图与识图第 2 版	978-7-301-24408-1	白丽红	34.00	2016.8	APP/二维码
9	建筑设备基础知识与识图(第 2 版)	978-7-301-24586-6	靳慧征等	47.00	2016.8	二维码
10	建筑结构基础与识图	978-7-301-27215-2	周　晖	58.00	2016.8	APP/二维码
11	建筑构造与识图	978-7-301-27838-3	孙　伟	40.00	2017.1	APP/二维码
12	建筑工程施工技术(第三版)	978-7-301-27675-4	钟汉华等	66.00	2016.11	APP/二维码
13	工程建设监理案例分析教程(第二版)	978-7-301-27864-2	刘志麟等	50.00	2017.1	ppt
14	建筑工程质量与安全管理(第二版)	978-7-301-27219-0	郑　伟	55.00	2016.8	ppt/二维码
15	建筑工程计量与计价——透过案例学造价(第 2 版)	978-7-301-23852-3	张　强	59.00	2014.4	ppt
16	城乡规划原理与设计(原城市规划原理与设计)	978-7-301-27771-3	谭婧婧等	43.00	2017.1	ppt/素材
17	建筑工程计量与计价	978-7-301-27866-6	吴育萍等	49.00	2017.1	ppt/二维码
18	建筑工程计量与计价(第 3 版)	978-7-301-25344-1	肖明和等	65.00	2017.1	APP/二维码
19	市政工程计量与计价(第三版)	978-7-301-27983-0	郭良娟等	59.00	2017.2	ppt/二维码
20	高层建筑施工	978-7-301-28232-8	吴俊臣	65.00	2017.4	ppt/答案
21	建筑施工机械(第二版)	978-7-301-28247-2	吴志强等	35.00	2017.5	ppt/答案
22	市政工程概论	978-7-301-28260-1	郭　福等	46.00	2017.5	ppt/二维码
23	建筑工程测量(第二版)	978-7-301-28296-0	石　东等	51.00	2017.5	ppt/二维码
24	工程项目招投标与合同管理(第三版)	978-7-301-28439-1	周艳冬	44.00	2017.7	ppt/二维码
25	建筑制图(第三版)	978-7-301-28411-7	高丽荣	38.00	2017.7	ppt/APP/二维码
26	建筑制图习题集(第三版)	978-7-301-27897-0	高丽荣	35.00	2017.7	APP
27	建筑力学(第三版)	978-7-301-28600-5	刘明晖	55.00	2017.8	ppt/二维码
28	中外建筑史(第三版)	978-7-301-28689-0	袁新华等	42.00	2017.9	ppt/二维码
29	建筑施工技术(第三版)	978-7-301-28575-6	陈雄辉	54.00	2018.1	ppt/二维码
30	建筑工程经济(第三版)	978-7-301-28723-1	张宁宁等	36.00	2017.9	ppt/答案/二维码
31	建筑材料与检测	978-7-301-28809-2	陈玉萍	44.00	2017.10	ppt/二维码
32	建筑识图与构造	978-7-301-28876-4	林秋怡等	46.00	2017.11	ppt/二维码
32	建筑工程材料	978-7-301-28982-2	向积波等	42.00	2018.1	ppt/二维码
33	建筑力学与结构(少学时版)(第二版)	978-7-301-29022-4	吴承霞等	46.00	2017.12	ppt/答案
	"十二五" 职业教育国家规划教材					
1	★建筑工程应用文写作(第 2 版)	978-7-301-24480-7	赵立等	50.00	2014.8	ppt
2	★土木工程实用力学(第 2 版)	978-7-301-24681-8	马景善	47.00	2015.7	ppt
3	★建设工程监理(第 2 版)	978-7-301-24490-6	斯　庆	35.00	2015.1	ppt/答案
4	★建筑节能工程与施工	978-7-301-24274-2	吴明军等	35.00	2015.5	ppt
5	★建筑工程经济(第 2 版)	978-7-301-24492-0	胡六星等	41.00	2014.9	ppt/答案
6	★建设工程招投标与合同管理(第 3 版)	978-7-301-24483-8	宋春岩	40.00	2014.9	ppt/答案/试题/教案
7	★工程造价概论	978-7-301-24696-2	周艳冬	31.00	2015.1	ppt/答案
8	★建筑工程计量与计价(第 3 版)	978-7-301-25344-1	肖明和等	65.00	2017.1	APP/二维码
9	★建筑工程计量与计价实训(第 3 版)	978-7-301-25345-8	肖明和等	29.00	2015.7	
10	★建筑装饰施工技术(第 2 版)	978-7-301-24482-1	王　军	37.00	2014.7	ppt
11	★工程地质与土力学(第 2 版)	978-7-301-24479-1	杨仲元	41.00	2014.7	ppt
	基 础 课 程					
1	建设法规及相关知识	978-7-301-22748-0	唐茂华等	34.00	2013.9	ppt
2	建设工程法规(第 2 版)	978-7-301-24493-7	皇甫婧琪	40.50	2014.8	ppt/答案/素材
3	建筑工程法规实务(第 2 版)	978-7-301-26188-0	杨陈慧等	49.50	2017.6	ppt
4	建筑法规	978-7-301-19371-6	董伟等	39.00	2011.9	ppt
5	建设工程法规	978-7-301-20912-7	王先恕	32.00	2012.7	ppt
6	AutoCAD 建筑制图教程(第 2 版)	978-7-301-21095-6	郭　慧	38.00	2013.3	ppt/素材
7	AutoCAD 建筑绘图教程(第 2 版)	978-7-301-24540-8	唐英敏等	44.00	2014.7	ppt

序号	书　名	书　号	编著者	定价	出版时间	配套情况
8	建筑CAD项目教程(2010版)	978-7-301-20979-0	郭　慧	38.00	2012.9	素材
9	建筑工程专业英语(第二版)	978-7-301-26597-0	吴承霞	24.00	2016.2	ppt
10	建筑工程专业英语	978-7-301-20003-2	韩薇等	24.00	2012.2	ppt
11	建筑识图与构造(第2版)	978-7-301-23774-8	郑贵超	40.00	2014.2	ppt/答案
12	房屋建筑构造	978-7-301-19883-4	李少红	26.00	2012.1	ppt
13	建筑识图	978-7-301-21893-8	邓志勇等	35.00	2013.1	ppt
14	建筑识图与房屋构造	978-7-301-22860-9	贠禄等	54.00	2013.9	ppt/答案
15	建筑构造与设计	978-7-301-23506-5	陈玉萍	38.00	2014.1	ppt/答案
16	房屋建筑构造	978-7-301-23588-1	李元玲等	45.00	2014.1	ppt
17	房屋建筑构造习题集	978-7-301-26005-0	李元玲	26.00	2015.8	ppt/答案
18	建筑构造与施工图识读	978-7-301-24470-8	南学平	52.00	2014.8	ppt
19	建筑工程识图实训教程	978-7-301-26057-9	孙　伟	32.00	2015.12	ppt
20	建筑工程制图与识图(第2版)	978-7-301-24408-1	白丽红	34.00	2016.8	APP/二维码
21	建筑制图习题集(第2版)	978-7-301-24571-2	白丽红	25.00	2014.8	
22	◎建筑工程制图(第2版)(附习题册)	978-7-301-21120-5	肖明和	48.00	2012.8	ppt
23	建筑制图与识图(第2版)	978-7-301-24386-2	曹雪梅	38.00	2015.8	ppt
24	建筑制图与识图习题册	978-7-301-18652-7	曹雪梅等	30.00	2011.4	
25	建筑制图与识图(第2版)	978-7-301-25834-7	李元玲	32.00	2016.9	ppt
26	建筑制图与识图习题集	978-7-301-20425-2	李元玲	24.00	2012.3	ppt
27	新编建筑工程制图	978-7-301-21140-3	方筱松	30.00	2012.8	ppt
28	新编建筑工程制图习题集	978-7-301-16834-9	方筱松	22.00	2012.8	
		建　筑　施　工　类				
1	建筑工程测量	978-7-301-28757-6	赵　昕	50.00	2018.1	ppt
2	建筑工程测量(第2版)	978-7-301-22002-3	张敬伟	37.00	2013.2	ppt/答案
3	建筑工程测量实验与实训指导(第2版)	978-7-301-23166-1	张敬伟	27.00	2013.9	答案
4	建筑工程测量	978-7-301-19992-3	潘益民	38.00	2012.2	ppt
5	建筑工程测量	978-7-301-13578-5	王金玲等	26.00	2008.5	
6	建筑工程测量实训(第2版)	978-7-301-24833-1	杨凤华	34.00	2015.3	答案
7	建筑工程测量	978-7-301-22485-4	景　铎等	34.00	2013.6	ppt
8	建筑施工技术	978-7-301-12336-2	朱永祥等	38.00	2008.8	ppt
9	建筑施工技术	978-7-301-16726-7	叶　雯等	44.00	2010.8	ppt/素材
10	建筑施工技术	978-7-301-19499-7	董　伟等	42.00	2011.9	ppt
11	建筑施工技术	978-7-301-19997-8	苏小梅	38.00	2012.1	ppt
12	建筑施工机械	978-7-301-19365-5	吴志强	30.00	2011.10	ppt
13	基础工程施工	978-7-301-20917-2	董　伟等	35.00	2012.7	ppt
14	建筑施工技术实训(第2版)	978-7-301-24368-8	周晓龙	30.00	2014.7	
15	土木工程力学	978-7-301-16864-6	吴明军	38.00	2010.4	ppt
16	PKPM软件的应用(第2版)	978-7-301-22625-4	王　娜等	34.00	2013.6	
17	◎建筑结构(第2版)(上册)	978-7-301-21106-9	徐锡权	41.00	2013.4	ppt/答案
18	◎建筑结构(第2版)(下册)	978-7-301-22584-4	徐锡权	42.00	2013.6	ppt/答案
19	建筑结构学习指导与技能训练(上册)	978-7-301-25929-0	徐锡权	28.00	2015.8	ppt
20	建筑结构学习指导与技能训练(下册)	978-7-301-25933-7	徐锡权	28.00	2015.8	ppt
21	建筑结构	978-7-301-19171-2	唐春平等	41.00	2011.8	ppt
22	建筑结构基础	978-7-301-21125-0	王中发	36.00	2012.8	ppt
23	建筑结构原理及应用	978-7-301-18732-6	史美东	45.00	2012.8	ppt
24	建筑结构与识图	978-7-301-26935-0	相秉志	37.00	2016.2	
25	建筑力学与结构(第2版)	978-7-301-22148-8	吴承霞等	49.00	2013.4	ppt/答案
26	建筑力学与结构	978-7-301-20988-2	陈水广	32.00	2012.8	ppt
27	建筑力学与结构	978-7-301-23348-1	杨丽君等	44.00	2014.1	ppt
28	建筑结构与施工图	978-7-301-22188-4	朱希文等	35.00	2013.3	ppt
29	生态建筑材料	978-7-301-19588-2	陈剑峰等	38.00	2011.10	ppt
30	建筑材料(第2版)	978-7-301-24633-7	林祖宏	35.00	2014.8	ppt
31	建筑材料与检测(第2版)	978-7-301-25347-2	梅　杨等	35.00	2015.2	ppt/答案
32	建筑材料检测试验指导	978-7-301-16729-8	王美芬等	18.00	2010.10	
33	建筑材料与检测(第二版)	978-7-301-26550-5	王　辉	40.00	2016.1	ppt
34	建筑材料与检测试验指导(第二版)	978-7-301-28471-1	王　辉	23.00	2017.7	ppt
35	建筑材料选择与应用	978-7-301-21948-5	申淑荣等	39.00	2013.3	ppt
36	建筑材料检测实训	978-7-301-22317-8	申淑荣等	24.00	2013.4	
37	建筑材料	978-7-301-24208-7	任晓菲	40.00	2014.7	ppt/答案
38	建筑材料检测试验指导	978-7-301-24782-2	陈东佐等	20.00	2014.9	ppt
39	◎建设工程监理概论(第2版)	978-7-301-20854-0	徐锡权等	43.00	2012.8	ppt/答案
40	建设工程监理概论	978-7-301-15518-9	曾庆军等	24.00	2009.9	ppt
41	◎地基与基础(第2版)	978-7-301-23304-7	肖明和等	42.00	2013.11	ppt/答案
42	地基与基础	978-7-301-16130-2	孙平平等	26.00	2010.10	ppt

序号	书 名	书 号	编著者	定价	出版时间	配套情况
43	地基与基础实训	978-7-301-23174-6	肖明和等	25.00	2013.10	ppt
44	土力学与地基基础	978-7-301-23675-8	叶火炎等	35.00	2014.1	ppt
45	土力学与基础工程	978-7-301-23590-4	宁培淋等	32.00	2014.1	ppt
46	土力学与地基基础	978-7-301-25525-4	陈东佐	45.00	2015.2	ppt/答案
47	建筑工程质量事故分析(第2版)	978-7-301-22467-0	郑文新	32.00	2013.9	ppt
48	建筑工程施工组织设计	978-7-301-18512-4	李源清	26.00	2011.2	ppt
49	建筑工程施工组织实训	978-7-301-18961-0	李源清	40.00	2011.6	ppt
50	建筑施工组织与进度控制	978-7-301-21223-3	张廷瑞	36.00	2012.9	ppt
51	建筑施工组织项目式教程	978-7-301-19901-5	杨红玉	44.00	2012.1	ppt/答案
52	钢筋混凝土工程施工与组织	978-7-301-19587-1	高 雁	32.00	2012.5	ppt
53	钢筋混凝土工程施工与组织实训指导(学生工作页)	978-7-301-21208-0	高 雁	20.00	2012.9	ppt
54	建筑施工工艺	978-7-301-24687-0	李源清等	49.50	2015.1	ppt/答案
		工 程 管 理 类				
1	建筑工程经济	978-7-301-24346-6	刘晓丽等	38.00	2014.7	ppt/答案
2	施工企业会计(第2版)	978-7-301-24434-0	辛艳红等	36.00	2014.7	ppt/答案
3	建筑工程项目管理(第2版)	978-7-301-26944-2	范红岩等	42.00	2016.3	ppt
4	建设工程项目管理(第二版)	978-7-301-24683-2	王 辉	36.00	2014.9	ppt/答案
5	建设工程项目管理(第2版)	978-7-301-28235-9	冯松山等	45.00	2017.6	ppt
6	建筑施工组织与管理(第2版)	978-7-301-22149-5	翟丽旻等	43.00	2013.4	ppt/答案
7	建设工程合同管理	978-7-301-22612-4	刘庭江	46.00	2013.6	ppt/答案
8	建筑工程资料管理	978-7-301-17456-2	孙 刚等	36.00	2012.9	ppt
9	建筑工程招投标与合同管理	978-7-301-16802-8	程超胜	30.00	2012.9	ppt
10	工程招投标与合同管理实务	978-7-301-19035-7	杨甲奇等	48.00	2011.8	ppt
11	工程招投标与合同管理实务	978-7-301-19290-0	郑文新等	43.00	2011.8	ppt
12	建设工程招投标与合同管理实务	978-7-301-20404-7	杨云会等	42.00	2012.4	ppt/答案/习题
13	工程招投标与合同管理	978-7-301-17455-5	文新平	37.00	2012.9	ppt
14	工程项目招投标与合同管理(第2版)	978-7-301-24554-5	李洪军等	42.00	2014.8	ppt/答案
15	建筑工程商务标编制实训	978-7-301-20804-5	钟振宇	35.00	2012.7	ppt
17	建筑工程安全管理(第2版)	978-7-301-25480-6	宋 健等	42.00	2015.8	ppt/答案
18	施工项目质量与安全管理	978-7-301-21275-2	钟汉华	45.00	2012.10	ppt/答案
19	工程造价控制(第2版)	978-7-301-24594-1	斯 庆	32.00	2014.8	ppt/答案
20	工程造价管理(第二版)	978-7-301-27050-9	徐锡权等	44.00	2016.5	ppt
21	工程造价控制与管理	978-7-301-19366-2	胡新萍等	30.00	2011.11	ppt
22	建筑工程造价管理	978-7-301-20360-6	柴 琦等	27.00	2012.3	ppt
23	建筑工程造价管理	978-7-301-15517-2	李茂英等	24.00	2009.9	
24	工程造价案例分析	978-7-301-22985-9	甄 凤	30.00	2013.8	ppt
25	建设工程造价控制与管理	978-7-301-24273-5	胡芳珍等	38.00	2014.6	ppt/答案
26	◎建筑工程造价	978-7-301-21892-1	孙咏梅	40.00	2013.2	ppt
27	建筑工程计量与计价	978-7-301-26570-3	杨建林	46.00	2016.1	ppt
28	建筑工程计量与计价综合实训	978-7-301-23568-3	龚小兰	28.00	2014.1	
29	建筑工程估价	978-7-301-22802-9	张 英	43.00	2013.8	ppt
30	安装工程计量与计价(第3版)	978-7-301-24539-2	冯 钢等	54.00	2014.8	ppt
31	安装工程计量与计价综合实训	978-7-301-23294-1	成春燕	49.00	2013.10	素材
32	建筑安装工程计量与计价	978-7-301-26004-3	景巧玲等	56.00	2016.1	ppt
33	建筑安装工程计量与计价实训(第2版)	978-7-301-25683-1	景巧玲等	36.00	2015.7	
34	建筑水电安装工程计量与计价(第二版)	978-7-301-26329-7	陈连姝	51.00	2016.1	ppt
35	建筑与装饰装修工程工程量清单(第2版)	978-7-301-25753-1	翟丽旻等	36.00	2015.5	ppt
36	建筑工程清单编制	978-7-301-19387-7	叶晓容	24.00	2011.8	ppt
37	建设项目评估(第二版)	978-7-301-28708-8	高志云等	38.00	2017.9	ppt
38	钢筋工程清单编制	978-7-301-20114-5	贾莲英	36.00	2012.2	ppt
39	混凝土工程清单编制	978-7-301-20384-2	顾 娟	28.00	2012.5	ppt
40	建筑装饰工程预算(第2版)	978-7-301-25801-9	范菊雨	44.00	2015.7	ppt
41	建筑装饰工程计量与计价	978-7-301-20055-1	李茂英	42.00	2012.2	ppt
42	建设工程安全监理	978-7-301-20802-1	沈万岳	28.00	2012.7	ppt
43	建筑工程安全技术与管理实务	978-7-301-21187-8	沈万岳	48.00	2012.9	ppt
44	工程造价管理(第2版)	978-7-301-28269-4	曾 浩等	38.00	2017.5	ppt/答案
		建 筑 设 计 类				
1	◎建筑室内空间历程	978-7-301-19338-9	张伟孝	53.00	2011.8	
2	建筑装饰CAD项目教程	978-7-301-20950-9	郭 慧	35.00	2013.1	ppt/素材
3	建筑设计基础	978-7-301-25961-0	周圆圆	42.00	2015.7	
4	室内设计基础	978-7-301-15613-1	李书青	32.00	2009.8	ppt

序号	书 名	书 号	编著者	定价	出版时间	配套情况
5	建筑装饰材料(第2版)	978-7-301-22356-7	焦 涛等	34.00	2013.5	ppt
6	设计构成	978-7-301-15504-2	戴碧锋	30.00	2009.8	ppt
7	基础色彩	978-7-301-16072-5	张 军	42.00	2010.4	
8	设计色彩	978-7-301-21211-0	龙黎黎	46.00	2012.9	ppt
9	设计素描	978-7-301-22391-8	司马金桃	29.00	2013.4	ppt
10	建筑素描表现与创意	978-7-301-15541-7	于修国	25.00	2009.8	
11	3ds Max 效果图制作	978-7-301-22870-8	刘 晗等	45.00	2013.7	ppt
12	3ds max 室内设计表现方法	978-7-301-17762-4	徐海军	32.00	2010.9	
13	Photoshop 效果图后期制作	978-7-301-16073-2	脱忠伟等	52.00	2011.1	素材
14	3ds Max & V-Ray建筑设计表现案例教程	978-7-301-25093-8	郑恩峰	40.00	2014.12	ppt
15	建筑表现技法	978-7-301-19216-0	张 峰	32.00	2011.8	ppt
16	建筑速写	978-7-301-20441-2	张 峰	30.00	2012.4	
17	建筑装饰设计	978-7-301-20022-3	杨丽君	36.00	2012.2	ppt/素材
18	装饰施工读图与识图	978-7-301-19991-6	杨丽君	33.00	2012.5	ppt
	规 划 园 林 类					
1	居住区景观设计	978-7-301-20587-7	张群成	47.00	2012.5	ppt
2	居住区规划设计	978-7-301-21031-4	张 燕	48.00	2012.8	ppt
3	园林植物识别与应用	978-7-301-17485-2	潘利等	34.00	2012.9	ppt
4	园林工程施工组织管理	978-7-301-22364-2	潘利等	35.00	2013.4	ppt
5	园林景观计算机辅助设计	978-7-301-24500-2	于化强等	48.00	2014.8	ppt
6	建筑·园林·装饰设计初步	978-7-301-24575-0	王金贵	38.00	2014.10	ppt
	房 地 产 类					
1	房地产开发与经营(第2版)	978-7-301-23084-8	张建中等	33.00	2013.9	ppt/答案
2	房地产估价(第2版)	978-7-301-22945-3	张 勇等	35.00	2013.9	ppt/答案
3	房地产估价理论与实务	978-7-301-19327-3	褚菁晶	35.00	2011.8	ppt/答案
4	物业管理理论与实务	978-7-301-19354-9	裴艳慧	52.00	2011.9	ppt
5	房地产测绘	978-7-301-22747-3	唐春平	29.00	2013.7	ppt
6	房地产营销与策划	978-7-301-18731-9	应佐萍	42.00	2012.8	ppt
7	房地产投资分析与实务	978-7-301-24832-4	高志云	35.00	2014.9	ppt
8	物业管理实务	978-7-301-27163-6	胡大见	44.00	2016.6	
9	房地产投资分析	978-7-301-27529-0	刘永胜	47.00	2016.9	ppt
	市 政 与 路 桥					
1	市政工程施工图案例图集	978-7-301-24824-9	陈亿琳	43.00	2015.3	pdf
2	市政工程计价	978-7-301-22117-4	彭以舟等	39.00	2013.3	ppt
3	市政桥梁工程	978-7-301-16688-8	刘 江等	42.00	2010.8	ppt/素材
4	市政工程材料	978-7-301-22452-6	郑晓国	37.00	2013.5	ppt
5	道桥工程材料	978-7-301-21170-0	刘水林等	43.00	2012.9	ppt
6	路基路面工程	978-7-301-19299-3	偶昌宝等	34.00	2011.8	ppt/素材
7	道路工程技术	978-7-301-19363-1	刘 雨等	33.00	2011.12	ppt
8	城市道路设计与施工	978-7-301-21947-8	吴颖峰	39.00	2013.1	ppt
9	建筑给水排水工程技术	978-7-301-25224-6	刘 芳等	46.00	2014.12	ppt
10	建筑给水排水工程	978-7-301-20047-6	叶巧云	38.00	2012.2	ppt
11	市政工程测量(含技能训练手册)	978-7-301-20474-0	刘宗波等	41.00	2012.5	ppt
12	公路工程任务承揽与合同管理	978-7-301-21133-5	邱 兰等	30.00	2012.9	ppt/答案
13	数字测图技术应用教程	978-7-301-20334-7	刘宗波	36.00	2012.8	ppt
14	数字测图技术	978-7-301-22656-8	赵 红	36.00	2013.6	ppt
15	数字测图技术实训指导	978-7-301-22679-7	赵 红	27.00	2013.6	ppt
16	水泵与水泵站技术	978-7-301-22510-3	刘振华	40.00	2013.5	ppt
17	道路工程测量(含技能训练手册)	978-7-301-21967-6	田树涛等	45.00	2013.2	ppt
18	道路工程识图与AutoCAD	978-7-301-26210-8	王容玲等	35.00	2016.1	
	交 通 运 输 类					
1	桥梁施工与维护	978-7-301-23834-9	梁 斌	50.00	2014.2	ppt
2	铁路轨道施工与维护	978-7-301-23524-9	梁 斌	36.00	2014.1	ppt
3	铁路轨道构造	978-7-301-23153-1	梁 斌	32.00	2013.10	ppt
4	城市公共交通运营管理	978-7-301-24108-0	张洪满	40.00	2014.5	ppt
5	城市轨道交通车站行车工作	978-7-301-24210-0	操 杰	31.00	2014.7	ppt
	建 筑 设 备 类					
1	建筑设备识图与施工工艺(第2版)(新规范)	978-7-301-25254-3	周业梅	44.00	2015.12	ppt
2	建筑施工机械	978-7-301-19365-5	吴志强	30.00	2011.10	ppt
3	智能建筑环境设备自动化	978-7-301-21090-1	余志强	40.00	2012.8	ppt
4	流体力学及泵与风机	978-7-301-25279-6	王 宁等	35.00	2015.1	ppt/答案

注：📖🖱为"互联网+"创新规划教材；★为"十二五"职业教育国家规划教材；◎为国家级、省级精品课程配套教材，省重点教材。相关教学资源如电子课件、习题答案、样书等可通过以下方式联系我们。

联系方式：010-62756290，010-62750667，85107933@qq.com，pup_6@163.com，欢迎来电咨询。